Java EE 企业级框架技术及案例实战

Spring+Spring MVC+MyBatis | 微课版

石明翔 陈吉春 ◉ 主编　曹羽中 赵玲玲 徐达 ◉ 副主编

人民邮电出版社
北京

图书在版编目（CIP）数据

Java EE 企业级框架技术及案例实战 : Spring+Spring MVC+MyBatis : 微课版 / 石明翔, 陈吉春主编. 北京 : 人民邮电出版社, 2024. 9. -- (Web 开发人才培养系列丛书). -- ISBN 978-7-115-64696-5

Ⅰ. TP312.8

中国国家版本馆 CIP 数据核字第 2024YJ3358 号

内 容 提 要

在当今 IT 企业的软件开发领域，Java EE 框架技术已经成为构建企业应用的核心技术。本书不仅深入解析了 3 大主流框架 MyBatis、Spring 与 Spring MVC 的精髓，更是紧密结合企业实际项目展现 SSM 框架在真实场景下的应用。

本书分为 5 大部分共 13 章，深入浅出地为读者讲解了 SSM 框架的原理和使用方法，并通过一个客户关系管理系统来展示 Java EE 企业级项目的开发全流程。本书第 1 部分（第 1 章）主要介绍 Java EE 企业级应用、SSM 框架的基本概念和特点。第 2 部分（第 2～5 章）主要讲解 MyBatis 框架的基本原理与应用，包括 MyBatis 核心组件、MyBatis 关联映射、MyBatis 缓存等内容。第 3 部分（第 6～9 章）主要介绍 Spring 基础、Spring IoC、Spring AOP、Spring 数据库事务管理的策略与技巧。第 4 部分（第 10～12 章）重点介绍 Spring MVC 基础、Spring MVC 开发详解，以及深入使用 Spring MVC。第 5 部分（第 13 章）为综合实践，通过开发一个“企业办公自动化管理系统”，提升读者应用 SSM 框架的综合能力。

本书既可作为应用型本科院校计算机相关专业的教材，也可作为广大编程爱好者和培训机构的参考书。

◆ 主　　编　石明翔　陈吉春
　副 主 编　曹羽中　赵玲玲　徐　达
　责任编辑　许金霞
　责任印制　陈　犇

◆ 人民邮电出版社出版发行　　北京市丰台区成寿寺路 11 号
　邮编　100164　　电子邮件　315@ptpress.com.cn
　网址　https://www.ptpress.com.cn
　三河市君旺印务有限公司印刷

◆ 开本：787×1092　1/16
　印张：18.25　　　　2024 年 9 月第 1 版
　字数：479 千字　　　2024 年 9 月河北第 1 次印刷

定价：69.80 元

读者服务热线：(010)81055256　印装质量热线：(010)81055316
反盗版热线：(010)81055315
广告经营许可证：京东市监广登字 20170147 号

前　言

随着移动互联网、大数据和人工智能等技术的快速发展，以 Java 为核心的后台技术栈占据了市场主导地位，而 SSM（Spring+Spring MVC+MyBatis）框架凭借其松耦合、高效率、易扩展等特性成为 Java EE 企业级开发的首选技术栈，相关技术企业每年需要大量掌握此技术的专业人才。

为了契合企业实际用人需求和应用型本科院校人才培养需要，本书编写团队由教学经验丰富的高校教师和具备多年一线 Java 开发经验的企业工程师组成。本书以实际项目的业务需求为导向，真实还原企业开发中从需求分析到功能实现的全过程，通过通俗易懂的语言和丰富的实用实例，详细讲解 SSM 中 3 大框架的基础知识和应用，并以一个真实企业项目的实现为主线贯穿全书的知识体系。本书具有以下特色。

（1）结合设计模式，深入讲解 SSM 框架的设计思想和底层原理。

（2）基于项目驱动学习思路，所有章节都围绕 CRM 系统的一两个模块展开。

（3）通过真实的业务需求，培养读者解决实际问题的能力。

（4）提供沉浸式工作场景体验，使读者了解 IT 行业的工作内容和沟通方式。

（5）每章末进行重点内容拓展，以提升读者的知识厚度。

本书还配有教学大纲、电子课件、实例源代码、微课视频等丰富的配套资源，读者可登录人邮教育社区（www.ryjiaoyu.com）下载相关资源。

全书分为 5 大部分共 13 章，主要内容如下。

第 1 章　Java EE 企业级开发基础。本章介绍贯穿全书的项目 CRM 系统的功能需求、企业级应用的特点、SSM 框架的基本概念。

第 2 章　MyBatis 基础。本章讲解工厂设计模式的原理，介绍 MyBatis 的特点和体系结构，并以产品查询功能的实现为例，使读者体验 MyBatis 的开发流程。

第 3 章　MyBatis 核心组件。本章介绍 MyBatis 的 4 大核心组件，并围绕新建产品功能的实现，重点讲解 SqlSession 和 SQLMapper 的原理及应用。

第 4 章　MyBatis 关联映射。本章以权限管理功能的实现为例，引导读者学习动态 SQL 的使用方法、多表关联关系，以及 XML 和注解两种关联映射方式。

第 5 章　MyBatis 缓存。本章从缓存的基本概念开始，逐一讲解一级缓存、二级缓存的底层原理，以及 MyBatis 缓存的局限性，最后通过资源权限列表功能的实现介绍 MyBatis 缓存的使用方法。

第 6 章　Spring 基础。本章首先介绍 Spring 的发展历程和优点，然后重点讲解 Spring 的体系结构及核心容器，最后通过用户查询功能的实现介绍 Spring 整合 MyBatis 的方法。

第 7 章　Spring IoC。本章首先介绍 Java 反射机制和单例设计模式的实现原理，然后重点讲解控制反转与依赖注入的概念及原理，最后通过新建用户功能的实现来展示 Spring Bean 的装配与使用。

第 8 章 Spring AOP。本章主要讲解 AOP 的概念、相关术语、典型应用场景，并通过日志管理功能的实现介绍 Spring AOP 的使用方法。

第 9 章 Spring 数据库事务管理。本章从事务的概念出发，逐一介绍事务的 ACID 特性、事务问题及隔离级别等内容，并围绕日志管理模块详细介绍如何利用 Spring 进行数据库事务管理。

第 10 章 Spring MVC 基础。本章主要介绍 MVC 设计模式的概念，Spring MVC 的工作流程及优点，并通过登录功能的实现来为读者展示 Spring MVC 的使用方法。

第 11 章 Spring MVC 开发详解。本章详细介绍 Spring MVC 的请求映射、请求参数处理、数据传递、转发与重定向等核心技术，并从适配器模式的角度介绍 Spring MVC 的设计思想。

第 12 章 深入使用 Spring MVC。本章通过产品管理功能的实现，使读者深入掌握文件上传与下载、异常处理、拦截器等高级特性的使用方法。

第 13 章 综合实践：企业办公自动化管理系统。本章通过开发一个“企业办公自动化管理系统”，提升读者应用 SSM 框架的综合能力。

本书由北京城市学院石明翔、慧科教育科技集团陈吉春担任主编，负责全书的策划及统稿工作；由北京城市学院曹羽中、赵玲玲，慧科教育科技集团的徐达担任副主编，负责本书核心章节的编写工作；此外，北京城市学院的李丹丹、邵秀凤、康瑶、汪敏、闫洪莹等教师也参与了本书部分章节的编写工作。

在本书的编写过程中，编者参阅了大量的与 Java Web 开发、SSM 框架技术等相关的图书和网络资料，在此对这些图书与网络资料的作者表示感谢。由于软件开发技术的发展迅速，编者水平有限，因此书中难免存在疏漏或不足之处，恳请各位专家和读者给予批评指正。

编者

2024 年 7 月

目 录

第1章 Java EE 企业级开发基础

本章目标：

- 了解企业级应用的概念和特点；
- 掌握 Web 分层架构的设计思想；
- 理解 SSM 框架的基本概念和特点。

本书以一个客户关系管理（Customer Relationship Management，CRM）系统的业务需求为导向，真实还原企业中从需求分析到功能实现的全过程，重点讲解 SSM 框架在企业开发中常用的核心技术及应用方法。

本章将以待开发的 CRM 系统为例，依次介绍系统功能、企业级应用开发的概念和特点、Web 分层架构的设计思想等内容，使读者对 Java EE 企业级开发有一个初步的认识，为后续学习和实践打下基础。

1.1 项目需求

项目需求

1.1.1 业务场景

项目经理老王：小王，最近公司有一个 CRM 系统需要开发，目前已经进入需求调研阶段了。这个系统需要使用到当前流行的 Java EE 企业级开发框架 SSM，你趁这段时间工作不是很忙，把这几个框架系统学习一下吧！

程序员小王：王经理，什么是 CRM 系统呢？关于这个名词，我还是第一次听说。

项目经理老王：CRM 系统即客户关系管理系统。它是指利用软件、硬件和网络技术，为企业建立的一种用于客户信息收集、管理、分析、应用的信息系统。该类系统以客户数据的管理为核心，记录企业在市场营销和销售过程中与客户发生的各种交互行为、各类活动状态，并提供不同的数据模型，为后期的市场分析与决策提供支持。

程序员小王：噢，我明白 CRM 系统是什么了。那么要如何实现这个系统呢？

项目经理老王：要实现 CRM 系统，需要用到 Java EE 企业级开发框架 SSM，即 Spring、Spring MVC 和 MyBatis 3 个框架。它们经过多年的发展，无论是技术，还是社区都已经很成熟了，目前是企业开发 Web 项目的首选。

程序员小王：谢谢您的释疑！在项目正式开始之前，我会先深入了解 CRM 系统的需求，然后认真学习 SSM 框架，采取学练结合的方式完成项目的开发。

1.1.2 功能描述

本书将带领读者围绕 CRM 系统功能的实现，以深入浅出的方式，掌握 SSM 框架的原理及应用。以下是本书主要待实现的系统功能。

- 用户管理：该模块允许管理员创建、编辑和删除系统用户账户。用户可以有不同的角色和权限，以便限制他们在系统中的访问和操作范围。
- 权限管理：该模块允许管理员定义不同用户角色的权限级别。例如，某些用户可以查看客户信息，而另一些用户可以编辑或删除客户信息。
- 资源权限管理：该模块扩展了权限管理功能，允许用户为特定的资源（如客户、产品）定义权限，以便更精细地控制其他用户对不同数据的访问权限。
- 日志管理：该模块可以跟踪用户活动和系统事件，记录用户的登录、操作、修改和其他关键事件，以便在需要时进行审计和故障排查。
- 产品管理：该模块允许用户维护公司的产品信息，包括产品名称、描述、定价等。该模块对于销售人员在创建报价和订单时来说，非常有用。
- 订单管理：该模块用于跟踪和管理客户的订单，包括创建新订单、编辑订单、订单状态跟踪。
- 客户管理：该模块用于对客户基本信息进行管理。

以上是构建一个 CRM 系统所需的核心功能，各模块的实现将在本书后续的章节依次呈现。后续各章与各模块的关系如下。

- 第 2 章和第 3 章实现产品管理模块的持久层。
- 第 4 章实现权限管理模块的持久层。
- 第 5 章通过 MyBatis 缓存技术实现资源权限管理模块。
- 第 6 章和第 7 章实现用户管理模块的服务层和持久层。
- 第 8 章实现日志管理模块。
- 第 9 章实现事务在日志管理模块中的应用。
- 第 10 章实现用户管理模块中的登录功能。
- 第 11 章实现资源权限管理模块的前后端功能。
- 第 12 章实现产品管理模块和订单管理模块的前后端功能。

1.2 背景知识

1.2.1 知识导图

本章知识导图如图 1-1 所示。

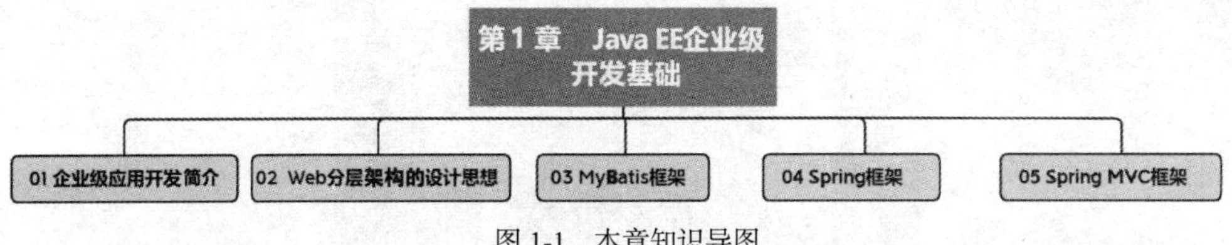

图 1-1　本章知识导图

1.2.2　企业级应用开发简介

1. 概念

企业级应用是指那些为商业组织、大型企业而创建的应用程序。这些大型企业级应用结构复杂，涉及的外部资源多，具有用户数多、数据量大、事务密集、需要多应用集成等特点，往往能够满足未来业务需求的变化，易于升级和维护。

一个好的企业级应用的体系架构通常来自优秀的解决方案，开发者往往在设计之初就要考虑其架构的合理性、灵活性和健壮性，以便其既能满足企业用户的复杂需求，也能为今后的系统升级改造提供方便，从而增强系统在多变的商业社会中的适应性，为客户带来最大化利益。

2. 特点

企业级应用通常具有以下特点。

（1）复杂的业务逻辑

通常，业务逻辑是由企业根据自身业务规则而制定的，这些规则兼具通用性和特殊性，这样就使得企业级应用的业务逻辑呈现出很强的复杂性。

（2）大量数据的存储

一般来说，企业级应用包含的数据量是巨大的，例如一个中型系统往往会包含超过吉字节（GB）的数据量。因此，如何管理和存储这些数据就成为系统设计的主要问题。早期系统经常使用索引文件来存储数据，而现代系统则往往使用关系型数据库来存储数据。

（3）数据的并发访问

现代企业级应用通常是基于因特网（Internet）的全球广域网（World Wide Web，也称万维网）项目，它们面对的用户可能是海量级的，所以如何在大用户量并发的情况下，确保每个用户都能正常存取数据是一个亟待解决的问题。因此，企业级应用往往需要使用本地缓存、事务管理、多线程并发等技术来解决高并发问题。

（4）需要和其他应用集成

企业级应用并不是信息孤岛，它经常需要与遍布在企业角落的其他系统集成到一起。这些系统通常是在不同时期，采用不同技术建成的，甚至通信协作的机制也各不相同，这样就需要企业级应用具备与其他系统整合集成的能力。

1.2.3　Web 分层架构的设计思想

通常，企业级 Web 项目采用分层架构，将系统分为用户界面（User Interface，UI）层、业务逻辑层（Business Logic Layer，BLL）和数据访问对象（Data Access Object，DAO）层。其中，用户界面层负责接收客户端请求，并向客户端返回处理后的结果；业务逻辑层负责系统的业务逻辑处理，以及与用户界面层和数据访问对象层进行交互；数据访问对象层负责与数据库进行交互，将数据持久化到数据库中。一个通用的企业级 Web 项目的 3 层架构模型如图 1-2 所示。

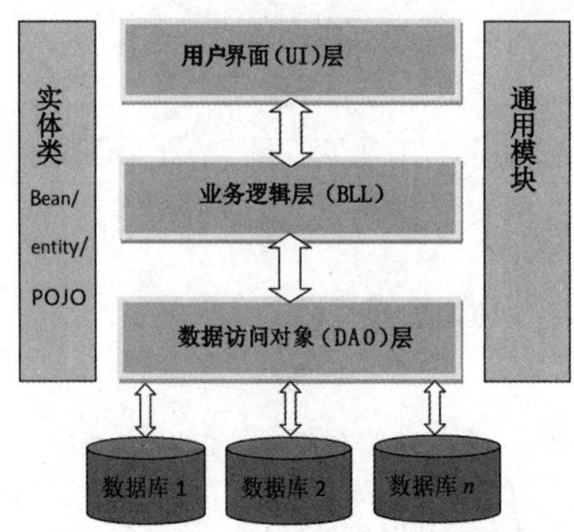

图 1-2　通用的企业级 Web 项目的 3 层架构模型

1.2.4　MyBatis 框架

MyBatis 是一种基于 Java 的持久层框架，它内部封装了 Java 数据库连接（Java Database Connectivity，JDBC），使开发者只需关注 SQL 语句本身，而不用耗费精力去处理如注册驱动、创建数据库连接（Connection）接口、配置 Statement 等与业务无关的操作。它以可扩展标记语言（Extensible Markup Language，XML）或注解的方式配置要执行的各种 Statement 和 Prepared-Statement，通过 Java 对象与结构化查询语言（Structured Query Language，SQL）动态参数进行映射以生成最终执行的 SQL 语句，最后由 MyBatis 将执行后的结果映射成 Java 对象并返回。

1.2.5　Spring 框架

Spring 是一种开源框架，是为了解决企业级应用开发存在的复杂问题而创建的。它将面向接口编程的设计思想贯穿于框架的设计与实现中，利用依赖注入（Dependency Injection，DI）、控制反转（Inversion of Control，IoC）、面向切面编程（Aspect Oriented Programming，AOP）等技术解决了各模块之间的高耦合问题，使得开发出的系统具有松耦合、可扩展和可维护等特点。

1.2.6　Spring MVC 框架

Spring MVC 是一种基于 MVC（Model View Controller）设计模式的轻量级 Web 框架。它出自“Spring 全家桶”，可以与 Spring 框架进行无缝集成。Spring MVC 采用 3 层架构思想，对 Web 各层进行解耦，以便开发者构建出易于扩展的 Web 应用程序。

1.3　项目介绍

1.3.1　业务场景

项目经理老王：小王，最近对 CRM 系统的需求调研完成了，系统的主要功能包括用户管理、权限管理、资源权限管理、日志管理、产品管理、订单管理、客户管理等。

程序员小王：这些功能看上去有些难度，我有点担心自己是否能胜任。

项目经理老王：不用担心，我们可以先通过系统的数据库设计和功能效果图来加深对业务需求的理解，然后从用户管理、权限管理、日志管理这几个简单模块入手，采用边学边练的方法逐步掌握 SSM 框架的使用，等基础打扎实后就可以实现更复杂的功能了。

程序员小王：太好了，那我们现在就开始吧！

1.3.2　数据库设计

CRM 系统中所包含的部分业务表的实体关系（Entity Relationship，E-R）图，如图 1-3 所示。

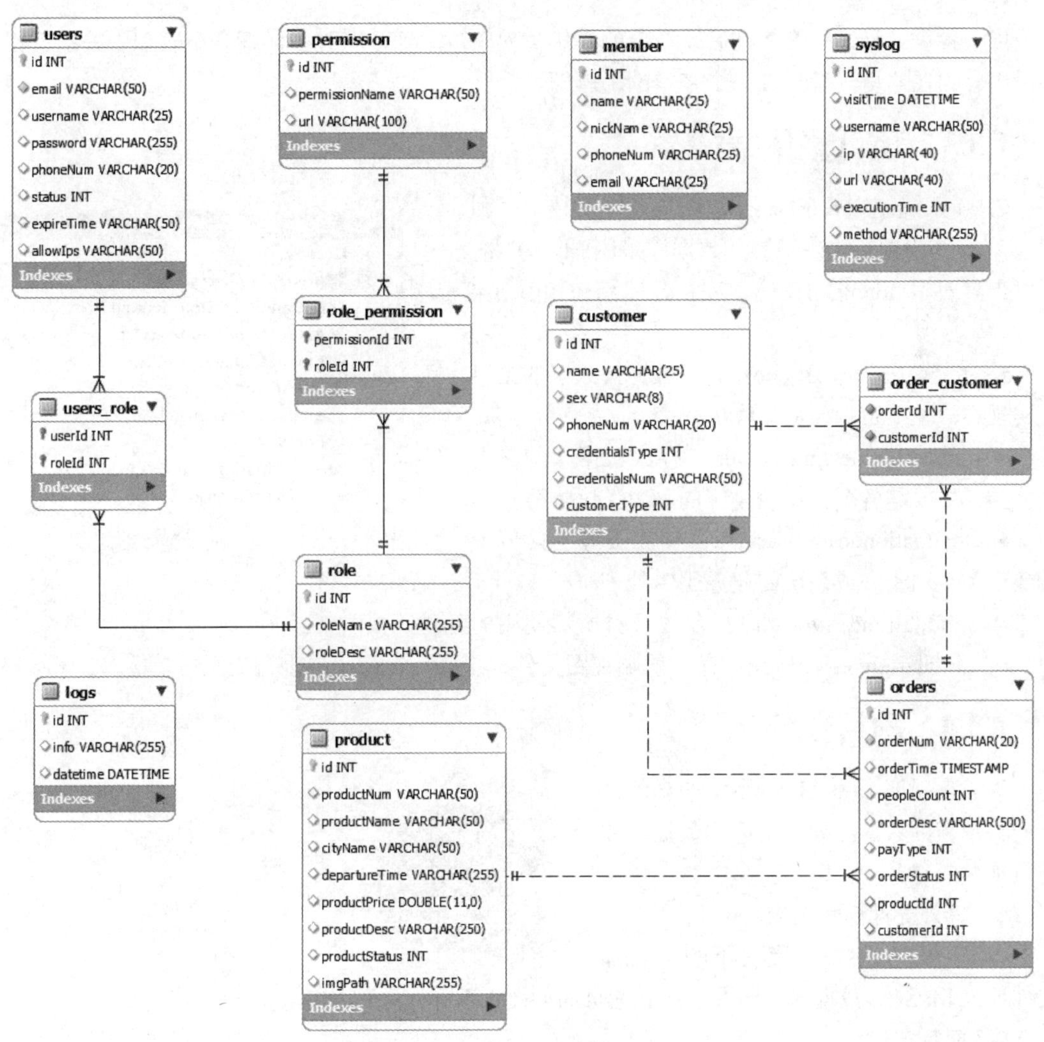

图 1-3　CRM 系统的实体关系图

图 1-3 中业务表的说明如下。

- product：产品表。
- orders：订单表。
- customer：客户表。

- order_customer：订单_客户关联表。
- member：会员表。
- syslog：系统日志表。
- users：用户表。
- users_role：用户_角色表。
- role：角色表。
- role_permission：角色_权限表。
- permission：权限表。
- logs：业务日志表。

以上各表的具体内容将在后续章节的模块实现中被用到，届时会详细介绍表和表关系及相关字段内容，在这里读者只做一个基本的了解即可。

1.3.3 项目整体结构

CRM 系统使用 SSM 框架作为核心开发技术，利用 Maven 作为项目构建工具，数据库采用 MySQL 8，开发工具使用 IntelliJ IDEA。项目整体结构如图 1-4 所示。

图 1-4 项目整体结构

- graduationdesign-dao：存放数据持久层的接口和实现类，主要负责与数据库进行交互。
- graduationdesign-domain：存放数据库的映射实体类，主要是各个数据表对应的 POJO 封装类。
- graduationdesign-service：存放服务层接口及其实现类，用于完成系统的业务逻辑处理。
- graduationdesign-utils：存放项目所需使用的各种工具类。
- graduationdesign-web：存放前端视图文件，主要负责与用户进行交互。

1.3.4 项目创建

为了直观地了解 CRM 系统的功能，下面将带领读者学习导入文件到数据库并进行项目搭建。

项目创建

1. 导入文件到数据库

将源代码中“CRM 系统”下的 ssm.sql 文件导入 MySQL 数据库。导入成功后的页面如图 1-5 所示。

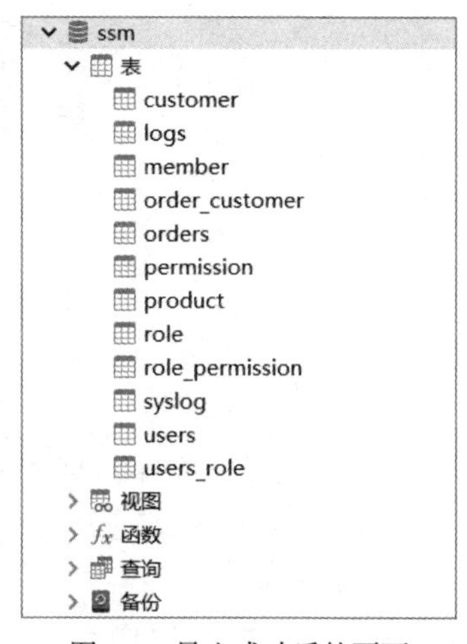

图 1-5 导入成功后的页面

2. 项目搭建

（1）选择开发工具 IntelliJ IDEA 的“File->Settings”，将本地安装的 Maven 软件与开发工具进行集成，如图 1-6 所示。

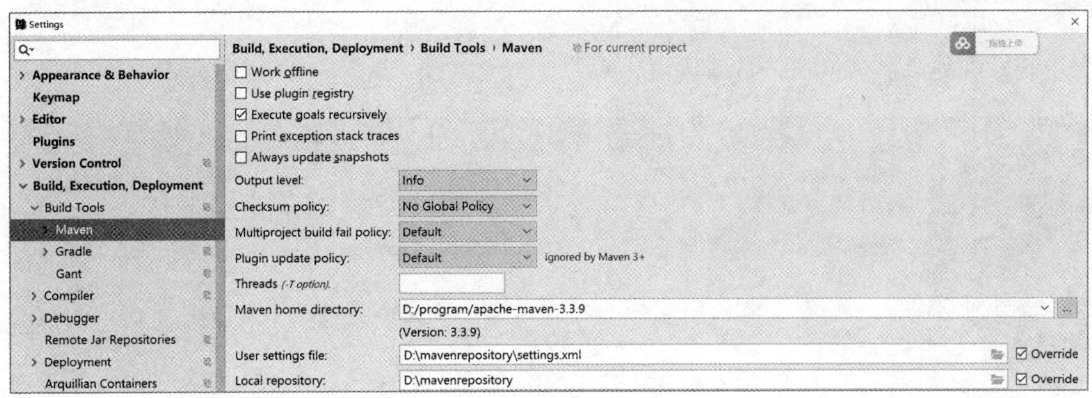

图 1-6　IntelliJ IDEA 集成 Maven 软件

（2）选择“File->Open”，将源代码中“CRM 系统”下的 crm 项目导入开发工具，如图 1-7 所示。然后更新 Maven，下载项目所需要的依赖包。

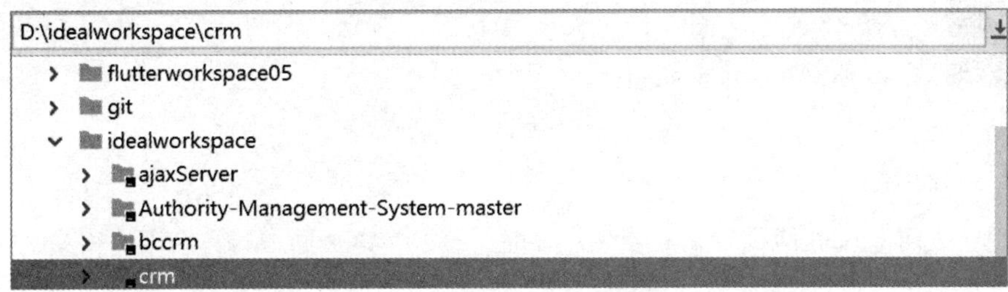

图 1-7　将 crm 项目导入开发工具

1.3.5　项目展示

项目创建成功后即可运行查看项目执行效果。

1. 用户管理模块

（1）系统登录

云客 CRM 后台管理系统的用户登录页面，如图 1-8 所示。

图 1-8　云客 CRM 后台管理系统的用户登录页面

（2）用户列表

用户列表页面包括对用户的新建、查询用户详情等功能，如图 1-9 所示。

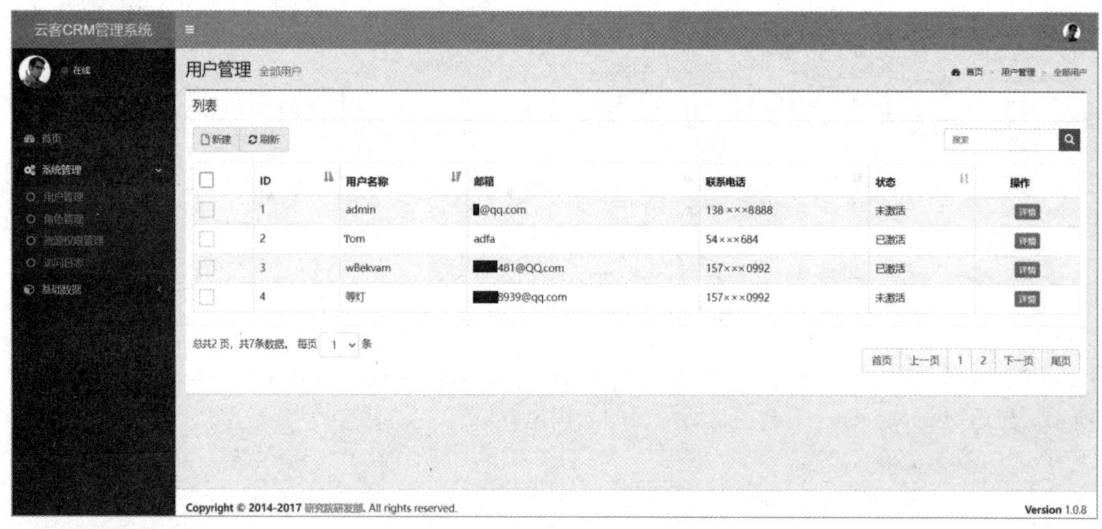

图 1-9　用户管理-用户列表页面

（3）新建用户

新建用户页面如图 1-10 所示。在新建用户时，需要在该页面中填写与用户相关的信息。

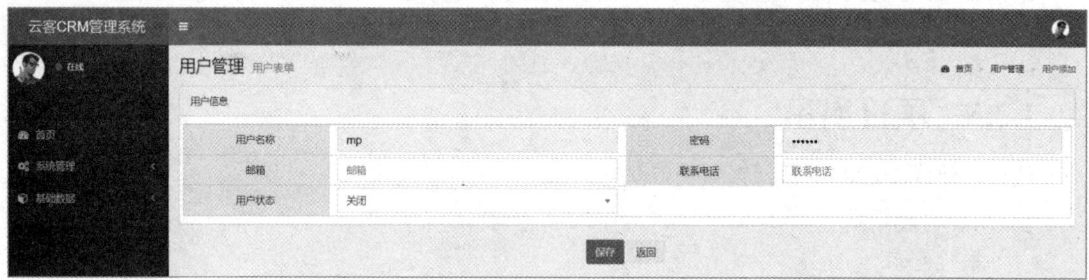

图 1-10　用户管理-新建用户页面

（4）用户详情

用户详情页面可以用于查看用户的角色并可以用于为用户添加新的角色，如图 1-11 所示。

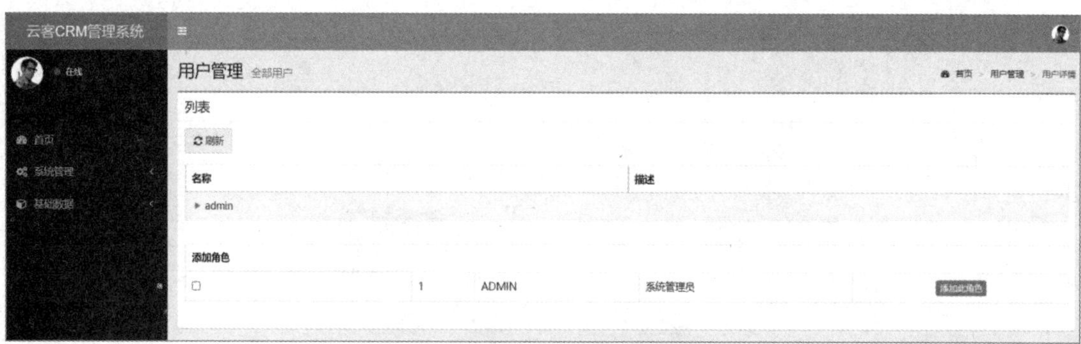

图 1-11　用户管理-用户详情页面

2. 权限管理模块

（1）角色列表

角色列表页面可以以列表形式显示系统当前已经拥有的角色及对角色的描述等信息，如图 1-12 所示。

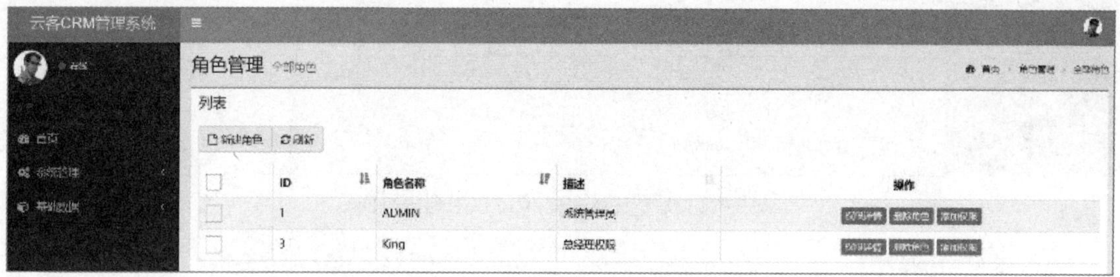

图 1-12　角色管理-角色列表页面

（2）新建角色

新建角色页面可以用于创建新的角色并为角色添加描述信息，如图 1-13 所示。

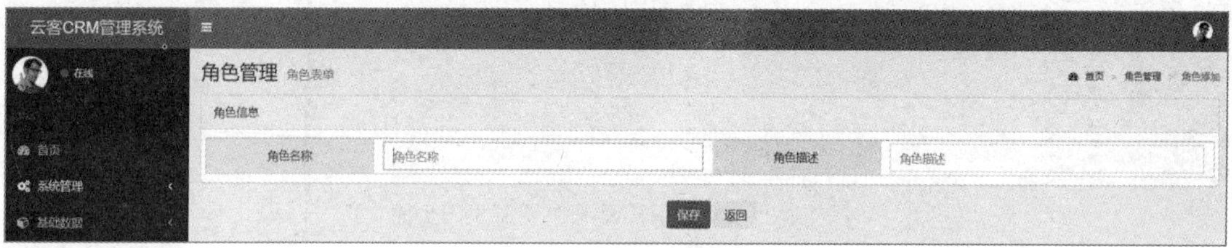

图 1-13　角色管理-新建角色页面

（3）权限详情

权限详情页面可以用于显示每个角色所能访问的资源，在这里资源使用路径来描述，如图 1-14 所示。

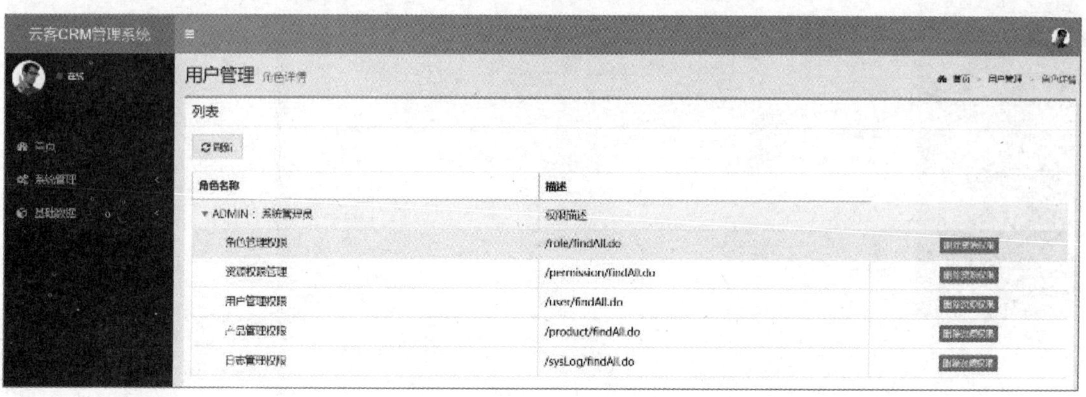

图 1-14　用户管理-权限详情页面

3. 资源权限管理模块

（1）资源权限列表

资源权限列表页面可以用于显示系统当前可访问的所有资源的 URL 路径信息，如图 1-15 所示。

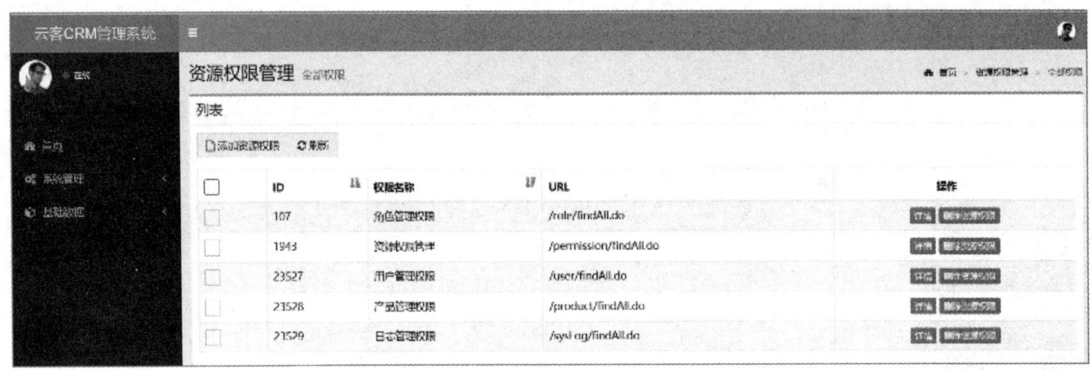

图 1-15　资源权限管理-资源权限列表页面

（2）添加资源权限

添加资源权限页面可以用于为系统添加新的资源，包括权限名称和 URL 路径信息，如图 1-16 所示。

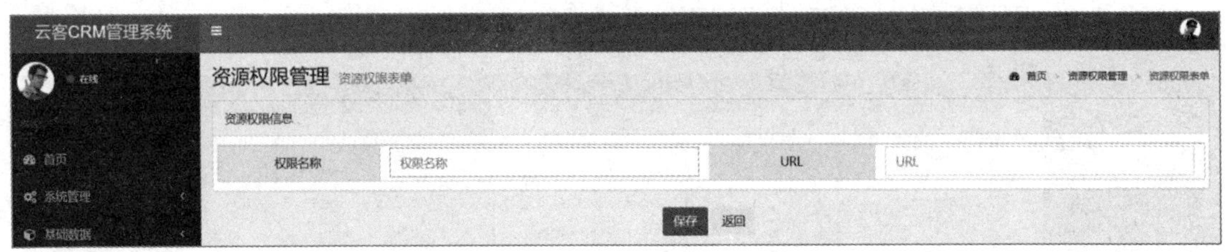

图 1-16　资源权限管理-添加资源权限页面

（3）资源权限详情

资源权限详情页面可以用于显示每个资源所属的角色，并可以通过删除角色来控制该角色是否拥有对相应资源的访问权限，如图 1-17 所示。

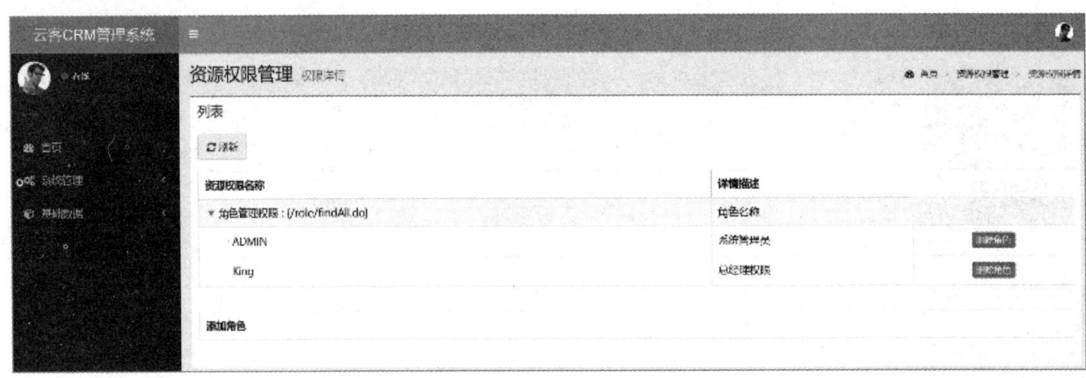

图 1-17　资源权限管理-资源权限详情页面

4. 日志管理模块

日志列表页面可以用于显示所有用户登录系统的详细信息，包括访问时间、访问用户、访问 IP、访问的资源 URL 等信息，如图 1-18 所示。

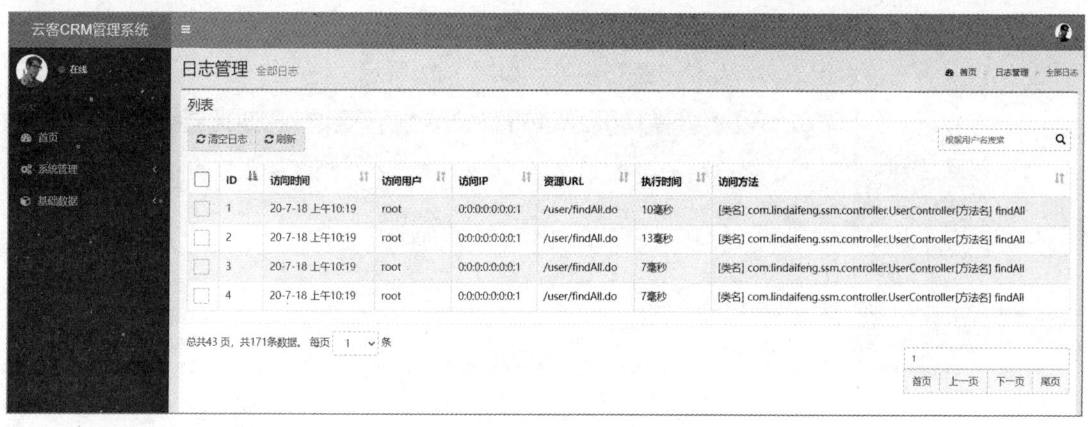

图 1-18　日志管理-日志列表页面

5. 产品管理模块

(1) 产品列表

产品列表页面可以用于显示所有产品的信息，包括产品名称、产品价格、产品图片等，如图 1-19 所示。

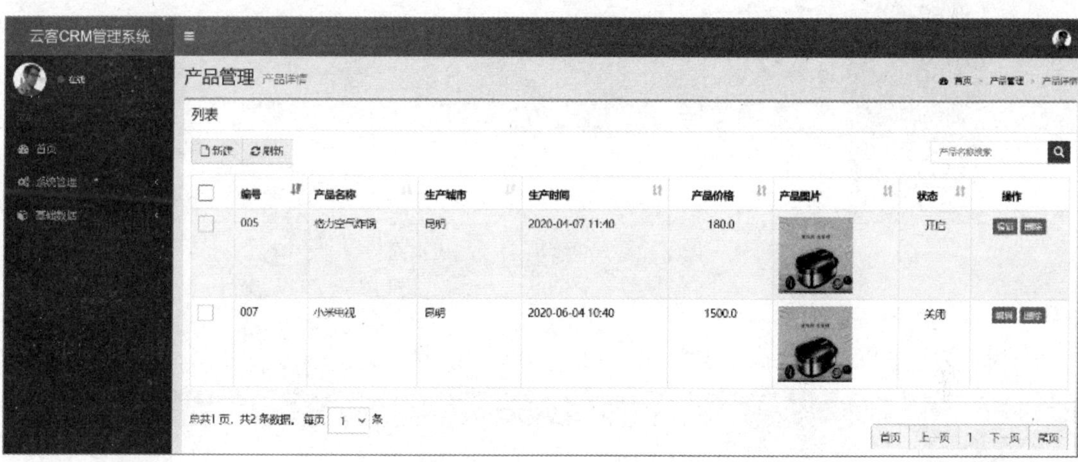

图 1-19　产品管理-产品列表页面

(2) 新建产品

新建产品页面可以用于添加新的产品，如图 1-20 所示。

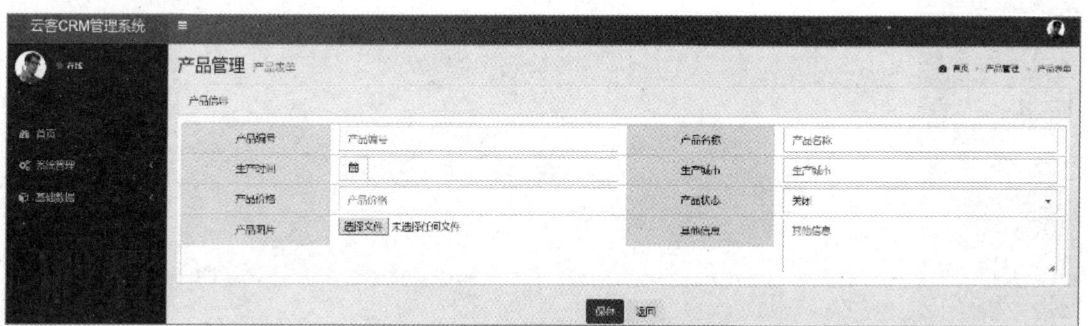

图 1-20　产品管理-新建产品页面

（3）编辑产品

编辑产品页面可以用于对产品信息进行编辑，如图 1-21 所示。

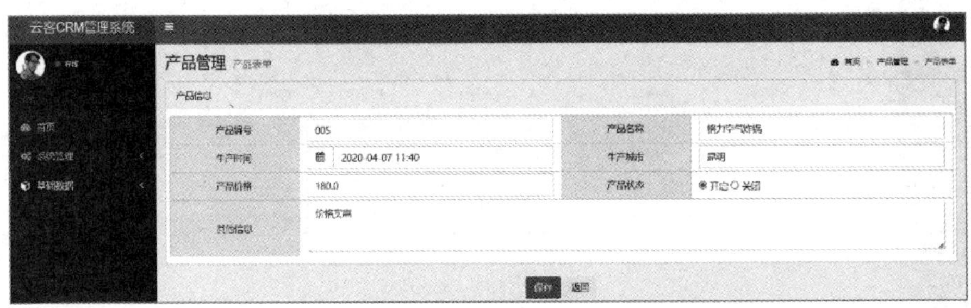

图 1-21　产品管理-编辑产品页面

6. 订单管理模块

（1）订单列表

订单列表页面可以用于显示所有订单信息，包括订单编号、产品名称、金额、下单时间、订单状态等，如图 1-22 所示。

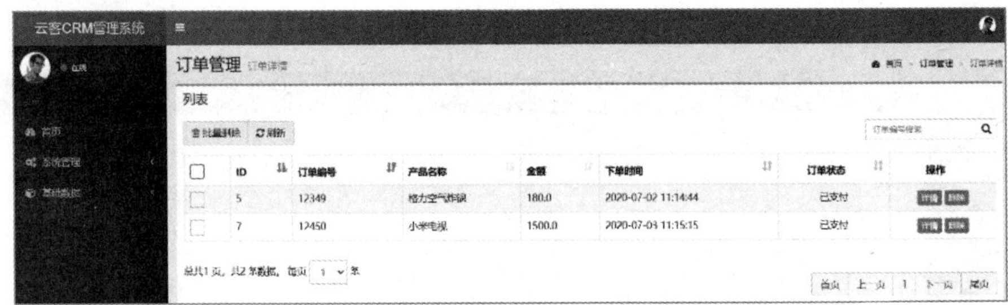

图 1-22　订单管理-订单列表页面

（2）订单详情

订单详情页面可以用于显示订单详细信息，如图 1-23 所示。

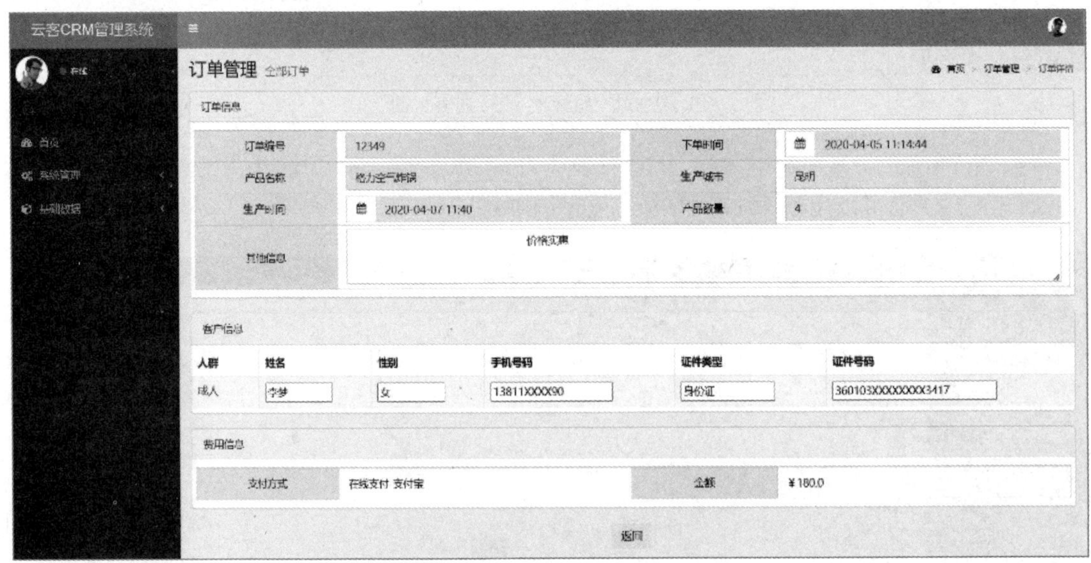

图 1-23　订单管理-订单详情页面

1.4　经典问题强化

问题 1：什么是企业级应用，它具有什么特点？

答：企业级应用是指那些为商业组织、大型企业而创建的应用程序。这些大型企业级应用结构复杂，涉及的外部资源多，具有用户数量多、数据量大、事务密集、需要多应用集成等特点。

问题 2：什么是 CRM 系统？

答：CRM 系统即客户关系管理系统，它是企业为提高核心竞争力利用相应的信息技术和互联网技术实现企业与客户在销售、营销、服务上的交互而引入的系统，从而提升其客户管理的质量。

问题 3：CRM 系统的常用功能有哪些？

答：CRM 系统主要专注于管理企业与客户之间的关系。CRM 系统涉及的主要功能如下。

- 客户信息管理：存储和检索客户的基本信息、联系方式、购买历史等。
- 产品管理：录入、修改和追踪企业的产品或服务信息，包括产品名称、价格、描述等。
- 订单管理：从订单创建、修改到追踪（包括记录客户购买的产品、数量、总价等），以确保订单的处理流程顺利进行。
- 销售跟踪：监控销售进度，从潜在客户到成交，确保销售团队与客户保持联系。
- 客户服务与支持：提供客户查询、反馈和投诉的解决方案，以确保较高的客户满意度。

1.5　本章小结

本章首先对企业级应用的概念及其特点进行简单介绍，然后通过 Web 分层架构的设计思想引出了 SSM 框架，其次对 Spring、Spring MVC、MyBatis 这 3 个框架的基本概念进行了描述，最后带领读者搭建并演示 CRM 系统，以提升读者对业务需求的理解，为后续的学习与实践打下基础。

第 2 章 MyBatis 基础

本章目标：

- 掌握 MyBatis 的相关概念；
- 掌握工厂设计模式的基本原理，了解简单工厂设计模式、工厂方法设计模式、抽象工厂设计模式；
- 熟悉 MyBatis 的优点，了解其与 JDBC 之间的区别；
- 掌握 MyBatis 的体系结构；
- 掌握 MyBatis 的开发流程；
- 熟悉 MyBatis 的入门实例。

MyBatis 作为一种基于 Java 的持久层框架，支持定制化 SQL、存储过程及高级映射。MyBatis 避免了传统 JDBC 代码中需要手动设置参数和获取结果集，它可以使用简单的 XML 或注解配置映射原生信息，将接口与 Java 的 POJO 对象映射成数据库中的记录。

本章将以 CRM 系统中用户产品查询功能为例，结合具体场景和代码实现，详细讲解 MyBatis 的相关知识，包括工厂设计模式、MyBatis 的体系结构、MyBatis 的开发流程等。

2.1 项目需求

2.1.1 业务场景

项目经理老王：小王，我们这次开发的 CRM 系统将会使用 MyBatis 框架，你对这个框架熟悉吗？

程序员小王：听说过这个框架，现在对其还不太熟悉。接下来，我会快速学习一下，然后完成产品查询的功能。

项目经理老王：好，在学习和应用 MyBatis 时，需要重点掌握工厂设计模式、MyBatis 的体系结构和 MyBatis 的开发流程。只有深入理解这些，才能更好地运用 MyBatis 框架完成产品的查询功能。

程序员小王：知道了，那我就先熟悉一下 MyBatis 框架，进行快速入门级学习，然后将其应用到项目实践中。

2.1.2　功能描述

为满足用户需求，我们需要开发一个产品查询的功能。利用该功能，用户可以根据产品的某些条件查询对应的产品，如产品名称等。默认情况下不需要任何条件，系统会进行全量查询。产品管理模块的功能结构图如图 2-1 所示。

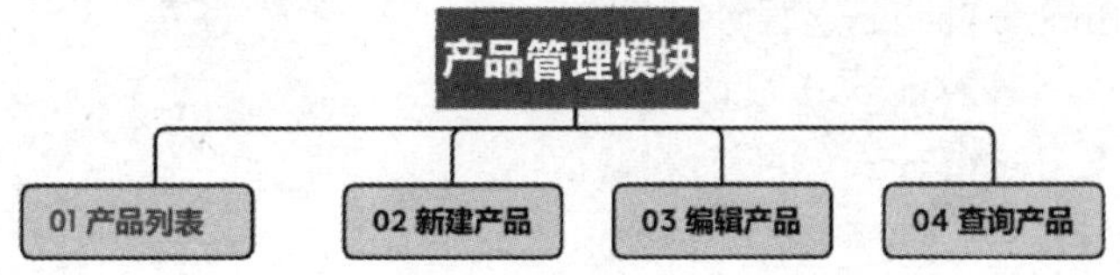

图 2-1　产品管理模块的功能结构图

2.1.3　最终效果

本模块实现的查询产品功能的最终效果如图 2-2 所示。

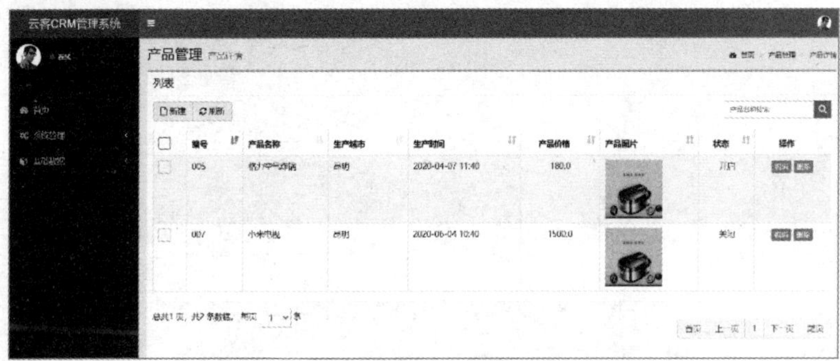

图 2-2　本模块实现的查询产品功能的最终效果

2.2　背景知识

2.2.1　知识导图

本章知识导图如图 2-3 所示。

第 2 章　MyBatis基础
01 工厂设计模式
简单工厂设计模式
工厂方法设计模式
抽象工厂设计模式
02 MyBatis简介
03 MyBatis的体系结构
接口层
核心处理层
基础支持层
04 MyBatis的开发流程

图 2-3　本章知识导图

2.2.2　工厂设计模式

工厂设计模式是 MyBatis 框架中底层实现采用的重要设计模式。例如，SqlSessionFactory 就使用了工厂设计模式来完成对象的创建。为了更好地理解 MyBatis 的工作原理，读者有必要先学习工厂设计模式。

1. 工厂设计模式概述

工厂设计模式是将创建对象的具体过程屏蔽、隔离起来，以达到更高的灵活性。通常，工厂设计模式可以分为以下 3 类。

- 简单工厂（Simple Factory）设计模式。
- 工厂方法（Factory Method）设计模式。
- 抽象工厂（Abstract Factory）设计模式。

2. 简单工厂设计模式

简单工厂设计模式的核心是定义一个创建对象的接口，将对象的创建与业务逻辑相分离，以降低系统的耦合度。当后续创建的对象需要改变时，只需要修改工厂类即可。简单工厂设计模式的 UML 类图如图 2-4 所示。

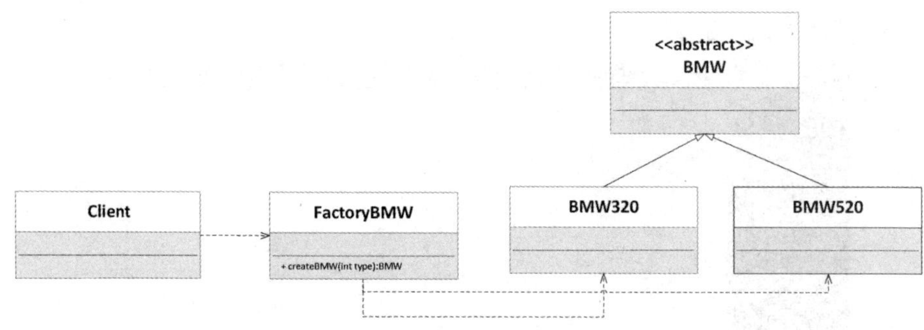

图 2-4　简单工厂设计模式的 UML 类图

该模式包含如下 3 种角色。

- 工厂类（FactoryBMW）：该角色是简单工厂设计模式的核心，负责实现创建所有实例的内部逻辑，工厂类可以直接被外界调用，创建其所需的产品对象。在实现时，需要在工厂类中提供静态的工厂方法，它可以返回一个抽象产品 BMW，其所有具体产品都是抽象产品的子类。
- 抽象产品（BMW）：该角色一般是具体产品继承的父类或者实现的接口。
- 具体产品（BMW320、BMW520）：工厂类所创建的对象就是此角色的实例。在 Java 中其由一个具体类实现。

简单工厂设计模式的实现如代码清单 2-1 ~ 代码清单 2-5 所示。

代码清单 2-1　抽象产品角色（BMW.java）

```
package com.bc.factory01;
public abstract class BMW {
    public BMW() {}
}
```

代码清单 2-2　具体产品角色（BMW320.java）

```
package com.bc.factory01;
public class BMW320 extends BMW {
    public BMW320() {
        System.out.println("制造-->BMW320");
    }
}
```

代码清单 2-3　具体产品角色（BMW520.java）

```
package com.bc.factory01;
public class BMW520 extends BMW{
    public BMW520(){
        System.out.println("制造-->BMW520");
    }
}
```

代码清单 2-4　工厂类角色（FactoryBMW.java）

```
package com.bc.factory01;
public class FactoryBMW {
    public BMW createBMW(int type) {
        switch (type) {
            case 320:
                return new BMW320();
            case 520:
                return new BMW520();
            default:
                break;
        }
        return null;
    }
}
```

代码清单 2-5　客户端类（Customer.java）

```
package com.bc.factory01;
public class Client {
    public static void main(String[] args) {
        FactoryBMW factory = new FactoryBMW();
        BMW bmw320 = factory.createBMW(320);
        BMW bmw520 = factory.createBMW(520);
    }
}
```

通过调用 Customer.java 的 main()方法，得到测试结果如图 2-5 所示。

```
Run:    Client
"C:\Program Files\Java\jdk1.8.0_131\bin\java.exe" ...
制造-->BMW320
制造-->BMW520
```

图 2-5　简单工厂设计模式测试结果

依据图 2-5 可以看出，当为工厂类的 createBMW()方法传递不同参数时，就会依据相应的约定生产出不同的产品。

简单工厂设计模式提供专门的工厂类用于创建对象，以实现对象创建与使用职责相分离。客户端不需要知道所创建的具体产品类的类名及创建过程，只需知道具体产品类所对应的参数即可。在实现时，还可以通过引入配置文件来在不修改任何客户端代码的情况下更换或增加新的具体产品类，在一定程度上提高了系统的可维护性和可扩展性。

但简单工厂设计模式的缺点在于不符合“开闭原则”，即每次添加新产品就需要修改工厂类。在产品类型较多时，有可能造成工厂逻辑过于复杂，不利于系统的扩展维护，并且工厂类集中了所有产品的创建逻辑，一旦不能正常工作，整个系统都会受到影响。

为了解决以上问题，便出现了工厂方法设计模式。

3. 工厂方法设计模式

与简单工厂设计模式中工厂负责生产所有产品相比，工厂方法设计模式将工厂抽象化，并定义一个创建对象的接口，每当增加新产品时，只需增加该产品及对应的具体实现工厂类即可。即由具体工厂类决定要实例化的产品是哪个，从而将对象的创建与实例化延迟到子类，这样工厂方法设计模式的设计就符合“开闭原则”了。工厂方法设计模式对应的 UML 类图如图 2-6 所示。其主要包含以下角色。

- 抽象工厂（FactoryBMW）：该角色是工厂方法设计模式的核心，是具体工厂角色必须实现的接口或者必须继承的父类，通常被定义为抽象类或者接口，其包含一个 createBMW()方法。它的实现类会通过该方法创建类型为 BMW 的产品。
- 具体工厂（FactoryBMW320、FactoryBMW520）：该角色是抽象工厂的实现类，被客户端（Client）调用以创建具体产品的对象，同时包含与具体业务逻辑有关的代码。
- 抽象产品（BMW）：该角色是具体产品继承的父类或实现的接口，通常被定义为抽象类或者接口，其允许客户端在不考虑具体产品实现的情况下，创建不同的产品。
- 具体产品（BMW320、BMW520）：该角色是抽象产品的实现类，其代表由具体工厂（FactoryBMW320 和 FactoryBMW520）创建的实际产品。

由于篇幅的原因，这里不给出工厂方法设计模式的具体实现，感兴趣的读者可自行运行位于“代码\第 2 章 MyBatis 基础\代码\factory 02”下的源代码。

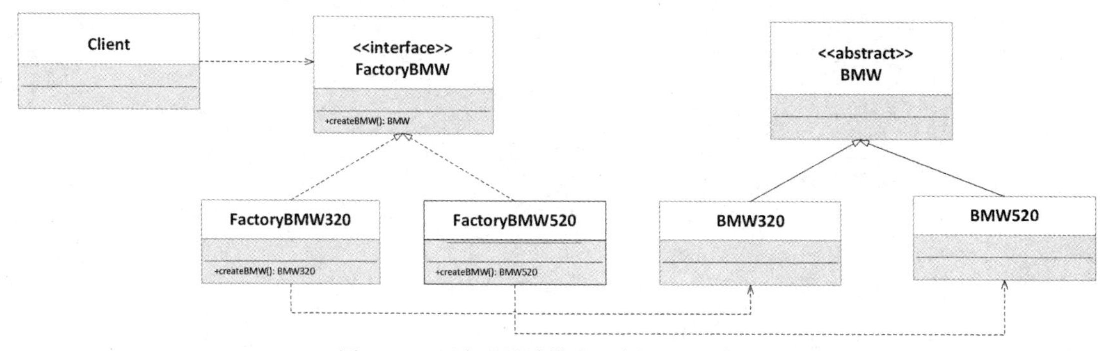

图 2-6 工厂方法设计模式对应的 UML 类图

4. 抽象工厂设计模式

在工厂方法设计模式中，一个具体工厂只负责生产一个具体的产品，但有时需要一个工厂能够提供多个产品对象，这时就可以使用抽象工厂设计模式。

在介绍抽象工厂设计模式前，需要先厘清两个概念，即产品等级结构和产品族。

（1）产品等级结构

产品等级结构是指产品的继承结构。例如，一个空调抽象类，它有海尔空调、格力空调、美的空调等一系列子类，那么这个空调抽象类与它的子类就构成了一个产品等级结构。

（2）产品族

产品族是指由同一个工厂生产，位于不同产品等级结构中的一组产品。例如，海尔工厂生产海尔空调、海尔冰箱，那么海尔空调与海尔冰箱就位于海尔产品族中。

产品等级结构和产品族的关系如图 2-7 所示。

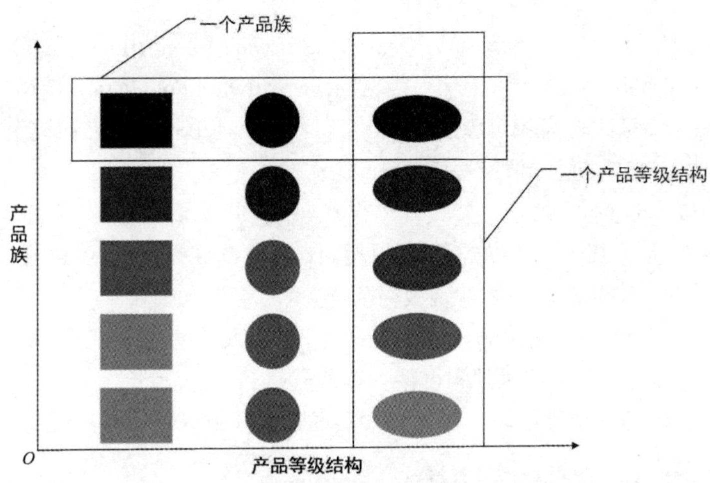

图 2-7　产品等级结构和产品族的关系

抽象工厂设计模式主要用于创建相关对象的产品族，它能保证客户端始终只使用同一个产品族中的对象，同时通过隔离具体类的生成，客户端无须指定产品的具体生成类。

抽象工厂设计模式主要由抽象工厂、具体工厂、抽象产品、具体产品等角色构成，它们之间的关系如图 2-8 所示。

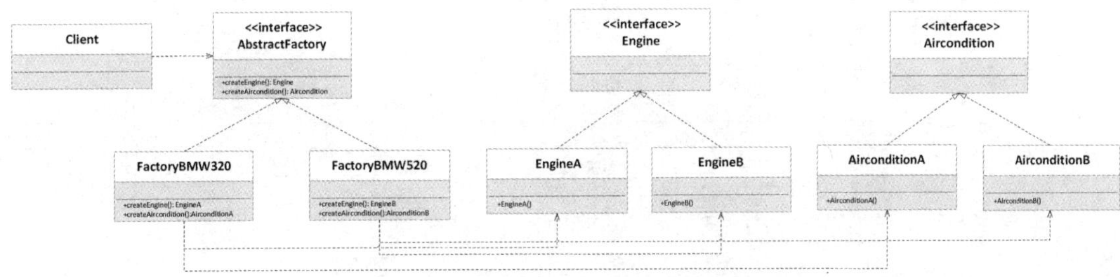

图 2-8　抽象工厂设计模式类关系图

- 抽象工厂（AbstractFactory）：该接口角色包含了一组方法用来生产产品，所有的具体工厂都必须要实现此接口。
- 具体工厂（FactoryBMW320、FactoryBMW520）：该角色用于生产不同产品族。要创建一个产品，用户只需使用其中一个工厂进行生产，而不需要实例化任何产品对象。
- 抽象产品（Engine、Aircondition）：定义了产品规范，描述了产品的主要特性和功能。一个产品族中可以有多个抽象产品。
- 具体产品（EngineA、EngineB、AirconditionA、AirconditionB）：该角色实现了抽象产品角色所定义的接口，由具体工厂来创建，它同具体工厂之间是多对一的关系。
- 客户端（Client）：使用抽象工厂创建产品的类。它不直接与具体产品交互，而是通过抽象工厂的接口来创建所需的产品对象。

抽象工厂设计模式的具体实现可参照“代码\第 2 章　MyBatis 基础\代码\factory 03”下的源代码。

2.2.3 MyBatis 简介

MyBatis 的前身是 Apache 软件基金会（Apache Software Foundation，ASF）下的一个开源项目 iBatis，2010 年这个项目由 Apache Software Foundation 迁移到了 Google Code，并且改名为 MyBatis。2013 年 11 月，MyBatis 又被迁移到 GitHub 上，目前由 GitHub 进行维护。

MyBatis 具有以下特点。

（1）MyBatis 封装了 JDBC 对数据库的各种操作，其 DAO 层代码可以通过现有插件直接生成，使得程序开发的效率和准确性均得到大幅度提升。

（2）MyBatis加入了数据库连接池和缓存的管理，可以大幅度提升应用程序的执行效率和可靠性。另外，MyBatis作为一个工业级开源框架，其代码是久经考验的。

（3）MyBatis 提供的一致性编码风格可以大幅度降低开发者之间的沟通成本。

2.2.4 MyBatis 的体系结构

如图 2-9 所示，MyBatis 的体系架构分为 3 层，分别为接口层、核心处理层和基础支持层。

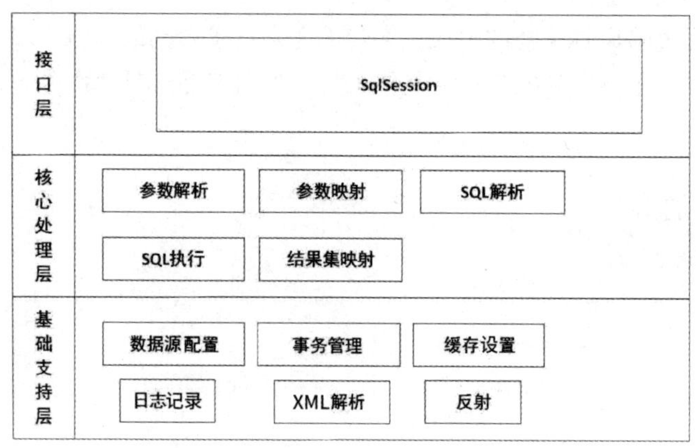

图 2-9　MyBatis 的体系架构

1. 接口层

接口层的核心是 SqlSession，它是上层应用与 MyBatis 进行交互的入口。SqlSession 类定义了一系列对数据库的操作方法，当接收到应用层发送的请求时，它会调用核心处理层的各个模块来完成用户对数据库的操作。

2. 核心处理层

核心处理层负责完成对数据库的所有操作，其主要功能如下。

（1）将接口传入的参数解析并映射成 JDBC 对应的类型。

（2）解析 XML 配置文件中的 SQL 语句，完成参数插入和动态 SQL 生成。

（3）执行 SQL 语句。

（4）处理数据库返回的结果集并映射成 Java 对象。

3. 基础支持层

基础支持层主要是为了让一些通用的功能实现复用，以支持核心处理层的工作。例如，数据源配置、事务管理、缓存设置、日志记录、XML 解析、反射等。

2.2.5　MyBatis 的开发流程

MyBatis 的开发流程（见图 2-10）可以分为以下 6 步。

（1）系统运行时，首先会加载 MyBatis 的核心配置文件 mybatis-config.xml。因此，创建该文件一般是开发者要做的第一步，这里主要是进行环境配置、全局设置等。

（2）创建 MyBatis 的 Mapper 映射文件，在其中配置业务相关的 SQL 语句。

（3）创建初始化工具类 MyBatisUtils，在其中通过 SqlSessionFactory-Builder.build()方法创建全局唯一的 SqlSession Factory 对象。

（4）通过SqlSessionFactory对象以工厂设计模式的方式创建SqlSession对象，从而完成对Mapper映射文件的解析和对SQL的映射。

（5）通过 SqlSession 提供的 insert、update、delete、select 等方法完成对数据库表的增、改、删、查操作。

（6）数据交互完成后及时关闭连接。

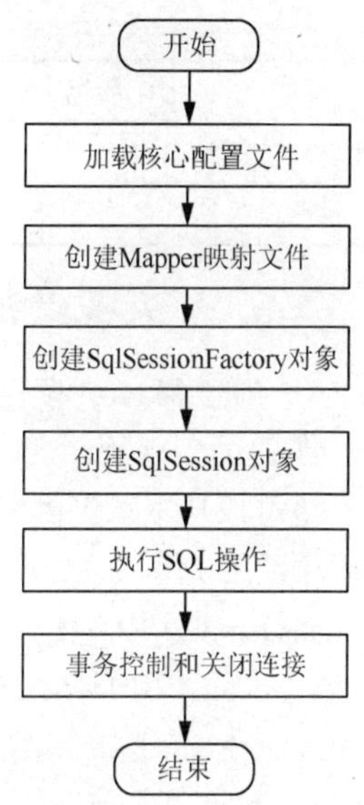

图 2-10　MyBatis 的开发流程

2.3　项目实现

2.3.1　业务场景

项目经理老王：小王，我想了解你在 MyBatis 方面的掌握情况，能否详细介绍一下你学到了哪些内容？

程序员小王：经过这两天的学习，我首先掌握了工厂设计模式的原理，这是 MyBatis 的核心。之后了解了 MyBatis 的特点，最后重点学习了 MyBatis 的开发流程。

项目经理老王：很好，接下来就请你使用 MyBatis 框架来实现产品管理模块的查询功能吧！

2.3.2　数据表设计

依据项目需求创建产品表 product，数据表结构如表 2-1 所示。

表 2-1　产品表的数据表结构

字段名	字段类型	说明
id	INT	主键
productNum	VARCHAR(50)	产品编号
productName	VARCHAR(50)	产品名称
cityName	VARCHAR(50)	城市名称（生产城市）
departureTime	VARCHAR(255)	生产时间
productPrice	DOUBLE(11, 0)	产品价格
productDesc	VARCHAR(250)	产品描述

续表

字段名	字段类型	说明
productStatus	INT	产品状态
imgPath	VARCHAR(255)	产品图片的存储路径

2.3.3 实现产品查询功能

1. 创建 Maven 项目

创建图2-11所示目录结构的Maven项目，也可以从本章提供的源代码（提供的源代码位置在“代码\第2章 MyBatis基础\代码\mybatisdemo”）中直接导入。

- bean：用于存放 JavaBean 类。这里的 ProductBean 是产品类的 POJO 对象。
- dao：数据库访问对象层。这里的 ProductDao 是产品类的 DAO 层接口，里面定义了查询产品的方法。
- util：用于存放工具类。这里的 MyBatisUtils 用来创建 SqlSessionFactory 以获取 SqlSession 对象。
- resources：用于存放资源文件，包括 Mapper 接口映射文件（ProductMapper.xml）、数据库配置文件（db.properties）和 MyBatis 的核心配置文件（mybatis-config.xml）。
- test：用于存放单元测试类 AppTest。

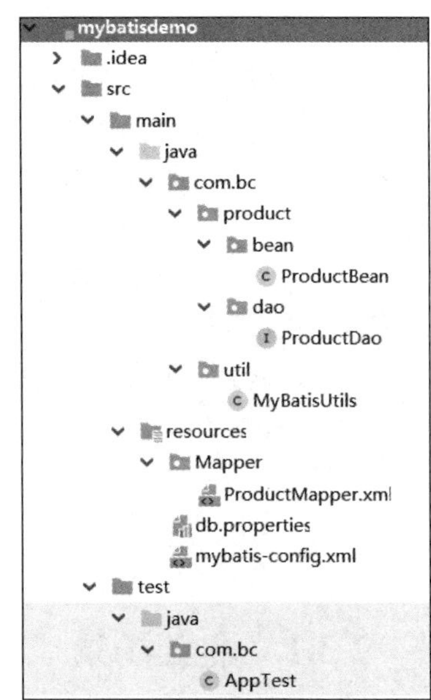

图 2-11 创建 Maven 项目

2. 导入依赖

在项目中的 pom.xml 文件中添加 junit、mysql、mybatis 等依赖包。pom.xml 内容如代码清单 2-6 所示。

代码清单 2-6 pom.xml

```
<?xml version="1.0" encoding="UTF-8"?>
<project xmlns="http://maven.apache.org/POM/4.0.0"
        xmlns:xsi="http://www.w3.org/2001/XMLSchema-instance"
        xsi:schemaLocation="http://maven.apache.org/POM/4.0.0 http://maven.apache.org/
        xsd/maven-4.0.0.xsd">
    <modelVersion>4.0.0</modelVersion>
    <groupId>com.bc</groupId>
    <artifactId>mybatisdemo</artifactId>
    <version>1.0-SNAPSHOT</version>
    <dependencies>
        <dependency>
            <groupId>junit</groupId>
            <artifactId>junit</artifactId>
            <version>4.12</version>
            <scope>test</scope>
        </dependency>
        <dependency>
            <groupId>org.mybatis</groupId>
```

```
            <artifactId>mybatis</artifactId>
            <version>3.4.5</version>
        </dependency>
        <dependency>
            <groupId>mysql</groupId>
            <artifactId>mysql-connector-java</artifactId>
            <version>8.0.15</version>
        </dependency>
    </dependencies>
    <build>
        <!—确保在 Src/main/java 目录下的.xml 文件能被正确地打包到构建目录（target）中-->
        <resources>
            <resource>
                <directory>src/main/java</directory>
                <includes>
                    <include>**/*.xml</include>
                </includes>
                <filtering>true</filtering>
            </resource>
        </resources>
    </build>
</project>
```

3. 配置数据库连接信息

在 src\main\resources 下创建数据库配置文件 db.properties，添加连接数据库的相关信息，包括连接驱动 driver、连接地址 url、连接用户名和密码等，具体内容如代码清单 2-7 所示。

代码清单 2-7　db.properties

```
driver=com.mysql.cj.jdbc.Driver
url=jdbc:mysql://localhost:3306/ssm?userSSL=true&useUnicode=true&characterEncoding
=UTF-8&serverTimezone=UTC
username=root
password=root
```

4. 创建 MyBatis 核心配置文件

在 resources 下创建 MyBatis 核心配置文件 mybatis-config.xml，在里面完成 JDBC 连接信息的配置，具体内容如代码清单 2-8 所示。

代码清单 2-8　mybatis-config.xml 文件

```
<?xml version="1.0" encoding="UTF-8" ?>
<!DOCTYPE configuration
        PUBLIC "-//mybatis.org//DTD Config 3.0//EN"
        "http://mybatis.org/dtd/mybatis-3-config.dtd">
<configuration>
    <!--加载数据库连接文件 db.properties-->
    <properties resource="db.properties"/>
    <environments default="development">
        <environment id="development">
            <transactionManager type="JDBC"/>
            <dataSource type="POOLED">
    <!--从 db.properties 中读取属性信息，用于连接数据库-->
                <property name="driver" value="${driver}"/>
```

```
            <property name="url" value="${url}"/>
            <property name="username" value="${username}"/>
            <property name="password" value="${password}"/>
          </dataSource>
        </environment>
    </environments>
    <mappers>
        <!--加载数据库映射文件 ProductMapper.xml-->
        <mapper resource="Mapper/ProductMapper.xml"/>
    </mappers>
</configuration>
```

5. 创建数据库映射文件

在 resources\Mapper 下创建数据库映射文件 ProductMapper.xml，并添加操作数据库的 SQL 语句，具体内容如代码清单 2-9 所示。

代码清单 2-9　ProductMapper.xml

```
<?xml version="1.0" encoding="UTF-8" ?>
<!DOCTYPE mapper
        PUBLIC "-//mybatis.org//DTD Mapper 3.0//EN"
        "http://mybatis.org/dtd/mybatis-3-mapper.dtd">
        <!--namespace 用于绑定一个对应的 DAO/Mapper 接口-->
        <mapper namespace="com.bc.product.dao.ProductDao">
        <!--id 为使用的方法名，resultType 为返回结果集的映射类型（全路径）-->
        <select id="getProductBeanList" resultType="com.bc.product.bean.ProductBean">
          select * from product
      </select>
</mapper>
```

6. 创建工具类

在 util 包下创建一个名为 MyBatisUtils.java 的工具类，用于加载 mybatis-config.xml 配置文件并构建 SqlSession 对象，具体内容如代码清单 2-10 所示。

代码清单 2-10　MyBatisUtils.java

```
package com.bc.util;
import org.apache.ibatis.io.Resources;
import org.apache.ibatis.session.SqlSession;
import org.apache.ibatis.session.SqlSessionFactory;
import org.apache.ibatis.session.SqlSessionFactoryBuilder;
import java.io.IOException;
import java.io.InputStream;

public class MyBatisUtils {
    static SqlSessionFactory sqlSessionFactory = null;
    static {
        try {
          //读取 MyBatis 核心配置文件，创建 SqlSessionFactory 对象
          String resource = "mybatis-config.xml";
          InputStream inputStream = Resources.getResourceAsStream(resource);
          sqlSessionFactory=new SqlSessionFactoryBuilder().build(inputStream);
        } catch(IOException e) {
            e.printStackTrace();
```

```
        }
    }
    //创建全局唯一的 SqlSession 对象
    public static SqlSession getSqlSession() {
        return sqlSessionFactory.openSession();
    }
}
```

7. 创建数据访问对象层接口

在 dao 包下创建产品数据访问对象层接口 ProductDao.java，并定义查询所有订单记录的方法，具体内容如代码清单 2-11 所示。

代码清单 2-11　ProductDao.java

```
package com.bc.product.dao;
import com.bc.product.bean.ProductBean;
import java.util.List;
public interface ProductDao {
    public List<ProductBean> getProductBeanList();
}
```

8. 创建产品实体类

在 bean 包下创建产品实体类 ProductBean.java，包括产品的各属性及它们对应的 setter/getter 方法，用于映射存储产品信息，其主要内容如代码清单 2-12 所示。

代码清单 2-12　ProductBean.java

```
package com.bc.product.bean;
import java.math.BigDecimal;
import java.util.Date;

public class ProductBean {
    private int id;
    private String productNum;
    private String productName;
    private String cityName;
    private String departureTime;
    private BigDecimal productPrice;
    private String productDesc;
    private int productStatus;
    /*省略 setter/getter 方法*/
}
```

9. 创建测试类

在 test 下创建测试类 AppTest.java，用于测试是否能够返回数据表中所有产品信息，具体内容如代码清单 2-13 所示。

代码清单 2-13　AppTest.java

```
package com.bc;
import com.bc.product.bean.ProductBean;
import com.bc.product.dao.ProductDao;
import com.bc.util.MyBatisUtils;
import org.apache.ibatis.session.SqlSession;
import org.junit.Test;
```

```
    import java.util.List;

    public class AppTest
    {
        @Test
        public void test GetproductBeanlist(){
            //获取 SqlSession 对象
            SqlSession sqlSession = MyBatisUtils.getSqlSession();
            try{
            //使用 getMapper()方法执行 SQL 语句
            ProductDao productdao = sqlSession.getMapper(ProductDao.class);
            List<ProductBean>  productBeanList = productdao.getProductBeanList();
            //循环输出所有产品信息
            for(ProductBean product:productBeanList){
                System.out.println(product);
            }
            {
            //关闭 SqlSession 对象
            if (sqlSession!=null){
            sqlSession.close();
            }
          }
        }
    }
}
```

在完成数据库操作后一定不要忘记关闭SqlSession对象，否则会因为数据库连接数过多而导致系统崩溃。

产品查询测试结果如图 2-12 所示，在其中可以查看到所有产品的信息。

```
Run:  AppTest.testGetProductBeanList
✓ Tests passed: 1 of 1 test - 4 s 379 ms
"C:\Program Files\Java\jdk1.8.0_131\bin\java.exe" ...
ProductBean{id=5, productNum='005', productName='格力空气炸锅', cityName='昆明', departureTime=2020-04-07 11:40, productPrice=180.0, productDesc='价格实惠', productStatus=1}
ProductBean{id=7, productNum='007', productName='小米电视', cityName='昆明', departureTime=2020-06-04 10:40, productPrice=1500.0, productDesc='外观好看', productStatus=0}
ProductBean{id=29, productNum='001', productName='华为手机', cityName='北京', departureTime=2024-07-01 10:09, productPrice=5000.0, productDesc='华为手机很好用', productStatus=0}
```

图 2-12　产品查询测试结果

2.4　经典问题强化

经典问题强化

问题 1：什么是设计模式，常用的设计模式有哪些？

答：设计模式是为解决软件设计中通用问题而被提出的一套指导性思想。它是一种被反复验证、经过实践证明并被广泛应用的代码设计经验和思想总结。

常用的设计模式包括单例设计模式、简单工厂设计模式、抽象工厂设计模式、建造者设计模式、原型设计模式、适配器设计模式、装饰器设计模式、代理设计模式、观察者设计模式等。这些模式有助于提高代码的可维护性与可扩展性。

问题 2：MyBatis 的工作原理是什么？

答：MyBatis 的本质是对 JDBC 的封装，其工作原理是首先封装 SQL 语句，然后调用 JDBC 操作数据库，最后把数据库返回的结果封装成 Java 实体对象。MyBatis 在工作时主要通过以下 4 个对象完成与数据库的交互。

（1）SqlSession 对象：该对象中包含执行 SQL 语句的所有方法。

（2）Executor 接口：它可以将根据 SqlSession 对象传递的参数动态生成需要执行的 SQL 语句，同时负责缓存的维护。

（3）MappedStatement 对象：该对象是对 SQL 映射的封装，用于存储待映射 SQL 语句的 ID、参数等信息。

（4）ResultHandler 对象：用于对返回的结果进行处理，支持自定义返回类型。

2.5　本章小结

本章首先对 MyBatis 底层核心之一工厂设计模式进行了讲解，然后介绍了 MyBatis 的体系结构，最后围绕 CRM 系统中产品查询模块的实现讲解了 MyBatis 的开发流程，使读者能够利用 MyBatis 框架完成一个简单项目的开发。

本章小结

第 3 章 MyBatis 核心组件

本章目标：

- 掌握 MyBatis 核心组件及其作用；
- 掌握利用 SqlSession 实现增、删、改、查操作的方法；
- 掌握 SQLMapper 映射器的原理、配置与使用方法。

MyBatis核心组件是MyBatis框架体系结构的核心内容，它揭示了MyBatis的运行原理，提供了对数据库进行连接管理、数据操作、SQL映射等一系列功能。本章将以CRM系统中新建产品功能为例，结合具体场景和代码实现，详细讲解MyBatis核心组件的相关知识，包括SqlSessionFactoryBuilder、SqlSessionFactory、SqlSession、SQLMapper的功能、原理及使用方法等。

3.1 项目需求

项目需求

3.1.1 业务场景

项目经理老王：小王，项目中的产品管理模块完成得怎么样了？

程序员小王：目前已完成产品管理模块中的显示产品信息列表功能，正在设计和实现产品管理功能，这一功能的实现需要深入理解 MyBatis 的核心组件，包括 SqlSessionFactoryBuilder、SqlSessionFactory、SqlSession、SQLMapper 等内容。我对这些还不是很清楚，需要深入学习和思考相关知识。

项目经理老王：好的，在这里需要特别注意 SqlSession 的工作原理、使用方法，以及 SQLMapper 文件中的各种标签配置，只有弄清楚这些才能在项目中灵活运用 MyBatis。

程序员小王：好的，一定按时保质完成任务，不耽误项目进度。

3.1.2 功能描述

依据用户需求，下面需要开发产品管理模块（见图 2-1）中的新建产品功能。具体功能是：用户在新建产品时可以填写相关信息，包括产品编号、产品名称、生产时间、生产城市、产品价格、产品状态、其他信息等。

3.1.3　最终效果

新建产品功能的最终效果如图 3-1 所示。

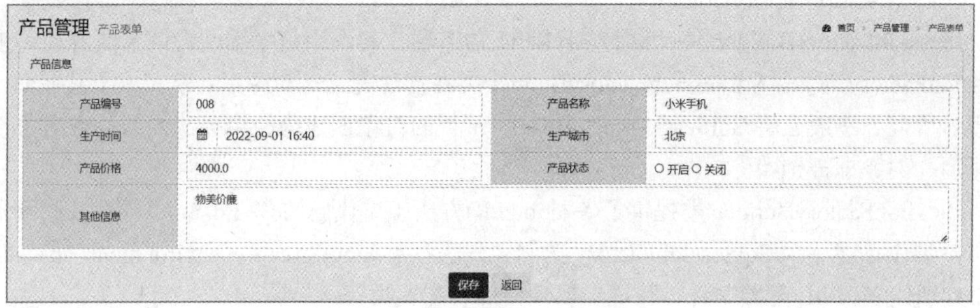

图 3-1　新建产品功能的最终效果

3.2　背景知识

3.2.1　知识导图

本章知识导图如图 3-2 所示。

图 3-2　本章知识导图

3.2.2　MyBatis 核心组件

MyBatis核心组件包括SqlSessionFactoryBuilder、SqlSessionFactory、SqlSession（会话）和SQLMapper（映射器），它们之间的依赖关系图如图3-3所示。

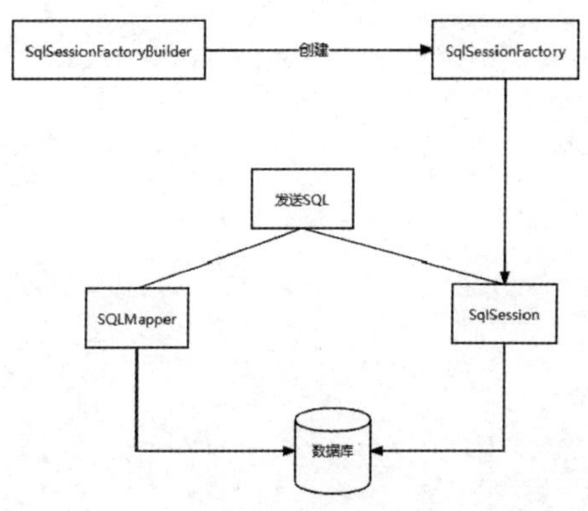

图 3-3　MyBatis 核心组件之间的依赖关系图

首先SqlSessionFactoryBuilder类通过build()方法创建SqlSessionFactory对象，然后SqlSessionFactory对象生产出SqlSession对象，最后SqlSession对象又通过加载SQLMapper映射文件来执行SQL语句，从而完成对数据库的操作。接下来将详细介绍这4大核心组件。

1. SqlSessionFactoryBuilder

SqlSessionFactoryBuilder 类又称为 MyBatis 构造器，其作用是根据配置信息或者代码来生成 SqlSessionFactory 对象。SqlSessionFactoryBuilder 类在创建完工厂对象后，就完成了其使命，即可被销毁。因此，一般会将 SqlSessionFactoryBuilder 类的对象创建为一个方法内的局部对象，当方法结束后，对象即被销毁。

SqlSessionFactoryBuilder 类提供了 5 种 build()方法（见代码清单 3-1），每一种方法都允许从不同的资源中创建一个 SqlSessionFactory 实例。方法参数 inputStream、environment、properties、config 分别代表 XML 配置文件、环境、属性文件、配置类等。

代码清单 3-1　SqlSessionFactoryBuilder 类的 build()方法

```
SqlSessionFactory build(InputStream inputStream);
SqlSessionFactory build(InputStream inputStream,String environment);
SqlSessionFactory build(InputStream inputStream,Properties properties);
SqlSessionFactory build(InputStream inputStream,String env,Properties props);
SqlSessionFactory build(Configuration config);
```

SqlSessionFactoryBuilder 类支持通过读取 XML 配置文件或 Java 代码的方式创建 SqlSession Factory 对象。在实际开发时，推荐使用第一种方式，这是因为采用 Java 代码的方式在进行修改时需要重新编译项目，较为麻烦。其具体做法是首先通过输入流 InputStream 读取配置文件 mybatis-config.xml，然后利用 SqlSessionFactoryBuilder 类的 build()方法创建 SqlSessionFactory 对象，详见代码清单 3-2 所示。

代码清单 3-2　以 XML 方式构建 SqlSessionFactory 对象

```
private static SqlSessionFactory createSqlSessionFactory()
{
    SqlSessionFactory sqlSessionFactory = null;
    InputStream inputStream=null;
    try {
        //定义 MyBatis 配置文件
        String resource = "mybatis-config.xml";
        //将配置文件加载到输入流
        InputStream = Resources.getResourceAsStream(resource);
        //使用输入流创建 SqlSessionFactory 对象
        sqlSessionFactory = new SqlSessionFactoryBuilder().build(inputStream);
    }catch (IOException e){
        e. printStackTrace();
    }finally {
      //关闭输入流
      if (inputStream != null) {
         try {
            inputStream.close();
         }catch(IOException e) {
            e.printStackTrace();
         }
      }
```

```
    }
    return sqlSessionFactory;
}
```

2. SqlSessionFactory

SqlSessionFactory 是 MyBatis 的核心接口，它提供了 8 种方法（见代码清单 3-3）来创建 SqlSession 对象。

代码清单 3-3　SqlSessionFactory 的 openSession()方法

```
SqlSession openSession();
Sqlsession openSession(boolean autoCommit);
SqlSession openSession(connection connection);
Sqlsession openSession(TransactionIsolationLevel level);
SqlSession openSession(ExecutorType execType,TransactionIsolationLevel level);
SqlSession openSession(ExecutorType execType);
SqlSession openSession(ExecutorType execType,boolean autoCommit);
SqlSession openSession(ExecutorType execType,Connection connection);
```

在选择使用何种方法时通常需要考虑以下几点。

（1）是否需要在 SqlSession 中使用事务或自动提交（auto-commit）功能。

（2）是使用 MyBatis 来获取数据源配置，还是使用自定义的数据源配置。

（3）是否需要复用预处理语句或使用批量更新语句。

实际开发中，较常用的是第一种 openSession()方法，它会创建有以下特性的 SqlSession 对象。

（1）默认打开一个不自动提交的事务。

（2）从由当前环境配置的 DataSource 实例中获取 Connection 对象，其事务隔离级别使用驱动或数据源提供的默认设置。

（3）预处理语句不会被复用，也不会被批量处理、更新。

3. SqlSession

SqlSession 是 MyBatis 的核心接口，主要负责与数据库进行交互，提供了语句执行、刷新批量更新、事务控制、本地缓存、对象关闭等（5 类 20 余种）方法。

（1）语句执行方法

代码清单 3-4 中的方法被用来执行定义在 SQL 映射文件中的 select、insert、update 和 delete 语句。其中，selectOne()方法只能返回一个对象或 null 值，如果返回值多于一个，就会抛出异常。selectList()方法可以查询一个或多个结果，并将结果封装到 List 对象中进行返回。selectMap()方法稍微特殊一点，它会将返回对象中的属性名作为 key 值，将属性值作为 value 值，进而将多结果集封装为 map 类型的对象。

代码清单 3-4　语句执行方法

```
<T>  selectOne(String statement,object parameter);
<E>  List<E>  selectList(String statement,object parameter);
<K,V>  Map<K,V>  selectMap(String statement,object parameter,String mapKey);
int insert(String statement,object parameter);
int update(String statement,object parameter);
int delete(String statement,object parameter);
```

（2）刷新批量更新方法

SqlSession 中的刷新批量更新指的是在执行批量更新操作后，通过调用 flushStatements()方法将所有待执行的 SQL 语句一次性提交到数据库执行，而不是等待事务结束时再提交。这样做可以提高批量更新的效率和性能。

（3）事务控制方法

SqlSession 提供了 4 种用于控制事务的方法（见代码清单 3-5）。其中，commit()方法用于提交事务；rollback()方法用于回滚事务。注意：以上方法只适用于使用 JDBC 事务管理器的场景，如果使用者已经设置了事务自动提交或正使用外部事务管理器，这些方法就会失效。默认情况下，MyBatis 并不会自动提交事务，因此开发者需要通过传递 true 值到 commit()和 rollback()方法来保证事务被正常处理。

代码清单 3-5　事务控制方法

```
void commit();
void commit(boolean force);
void rollback();
void rollback(boolean force);
```

（4）本地缓存方法

为了提升数据库的访问性能，MyBatis提供了一级和二级两种缓存技术，用来减少应用程序与数据库的交互次数。其中，一级缓存是MyBatis的默认级缓存（默认打开），其作用域是SqlSession范围，即在同一个SqlSession对象中执行相同的查询语句时，MyBatis会优先从缓存中查找结果。如果缓存命中，则直接将结果返回给用户；如果缓存未命中，则需要再次查询数据库，并将结果写入本地缓存后再返回给用户。

二级缓存的作用域是namespace范围。当开启二级缓存后，同一namespace下所有查询语句都会共享同一个缓存（Cache），即二级缓存是一个全局变量，可以被多个SqlSession对象共享。在进行数据查询时，MyBatis会首先检查二级缓存是否命中，若未命中再检查一级缓存；如果还未命中，则才会执行数据库查询。

一级、二级缓存的底层实现原理和使用方法将在第 5 章进行详细介绍。

（5）对象关闭方法

在完成数据库操作后，一定要调用 SqlSession 的对象关闭方法来释放资源，否则系统可能因为数据库连接数过多而崩溃。对象关闭方法如代码清单 3-6 所示。

代码清单 3-6　对象关闭方法

```
void close();
```

4. SQLMapper

（1）与 SQLMapper 相关的概念

SQLMapper（映射器）是MyBatis中较重要的组件，其主要作用是将Java类与数据库中的SQL语句进行映射，从而实现数据的持久化操作。下面是一些与SQLMapper相关的概念。

- XML映射器：XML映射器是MyBatis中一组数据库映射文件，里面定义了对业务操作相关的各种SQL语句（如select、insert、update和delete等），以及如何将查询结果映射为Java对象的规则。
- 接口映射器：除了 XML 映射器外，MyBatis 还允许定义 Java 接口作为映射器。这些接口的方法名与 XML 文件中映射标签的 ID 属性值一致，以便可以像调用 Java 方法一样执行 SQL 语句。
- 结果映射：在 XML 映射文件中，可以定义结果映射，用于指定如何将 SQL 查询结果的列映射到 Java 对象的属性值上。
- 动态SQL：SQLMapper支持动态SQL，它可以根据传入的参数动态生成SQL语句。MyBatis提供了一系列的XML标签（如<if>、<choose>、<foreach>等）来支持这种功能。

- 类型处理器：MyBatis 允许自定义类型处理器，它以特定的方式处理 Java 对象和 SQL 数据类型之间的映射关系。

SQLMapper 赋予了应用程序极大的灵活性，它在保持面向对象编程风格的基础上允许开发者直接利用 SQL 语句来操作数据库。这种结合使开发者可以设计更为复杂的数据库操作语句来满足不同的业务需求。

（2）SQLMapper 标签

SQLMapper 可以通过注解或 XML 方式进行定义，但是由于注解方式在处理复杂 SQL 语句时较为烦琐，因此在企业级应用中较少采用。故本章将重点讨论 XML 方式实现映射器。

映射器 SQLMapper 的 XML 实现主要通过配置系列标签来实现。这些标签用于定义 SQL 语句、配置结果映射规则等。映射器的常用标签及其说明如表 3-1 所示。

表 3-1　映射器的常用标签及其说明

标签名称	说明
<select>	定义一个 SQL 查询语句，用于检索数据。可以指定参数映射和结果集映射规则
<insert>	定义一个 SQL 插入语句，用于向数据库插入数据。可以指定参数映射
<update>	定义一个 SQL 更新语句，用于修改数据库中的数据。可以指定参数映射
<delete>	定义一个 SQL 删除语句，用于从数据库中删除数据。可以指定参数映射
<resultType>	定义结果集的映射规则，可以为映射类的全路径，这样 MyBatis 可以将结果集映射成对应的 JavaBean；也可以为 int、double、float 等基本类型参数；还可以使用别名，但要符合别名命名规范，且不能与 resultMap 同时使用
<resultMap>	定义结果集的映射规则，将数据库查询结果映射到 Java 对象。可以指定列到属性的映射
<sql>	定义可重用的 SQL 代码片段，用于减少重复的 SQL 代码
<include>	引入先前定义的 SQL 代码片段，提高 XML 配置的可读性和可维护性
<typeAlias>	为 Java 类型设置短的别名，以简化 XML 配置中的类型引用

（3）SQLMapper 的配置与使用方法

以 XML 方式实现映射器 SQLMapper 主要分为 Mapper 接口定义、Mapper 映射文件配置、编写 SQL 映射语句、编写结果映射、Mapper 接口注册、映射器调用等环节。下面以一个 User 对象的增、删、改、查操作为例，详细讲解映射器 SQLMapper 的配置和使用方法。

① Mapper 接口定义

在企业级开发时多采用面向接口编程的思想，因此通常会为每一个 XML 映射文件定义一个 Mapper 接口，接口的方法名需要与 SQL 映射语句的 id 值一致，如代码清单 3-7 所示。

代码清单 3-7　Mapper 接口定义

```
package com.example.mapper;
import com.example.model.User;

public interface UserMapper
{
    User selectUser(int id);
    int insertUser(User user);
    int updateUser(User user);
    int deleteUser(int id);
}
```

② Mapper 映射文件配置

一般，每个数据表都会对应一个 XML 映射文件，文件会以<mapper>为根节点，里面包含 SQL 语句与结果映射的定义，如代码清单 3-8 所示。

代码清单 3-8 Mapper 映射文件配置

```
<mapper namespace="com.example.mapper.UserMapper">
    <!--编写 SQL 映射语句和结果映射规则 -->
</mapper>
```

注意

<mapper>标签的 namespace 属性值应为其对应的 Mapper 接口的完整路径。

③ 编写 SQL 映射语句

在<mapper>标签中，可以定义与数据库操作相关的SQL映射语句，如<select>、<insert>、<update>、<delete>等。例如，下面映射文件（见代码清单 3-9）中就包含对 User 对象的增、删、改、查操作。

代码清单 3-9 编写 SQL 映射语句

```
<mapper namespace="com.example.mapper.UserMapper">
    <select id="selectUser" resultType="com.example.model.User">
        SELECT id,name,age FROM users WHERE id = #{id}
    </select>
    <insert id="insertUser">
        INSERT INTO users (name, age) VALUES (#{name}, #{age})
    </insert>
    <update id="updateUser">
        UPDATE users SET name=#{name}, age=#{age} WHERE id=#{id}
    </update>
    <delete id="deleteUser">
        DELETE FROM users WHERE id=#{id}
    </delete>
</mapper>
```

SQL 标签的 id 值为当前映射文件实现的 Mapper 接口的方法名，resultType 属性值则指定了返回结果集映射的 JavaBean 对象。

④ 编写 SQL 结果映射语句

使用<resultType>或<resultMap>标签可以进行结果集映射，如代码清单 3-10 所示。

代码清单 3-10 编写 SQL 结果映射语句

```
<resultMap id="userResultMap" type="com.example.model.User">
    <id property="id" column="user_id" />
    <result property="name" column="user_name" />
    <result property="age" column="user_age" />
</resultMap>

<select id="selectUserWithResultMap" resultMap="userResultMap">
    SELECT * FROM users WHERE id = #{id}
</select>
```

<resultType>一般用于简单映射，它适用于数据库字段名和 Java 实体属性名完全匹配的场景，

可以自动按名称映射结果集中的列值到 Java 对象的属性值中。此外，<resultType>还支持 int、float 等基本数据类型的映射。

<resultMap>多用于高级映射，它允许开发者当数据库字段名与 Java 实体属性名不一致时，可以自定义映射关系。同时，它还提供复合映射功能，如一对多映射、一对一映射、组合对象映射等。

⑤ Mapper 接口注册

在 MyBatis 核心配置文件中对 Mapper 接口（UserMapper.java）进行注册，如代码清单 3-11 所示。

代码清单 3-11　Mapper 接口注册

```
<configuration>
    <mappers>
        <mapper class="com.example.mapper.UserMapper"/>
    </mappers>
</configuration>
```

⑥ 映射器调用

在映射器被调用时，首先需要获取 SqlSession 对象，然后通过 getMapper()方法获取 Mapper 接口实例，最后调用对应的成员方法完成数据库操作，如代码清单 3-12 所示。

代码清单 3-12　映射器调用

```
try (SqlSession sqlSession = sqlSessionFactory.openSession()) {
    UserMapper userMapper = sqlSession.getMapper(UserMapper.class);
    User user = userMapper.selectUser(1);
}
```

以上就是 MyBatis 4 大核心组件的原理及使用方法。接下来，我们将通过实现 CRM 系统中的新建产品功能来强化读者对以上内容的掌握。

项目实现

3.3　项目实现

3.3.1　业务场景

项目经理老王：小王，我想了解一下你在 MyBatis 核心技术方面的掌握情况，能否详细介绍一下你学到了哪些内容？

程序员小王：当然可以。我利用业余时间将 MyBatis 的核心内容进行了深入的学习，掌握了 MyBatis 的 4 大核心组件 SqlSessionFactoryBuilder、SqlSessionFactory、SqlSession、SQLMapper 的功能、原理及使用方法，现在有信心利用所学的知识，实现产品管理模块中的新建产品功能。

项目经理老王：好的，期待你的表现。

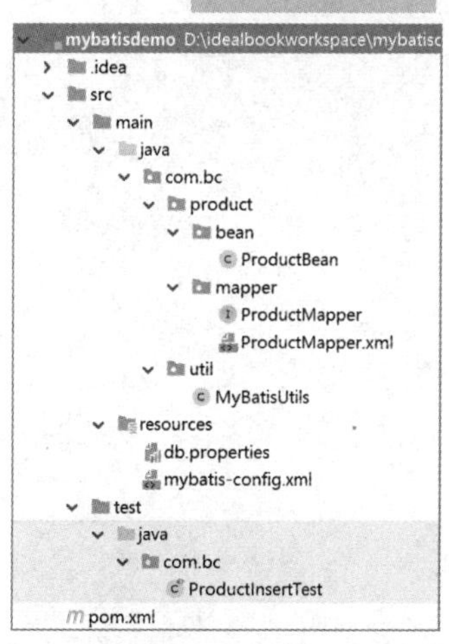

图 3-4　项目结构图

3.3.2　实现新建产品功能

因为第 2 章中已经实现了产品查询功能，因此本章将在第 2

章项目的基础上继续实现新建产品的功能。项目结构图如图 3-4 所示。

- bean：存放产品的实体类 ProductBean。
- mapper：存放产品的接口类 ProductMapper，以及与之对应的映射文件 ProductMapper.xml。
- util：用于存放生成 SqlSession 对象的工具类 MyBatisUtils.java。
- resources：存放数据库连接配置文件 db.properties 和 MyBatis 核心配置文件 mybatis-config.xml。
- test：存放测试文件 ProductInsertTest.java，用于测试新建产品是否成功。

1. 创建实体类

在 bean 目录下创建产品信息实体类 ProductBean.java，如代码清单 3-13 所示。

代码清单 3-13　ProductBean.java

```
package com.bc.product.bean;
import java.math.BigDecimal;
import java.util.Date;
public class ProductBean {
    private int id;
    private String productNum;
    private String productName;
    private String cityName;
    private String departureTime;
    private BigDecimal productPrice;
    private String productDesc;
    private int productStatus;
}/*省略 setter/getter 方法*/
```

2. 创建数据访问对象层接口

在 mapper 目录下创建数据访问对象层接口 ProductMapper.java，如代码清单 3-14 所示。

代码清单 3-14　ProductMapper.java

```
package com.bc.product.mapper;
import com.bc.product.bean.ProductBean;
import java.util.List;

/**
 * 产品映射器接口，用于执行与产品相关的数据库操作
 */
public interface ProductMapper {
    /**
     * 获取产品列表
     * @return：产品列表对象
     */
    List<ProductBean> getProductList();

    /**
     * 插入产品信息
     * @param productBean：产品信息对象
     * @return：数据表影响的行数
     */
    int insertProduct(ProductBean productBean);
}
```

3. 创建数据库映射文件

在mapper目录下创建一个名为ProductMapper.xml的文件，其文件名应与对应的接口名（ProductMapper.java）相同。在该文件中，使用<insert>标签结合SQL语句实现产品信息的插入。如代码清单3-15所示。

代码清单 3-15 ProductMapper.xml

```
<?xml version="1.0" encoding="UTF-8" ?>
<!DOCTYPE mapper
        PUBLIC "-//mybatis.org//DTD Mapper 3.0//EN"
        "http://mybatis.org/dtd/mybatis-3-mapper.dtd">
<!-- 通过 namespace 属性绑定 ProductMapper 接口 -->
<mapper namespace="com.bc.product.mapper.ProductMapper">
    <!-- 定义插入产品信息的 SQL 语句 -->
    <insert id="insertProduct" parameterType="com.bc.product.bean.ProductBean">
        INSERT INTO product (productNum, productName, cityName, departureTime, productPrice,
productDesc, productStatus)
        VALUES (#{productNum}, #{productName}, #{cityName}, #{departureTime}, #{productPrice},
#{productDesc}, #{productStatus})
    </insert>
</mapper>
```

上述代码<mapper>标签中的 namespace 属性指定了 XML 文件对应的 Mapper 接口。在<insert>标签中，id 属性值应与 ProductMapper 接口的 insertProduct()方法名保持一致，而 parameterType 属性值应为产品实体类 ProductBean。

4. 编辑 MyBatis 核心配置文件

在 mybatis-config.xml 文件中，除了定义数据库的配置信息外，还需要使用<mapper>标签来配置数据库访问接口，即通过 class 属性指定 Mapper 接口名称，并确保对应的映射文件名与接口名称相同且位于同一路径下，如代码清单 3-16 所示。

代码清单 3-16 mybatis-config.xml

```
<mappers>
    <mapper class="com.bc.product.mapper.ProductMapper"/>
</mappers>
```

5. 编辑 MyBatisUtils.java 类

MyBatisUtils.java 类首先会读取 mybatis-config.xml 配置文件，然后利用 SqlSessionFactoryBuilder 的 build()方法创建 SqlSessionFactory 对象，最后通过 SqlSessionFactory 的 openSession()方法获取 SqlSession 对象，如代码清单 3-17 所示。

代码清单 3-17 MyBatisUtils.java

```
package com.bc.util;
import org.apache.ibatis.io.Resources;
import org.apache.ibatis.session.SqlSession;
import org.apache.ibatis.session.SqlSessionFactory;
import org.apache.ibatis.session.SqlSessionFactoryBuilder;
import java.io.IOException;
import java.io.InputStream;
public class MyBatisUtils {
    private static SqlSessionFactory sqlSessionFactory = null;
```

```
    static {
        try {
            //读取 MyBatis 核心配置文件，创建 SqlSessionFactory 对象
            String resource = "mybatis-config.xml";
            InputStream inputStream = Resources.getResourceAsStream(resource);
            sqlSessionFactory = new SqlSessionFactoryBuilder().build(inputStream);
            inputStream.close();
        } catch (IOException e) {
            e.printStackTrace();
        }
    }

    //利用 SqlSessionFactory 对象创建全局唯一的 SqlSession 对象
    public static SqlSession getSqlSession() {
        return sqlSessionFactory.openSession();
    }
}
```

6. 编写测试类

修改 ProductInsertTest.java 文件，利用 SqlSession 对象提供的方法实现对产品信息的插入操作，内容如代码清单 3-18 所示。

代码清单 3-18　ProductInsertTest.java

```
package com.bc;
import com.bc.product.bean.ProductBean;
import com.bc.product.mapper.ProductMapper;
import com.bc.util.MyBatisUtils;
import org.apache.ibatis.session.SqlSession;
import org.junit.Test;
import java.text.SimpleDateFormat;
import java.util.Date;
import java.math.BigDecimal;

//产品插入测试类
public class ProductInsertTest {
    @Test
    public void testProductInsert() {
        //获取 SqlSession 对象
        SqlSession sqlSession = MyBatisUtils.getSqlSession();
        //获取 ProductMapper 对象
        ProductMapper productMapper = sqlSession.getMapper(ProductMapper.class);
        //创建产品对象
        ProductBean productBean = new ProductBean();
        productBean.setProductName("华为手机");
        productBean.setProductNum("001");
        productBean.setCityName("北京");
        SimpleDateFormat dateFormat = new SimpleDateFormat("yyyy-MM-dd HH:mm");
        productBean.setDepartureTime(dateFormat.format(new Date()));
        productBean.setProductDesc("华为手机很好用");
        productBean.setProductPrice(new BigDecimal(5000));
        productBean.setProductStatus(0);
```

```
        try {
            //执行插入操作
            int count = productMapper.insertProduct(productBean);
            System.out.println("插入记录数: " + count);
            //提交事务
            sqlSession.commit();
        } catch (Exception e) {
            e.printStackTrace();
            //发生异常时回滚事务
            sqlSession.rollback();
        } finally {
            //关闭 SqlSession 对象
            sqlSession.close();
        }
    }
}
```

运行 testProductInsert()方法后，查看数据库中的 product 表可以发现，测试数据被成功插入，测试结果如图 3-5 所示。

开始事务　文本 ·　筛选　排序　导入　导出

id	productNum	productName	cityName	departureTime	productPrice	productDesc	productStatus	imgPath
5	005	格力空气炸锅	昆明	2020-04-07 11:40	500	实惠好用	(Null)	/upload/7fa53dfee949485ea7
7	007	小米电视	上海	2020-06-04 10:40	1500	好看颜色丰富	0	/upload/7fa53dfee949485ea7
28	008	小米手机	北京	2022-09-01 16:40	4000	物美价廉	0	/upload/7352ffa9c5c947c6a24
31	001	华为手机	北京	2024-05-20 22:49	5000	华为手机很好用	0	(Null)

图 3-5　新建产品信息测试结果

3.4　经典问题强化

经典问题强化

问题 1：SqlSessionFactory 都有哪些功能？

答：SqlSessionFactory 是 MyBatis 的核心组件，其主要功能包括以下几个。

（1）创建 SqlSession。它采用工厂设计模式创建全局唯一的 SqlSession 对象。

（2）加载配置信息。SqlSessionFactory 负责加载 MyBatis 的核心配置信息，包括数据源、映射文件路径等。

（3）管理数据库连接。SqlSessionFactory 负责管理和配置数据库连接信息，以确保提供稳定、可靠的数据库连接。

问题 2：SqlSession 有哪些特点？

答：

（1）SqlSession 的生命周期通常与一个数据库请求相同，它的作用域开始于请求开始时，结束于请求结束时。

（2）SqlSession 实例不是线程安全的，因此在多线程环境下，每个线程应该有自己的 SqlSession 实例，而不应该将 SqlSession 实例共享给多个线程，否则有可能会出现数据不一致的问题。

（3）SqlSession 内部维护了一个一级缓存。这个缓存只在当前 SqlSession 的作用域内有效，当 SqlSession 对象被关闭时，缓存也会清空。

（4）在 SqlSession 的生命周期内可以进行多次数据库操作，这些操作可以在一个事务内完成，并且事务的提交和回滚都是通过 SqlSession 进行的。

问题 3：SQLMapper 映射文件的作用是什么？

答：SQLMapper 映射文件在 MyBatis 中扮演着至关重要的角色，其主要作用如下。

（1）代码分离。它将 SQL 语句从 Java 代码中分离出来，使得数据库操作与业务逻辑分开，增强了代码的可扩展性和可维护性。

（2）映射定义。它定义了如何将数据库的结果集映射到 Java 对象，包括简单的列到属性的映射，以及更复杂的关联映射和集合映射。

总体来说，SQLMapper 映射文件为 MyBatis 提供了执行 SQL、参数处理和结果映射等功能，它是 Java 对象与数据库之间进行数据交互的“桥梁”。

3.5　本章小结

本章主要对 MyBatis 的核心组件进行了详细介绍。首先介绍了 MyBatis 核心组件的功能和特点，强调了它们在整个框架中的地位，然后深入探讨了 SQLMapper 的核心原理和使用方法，以及如何利用 SqlSession 完成对数据库的增、删、改、查等操作，最后通过 CRM 系统中新建产品功能的实现来加强读者的实践能力。

本章小结

第 4 章 MyBatis 关联映射

本章目标：

- 掌握动态 SQL 主要标签的使用；
- 理解关联关系的基本概念；
- 掌握基于 XML 方式的一对一关联映射方式；
- 掌握基于 XML 方式的一对多关联映射方式；
- 掌握基于 XML 方式的多对多关联映射方式；
- 掌握基于注解方式的一对一关联映射方式；
- 掌握基于注解方式的一对多关联映射方式；
- 掌握基于注解方式的多对多关联映射方式。

通过前面几章的学习，读者已经熟悉了 MyBatis 的基础知识，并能够使用 MyBatis 及面向对象的方式进行数据库操作，但这些操作只是针对单表实现的。在实际的开发中，对数据库的操作常常会涉及多张表，这一点在面向对象中就涉及了对象与对象之间的关联关系。

针对多表之间的操作，MyBatis 提供了关联映射。通过关联映射，MyBatis 就可以很好地处理对象与对象之间的关联关系。本章将对 MyBatis 的关联映射进行详细讲解。

4.1 项目需求

4.1.1 业务场景

项目经理老王：小王，之前我们已经学习了 MyBatis 的基础及核心组件，这些都是运用 MyBatis 进行开发的基础。

程序员小王：现在使用 MyBatis 完成一个单表的增、删、改、查功能，我已经掌握了。但是在实际业务中，表与表之间的关联关系可不是只有单表这种简单的情况，还有多表之间的关联查询，以及一些复杂的 SQL 查询。这些操作使用 MyBatis 可以实现吗？

项目经理老王：可以的。MyBatis 可不是只能做单表的查询，它还可以使用动态 SQL 完成复杂的 SQL 查询，比如比较查询、模糊查询、批量查询，以及可以实现多表之间的关联查询。现在客户要求系统能针对不同的用户操作不同的模块，需要实现一个权限管理功能。

程序员小王：权限管理功能会涉及用户、角色、资源等表，我在学习 MyBatis 的关联映射之后就可以实现这个功能模块了。

4.1.2 功能描述

根据用户提出的要求，我们需要为 CRM 系统开发一个权限管理模块，该模块的功能结构图如图 4-1 所示。

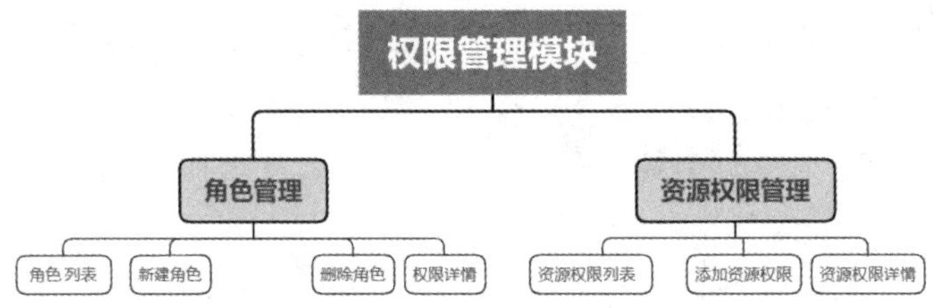

图 4-1 权限管理模块的功能结构图

4.1.3 最终效果

1. 角色管理

角色列表页面展示了当前所有角色的列表，每个角色都有对应的描述和操作。在该页面，用户可以进行增加、删除、修改、查询操作。为了方便用户同时操作多个角色，还提供了全选功能，页面如图 4-2 所示。

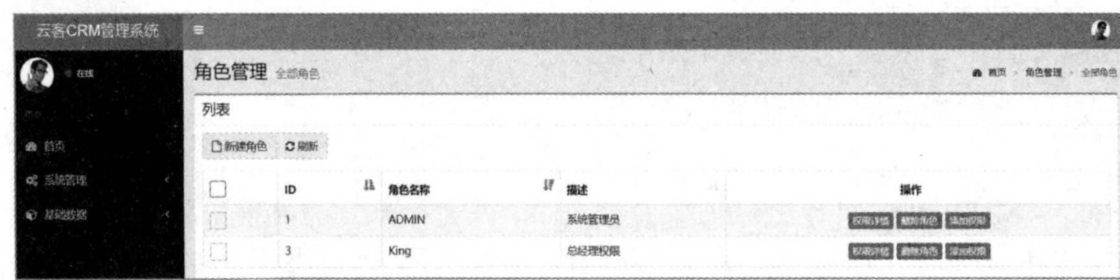

图 4-2 角色列表页面

- 新建角色：用于新建角色信息并对角色进行描述，页面如图 4-3 所示。

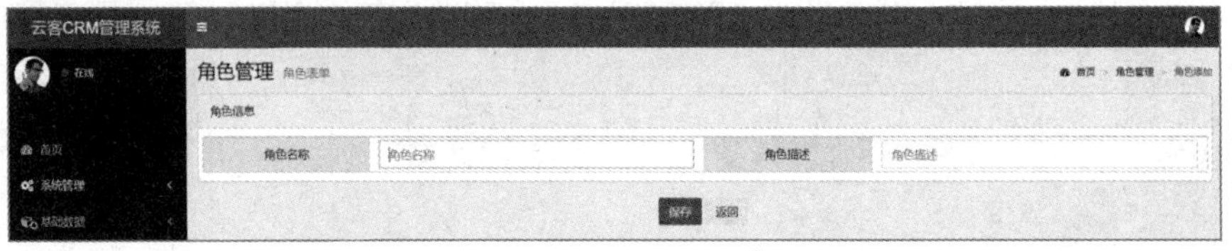

图 4-3 新建角色页面

- 权限详情：用于展示某个角色所拥有的权限列表。一个角色可以拥有多个权限，如 ADMIN 角色是管理员，其拥有角色管理权限、资源权限管理、用户管理权限、产品管理权限、日志管理权限等权限，页面如图 4-4 所示。

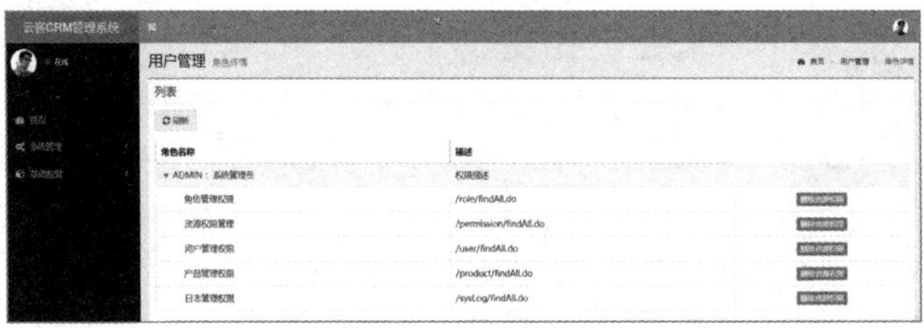

图 4-4 权限详情页面

2. 资源权限管理

资源权限列表页面展示了所有资源权限信息列表，每个资源权限都对应着对某一特定资源的管理，例如，用户管理权限就可以对用户进行管理，页面如图 4-5 所示。

图 4-5　资源权限列表页面

- 添加资源权限：用于添加新的资源权限信息，包括权限名称和 URL 路径信息，页面如图 4-6 所示。

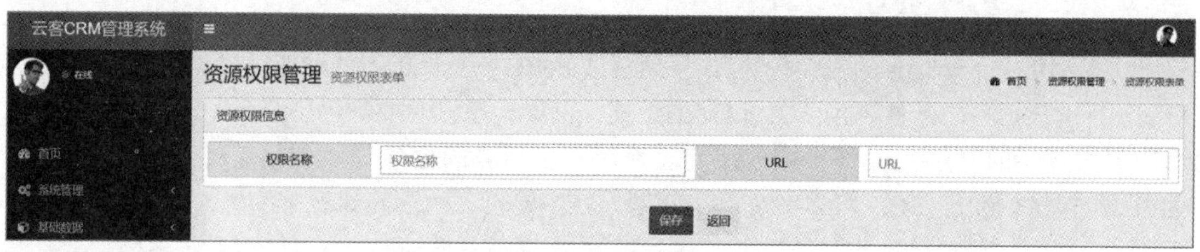

图 4-6　添加资源权限页面

- 资源权限详情：可以查看某一资源所对应的所有角色及其权限，这些角色具有对该资源的管理权限。不同的角色所拥有的资源权限是不同的，例如，开发者可以对日志进行管理，而销售人员则可以对商品进行管理，页面如图 4-7 所示。

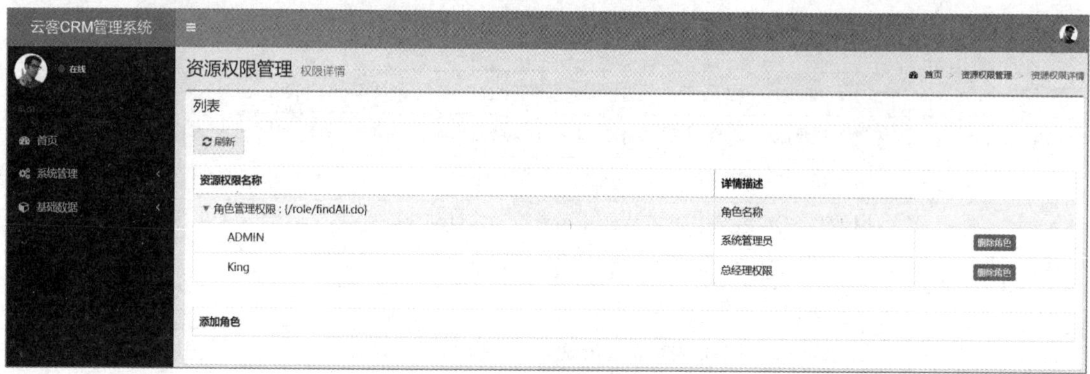

图 4-7　资源权限详情页面

4.2 背景知识

4.2.1 知识导图

本章知识导图如图 4-8 所示。

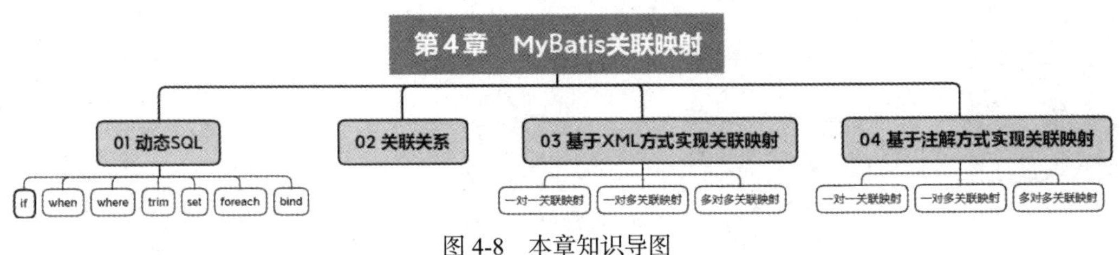

图 4-8 本章知识导图

4.2.2 动态 SQL

动态 SQL 是 MyBatis 的强大特性。如果使用过 JDBC 或其他类似的框架，应该能理解根据不同条件拼接 SQL 语句的烦琐，例如，拼接时要确保不能忘记添加必要的空格，还要注意去掉列表最后一个列名的逗号等。利用 MyBatis 提供的动态 SQL 可以解决这个问题，其主要包含的标签如表 4-1 所示。

表 4-1 MyBatis 提供的动态 SQL 包含的主要标签

标签名称	描述
<if>	如果满足条件，就包含其中的内容
<choose>	包含一组<when>和一个<otherwise>标签，且只会包含第一个满足条件的<when>标签或者<otherwise>标签
<when>	用于<choose>标签中，表示如果条件满足，就包含其中的内容
<otherwise>	用于<choose>标签中，表示如果没有<when>标签的条件满足，就包含其中的内容
<trim>	用于在 SQL 语句中去除多余的逗号和空格等
<where>	用于在 SQL 语句中添加 WHERE 子句，并自动去除多余的 AND 或 OR 连接符
<set>	用于在 UPDATE 语句中设置要更新的列及其值
<foreach>	用于在 SQL 语句中执行循环操作
<bind>	用于将一个 OGNL 表达式的值赋给一个变量，然后在后面的 SQL 语句中引用该变量
<sql>	用于定义一个可重用的 SQL 代码片段
<include>	用于在 SQL 语句中引用另一个 SQL 代码片段

注：OGNL（Object-Graph Navigation Lanuage）为对象导航图语言。

为了帮助读者更好地掌握动态 SQL 的使用，下面将对表 4-1 中的各标签进行详细介绍。

1. <if>标签

在使用 MyBatis 进行数据库查询时，<if>标签是常用的判断语句。在实际场景中，我们通常需要根据多个条件来精确查询某个数据。例如，查询某个客户的信息，可以根据用户名和岗位查询，也可以只根据用户名查询；此外，还可以查询所有客户，这时的用户名和岗位就是非必要条件。在 MyBatis 中可以使用<if>标签实现这种条件查询，它类似于 Java 中的 if 语句，主要用于实现一些简单的条件选择，以优化查询操作。下面就通过一个具体的实例来进行展示，实现步骤如下。

（1）创建数据库和表

创建名为 MyBatis 的数据库及 t_customer 表，要求表中字段包含用户名称 username、岗位 jobs 和电话 phone，如图 4-9 所示。

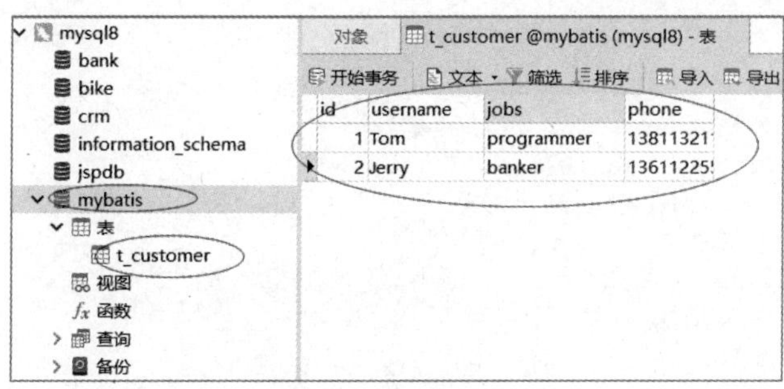

图 4-9　创建数据库和表

（2）创建 Maven 项目

创建图 4-10 所示目录结构的 Maven 项目，也可以从本章提供的源代码（提供的源代码位置在“代码\第 4 章 MyBatis 关联映射\01 动态 SQL\dynamicSQL”）中直接导入。

该项目整体结构介绍如下。

① com.dynamicsql 下包括以下几个文件。

- mapper：存放 Mapper 映射文件。
- po：存放实体类。
- utils：存放工具类。

② resources 下包括以下几个文件。

- db.properties：配置数据库信息。
- mybatis-config.xml：MyBatis 核心配置文件。

③ test 下包括以下文件。

- MyBatisTest：测试类。

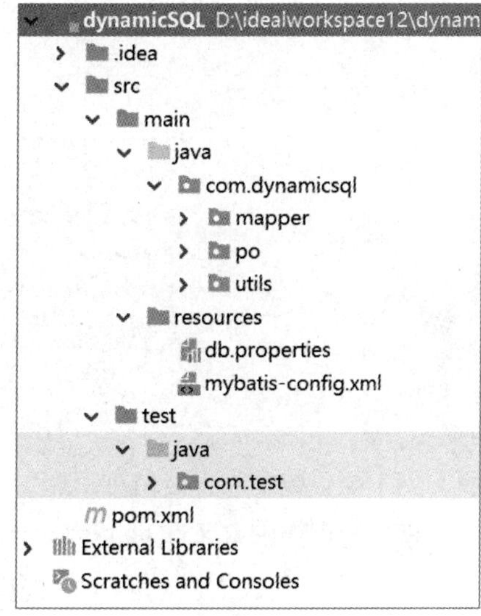

图 4-10　创建 Maven 项目

（3）导入依赖

在项目中要使用MyBatis、MySQL 8及测试类，需要在pom.xml文件中添加junit、mysql、mybatis等依赖包，可以在项目目录dynamicSQL下创建pom.xml文件，添加如代码清单4-1所示的内容。

代码清单 4-1　pom.xml

```
<?xml version="1.0" encoding="UTF-8"?>
<project xmlns="http://maven.apache.org/POM/4.0.0"
        xmlns:xsi="http://www.w3.org/2001/XMLSchema-instance"
        xsi:schemaLocation="http://maven.apache.org/POM/4.0.0 http://maven.apache.
org/xsd/maven-4.0.0.xsd">
```

```
    <modelVersion>4.0.0</modelVersion>
    <groupId>com.bc</groupId>
    <artifactId>dynamicSQL</artifactId>
    <version>1.0-SNAPSHOT</version>
    <dependencies>
        <dependency>
            <groupId>junit</groupId>
            <artifactId>junit</artifactId>
            <version>4.12</version>
            <scope>test</scope>
        </dependency>
        <dependency>
            <groupId>org.mybatis</groupId>
            <artifactId>mybatis</artifactId>
            <version>3.4.5</version>
        </dependency>
        <dependency>
            <groupId>mysql</groupId>
            <artifactId>mysql-connector-java</artifactId>
            <version>8.0.15</version>
        </dependency>
    </dependencies>
    <build>
        <!--确保在 src/main/java 目录下的.xml 文件能被正确地打包到构建目录（target）中-->
        <resources>
            <resource>
                <directory>src/main/java</directory>
                <includes>
                    <include>**/*.xml</include>
                </includes>
                <filtering>true</filtering>
            </resource>
        </resources>
    </build>
</project>
```

（4）配置数据库连接信息

创建数据库配置文件 db.properties，添加如代码清单 4-2 所示的内容。

代码清单 4-2　db.properties

```
jdbc.driver=com.mysql.cj.jdbc.Driver
jdbc.url=jdbc:mysql://localhost:3306/mybatis?useUnicode=true&characterEncoding=utf-8&serverTimezone=GMT%2B8
jdbc.username=root
jdbc.password=root
```

（5）创建 MyBatis 核心配置文件

创建 MyBatis 核心配置文件 mybatis-config.xml，添加如代码清单 4-3 所示的内容。

代码清单 4-3　mybatis-config.xml

```
<?xml version="1.0" encoding="UTF-8" ?>
<!DOCTYPE configuration
```

```
  PUBLIC "-//mybatis.org//DTD Config 3.0//EN"
  "http://mybatis.org/dtd/mybatis-3-config.dtd">
<configuration>
   <properties resource="db.properties" />
   <!--1.配置环境，默认的环境 id 为 mysql -->
   <environments default="mysql">
      <!--1.2 配置 id 为 mysql 的数据库环境 -->
      <environment id="mysql">
         <!-- 使用 JDBC 的事务管理 -->
         <transactionManager type="JDBC" />
         <!--数据库连接池 -->
         <dataSource type="POOLED">
            <!-- 数据库驱动 -->
            <property name="driver" value="${jdbc.driver}" />
            <!-- 连接数据库的 url -->
            <property name="url" value="${jdbc.url}" />
            <!-- 连接数据库的用户名 -->
            <property name="username" value="${jdbc.username}" />
            <!-- 连接数据库的密码 -->
            <property name="password" value="${jdbc.password}" />
         </dataSource>
      </environment>
   </environments>
   <!--2.配置 Mapper 的位置 -->
   <mappers>
    <mapper resource="com/dynamicsql/mapper/CustomerMapper.xml" />
   </mappers>
</configuration>
```

（6）创建实体类

创建实体类 Customer.java，包含主键 id、用户名称 username、岗位 jobs、电话 phone 等属性，主要内容如代码清单 4-4 所示。

代码清单 4-4　Customer.java

```
package com.dynamicsql.po;
public class Customer {
  private Integer id;          //主键 id
  private String username;     //用户名称
  private String jobs;         //岗位
  private String phone;        //电话
/*省略 setter/getter 方法*/
  }
```

（7）创建工具类

创建工具类 MyBatisUtils.java，该类使用 MyBatis 提供的 Resources 类加载 MyBatis 的配置文件以构建 SqlSessionFactory 对象，主要内容如代码清单 4-5 所示。

代码清单 4-5　MyBatisUtils.java

```
package com.dynamicsql.utils;
import java.io.Reader;
import org.apache.ibatis.io.Resources;
import org.apache.ibatis.session.SqlSession;
```

```
import org.apache.ibatis.session.SqlSessionFactory;
import org.apache.ibatis.session.SqlSessionFactoryBuilder;
  public class MyBatisUtils {
    private static SqlSessionFactory sqlSessionFactory = null;
    //初始化 SqlSessionFactory 对象
    static {
      try {
        //使用 MyBatis 提供的 Resources 类加载 MyBatis 的核心配置文件
        Reader reader = Resources.getResourceAsReader("mybatis-config.xml");
        //创建 SqlSessionFactory 对象
        sqlSessionFactory = new SqlSessionFactoryBuilder().build(reader);
      } catch(Exception e) {
        e.printStackTrace();
      }
    }
    //获取 SqlSession 对象的静态方法
    public static SqlSession getSession() {
      return sqlSessionFactory.openSession();
    }
}
```

（8）创建映射文件 CustomerMapper.xml

创建映射文件CustomerMapper.xml，使用<if>标签编写根据用户名称和岗位组合条件查询客户信息列表的动态SQL，主要内容如代码清单4-6所示。

代码清单 4-6　CustomerMapper.xml

```
<?xml version="1.0" encoding="UTF-8"?>
<!DOCTYPE mapper
    PUBLIC "-//mybatis.org//DTD Mapper 3.0//EN"
    "http://mybatis.org/dtd/mybatis-3-mapper.dtd">
  <mapper namespace="com.dynamicsql.mapper.CustomerMapper">
  <!-- <if>标签使用 -->
      <select id="findCustomerByNameAndJobs" parameterType="com.dynamicsql.po.Customer"
        resultType="com.dynamicsql.po.Customer">
        select * from t_customer where 1=1
        <if test="username !=null and username !=''">
          and username like concat('%',#{username},'%')
        </if>
        <if test="jobs !=null and jobs !=''">
          and jobs= #{jobs}
        </if>
      </select>
  </mapper>
```

这里使用<if>标签的 test 属性分别对 username 和 jobs 进行了非空判断（test 属性多用于条件判断语句中，以判断真假。大部分的场景中都是进行非空判断；有时候也需要判断字符串、数字），如果传入的查询条件非空就进行动态 SQL 组装。

（9）创建测试类

创建测试类 MyBatisTest.java，可以依据用户名称和岗位组合条件查询客户信息列表，主要内容如代码清单 4-7 所示。

代码清单 4-7　MyBatisTest.java

```
package com.test;
public class MyBatisTest {
   /**
    * 根据用户名称和岗位组合条件查询客户信息列表
    */
   @Test
   public void findCustomerByNameAndJobsTest(){
      //通过工具类生成 SqlSession 对象
      SqlSession session = MyBatisUtils.getSession();
      //创建 Customer 对象，封装需要组合查询的条件
      Customer customer = new Customer();
      customer.setUsername("Tom");
      customer.setJobs("programmer");
      //执行 SqlSession 的查询方法，返回结果集
      List<Customer> customers = session.selectList("com.dynamicsql.mapper"
            + ".CustomerMapper.findCustomerByNameAndJobs",customer);
      //输出查询结果信息
      for (Customer customer2 : customers) {
         //输出结果
         System.out.println(customer2);
      }
      //关闭 SqlSession
      session.close();
   }
}
```

程序首先通过 MyBatisUtils 工具类获取了 SqlSession 对象，然后使用 Customer 对象封装用户名称为 Tom 且岗位为 programmer 的查询条件，并通过 SqlSession 对象的 selectList()方法执行多条件组合的查询操作。为了查看查询结果，这里使用了输出语句来输出结果信息，并在程序的最后关闭了 SqlSession 对象。

输入“username=Tom”且“jobs=programmer”时，查询到一条记录，如图 4-11 所示。

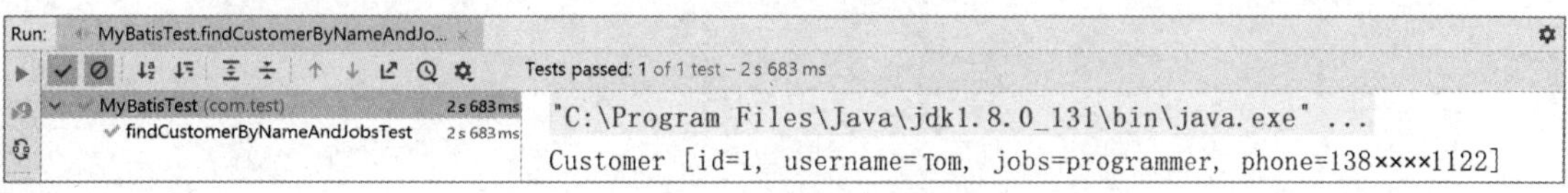

图 4-11　查询到一条记录

当输入“username=Tom”且“jobs=banker”时，查询不到记录，如图 4-12 所示。

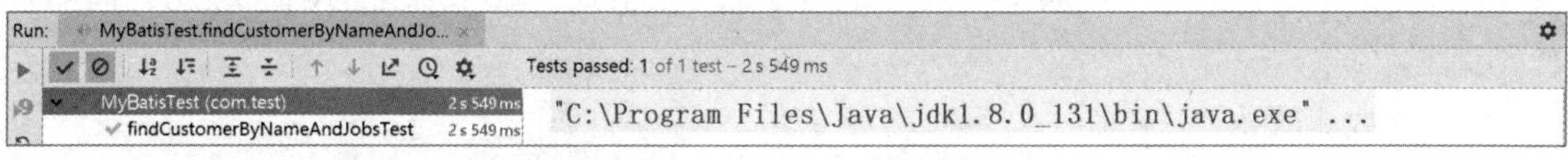

图 4-12　查询不到记录

当输入为空，即未传递任何参数时，程序会将数据表中的所有数据查出，如图 4-13 所示。

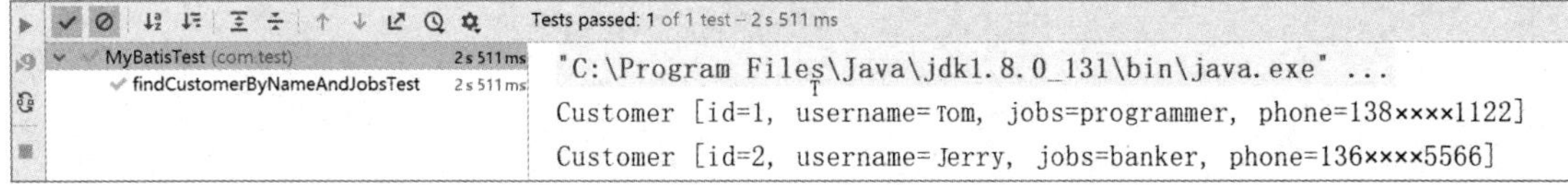

图 4-13　查询所有记录

2. <choose>、<when>、<otherwise>标签

在使用<if>标签时，只要 test 属性值为 true，就会执行标签中的条件语句，但是在实际应用中，有时只需要从多个选项中选择一个去执行即可。

例如，有以下场景：

- 当用户名称不为空时，则只根据用户名称进行查询。
- 当用户名称为空，而岗位不为空时，只根据岗位进行查询。
- 当用户名称和岗位都为空时，要求查询出所有电话不为空的客户信息。

在这种情况下，可以使用 MyBatis 的<choose>、<when>、<otherwise>标签进行处理。

（1）修改映射文件 CustomerMapper.xml

修改映射文件 CustomerMapper.xml，利用<choose>、<when>、<otherwise>标签实现上述查询的动态 SQL 查询，具体内容如代码清单 4-8 所示。

代码清单 4-8　CustomerMapper.xml

```
<!--<choose>、<when>、<otherwise>标签的使用 -->
  <select id="findCustomerByNameOrJobs" parameterType="com.dynamicsql.po.Customer"
      resultType="com.dynamicsql.po.Customer">
    select * from t_customer where 1=1
    <choose>
      <when test="username !=null and username !=''">
        and username like concat('%',#{username}, '%')
      </when>
      <when test="jobs !=null and jobs !=''">
        and jobs= #{jobs}
      </when>
      <otherwise>
        and phone is not null
      </otherwise>
    </choose>
  </select>
```

在上述代码中，使用了<choose>标签进行 SQL 拼接，当第一个<when>标签中的条件为真时，动态组装第一个<when>标签内的 SQL 代码片段，否则就向下判断第二个<when>标签的条件是否为真，以此类推。当前面所有<when>标签中的条件都不为真时，则组装<otherwise>标签内的 SQL 代码片段。

（2）修改测试类

修改测试类 MyBatisTest.java，添加如代码清单 4-9 所示的内容。

代码清单 4-9　MyBatisTest.java

```
/**
 * 根据用户名称或岗位查询客户信息列表
 */
@Test
```

```
public void findCustomerByNameOrJobsTest(){
    //通过工具类生成 SqlSession 对象
    SqlSession session = MyBatisUtils.getSession();
    //创建 Customer 对象，封装需要组合查询的条件
    Customer customer = new Customer();
    customer.setUsername("Tom");
    customer.setJobs("programmer");
    //执行 SqlSession 的查询方法，返回结果集
    List<Customer> customers = session.selectList("com.dynamicsql.mapper"
            + ".CustomerMapper.findCustomerByNameOrJobs",customer);
    //输出查询结果信息
    for (Customer customer2 : customers) {
        //输出结果
        System.out.println(customer2);
    }
    //关闭 SqlSession
    session.close();
}
```

输入“username=Tom, jobs=programmer”后，结果查询到 username=Tom, jobs=programmer 的客户信息列表，如图 4-14 所示。

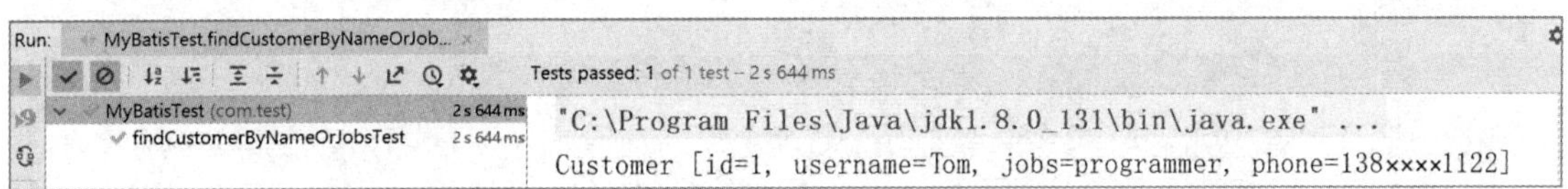

图 4-14　查询客户信息列表

3. <where>标签

在前面两个实例中，映射文件中编写的 SQL 语句后面都加入了“where 1 =1”的条件，那么为什么要这么写呢？可以试着将 where 后面的“1=1”去掉，这时 MyBatis 所拼接出来的 SQL 语句如下所示。

```
select * from t customer where and username like concat(' %',?,'%')
```

可以看出 where 后面连接的是 and，运行时就会报 SQL 异常，而加入“1=1”后，就能保证 where 后面的第一个条件永远为真，后续的动态 SQL 就会以 and 或 or 关键词拼接在“1=1”后面，从而避免产生 SQL 异常，这是开发中进行动态 SQL 拼接时常用的一个技巧，但降低了代码的可读性。MyBatis 也提供了<where>标签进行动态条件拼接，但可以不用加入“1=1”这样的条件。例如：

（1）修改映射文件 CustomerMapper.xml

修改映射文件 CustomerMapper.xml，使用<where>标签进行条件拼接，具体内容如代码清单 4-10 所示。

代码清单 4-10　CustomerMapper.xml

```
<!-- <where>标签 -->
<select id="findCustomerByNameAndJobs" parameterType="com.dynamicsql.po.Customer"
    resultType="com.dynamicsql.po.Customer">
        select * from t_customer
        <where>
```

```
            <if test="username !=null and username !=''">
                and username like concat('%',#{username},'%')
            </if>
            <if test="jobs !=null and jobs !=''">
                and jobs= #{jobs}
            </if>
        </where>
</select>
```

（2）修改测试类 MyBatisTest.java

修改测试类 MyBatisTest.java，添加如代码清单 4-11 所示的内容。

代码清单 4-11 MyBatisTest.java

```
/**
 * 根据用户名称和岗位条件查询客户信息列表
 */
@Test
public void findCustomerByNameAndJobsTest(){
    //通过工具类生成 SqlSession 对象
    SqlSession session = MyBatisUtils.getSession();
    //创建 Customer 对象，封装需要组合查询的条件
    Customer customer = new Customer();
    customer.setUsername("Tom");
    customer.setJobs("programmer");
    //执行 SqlSession 对象的查询方法，返回结果集
    List<Customer> customers = session.selectList("com.dynamicsql.mapper"
            + ".CustomerMapper.findCustomerByNameAndJobs",customer);
    //输出查询结果信息
    for (Customer customer2 : customers) {
        //输出结果
        System.out.println(customer2);
    }
    //关闭 SqlSession
    session.close();
}
```

输入用户名称为“Tom”，岗位为“programmer”后，结果如图 4-15 所示。

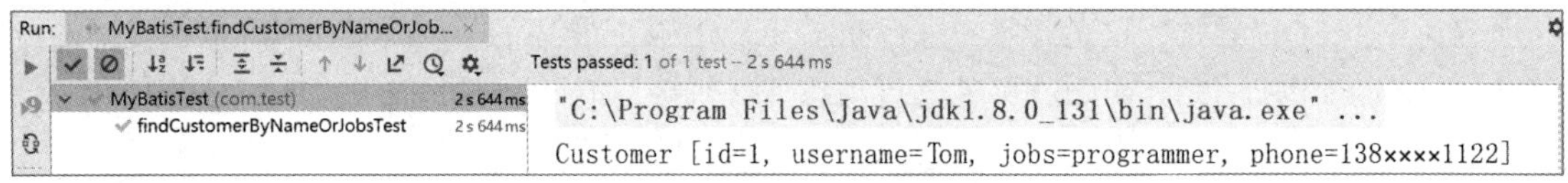

图 4-15 查询客户信息列表

在上述实例的 CustomerMapper.xml 文件中，使用了<where>标签对“where 1 =1”条件进行了替换，该标签会自动判断组合条件下拼装的 SQL 语句。只有当<where>标签内的条件成立时，才会在拼接 SQL 中加入 where 关键字，否则将不会被添加。即便 where 后面的内容中有多余的 and 或 or，<where>标签也会自动将它们去除。

4. <trim>标签

MyBatis 中的<trim>标签可以被用来在 SQL 语句的开始、结尾或指定位置去除多余的逗号和空格等，以避免 SQL 语句中出现语法错误或者影响查询性能。<trim>标签的常用标签属性有 prefix、 suffix、prefixOverrides 和 suffixOverrides 等，具体说明如表 4-2 所示。

表 4-2　<trim>标签的常用标签属性和使用说明

标签属性	使用说明
prefix	给整个字符串拼串后的结果加一个前缀
suffix	给整个字符串拼串后的结果加一个后缀
prefixOverrides	去掉整个字符串前面多余的字符，即去掉前缀
suffixOverrides	去掉整个字符串后面多余的字符，即去掉后缀

修改 CustomerMapper.xml，添加如代码清单 4-12 所示的内容。

代码清单 4-12　使用<trim>标签修改 CustomerMapper.xml

```
<select id="findCustomerByNameAndJobs" parameterType="com.dynamicsql.po.Customer"
    resultType="com.dynamicsql.po.Customer">
  select * from t_customer
  <trim prefix="where" prefixOverrides="and">
    <if test="username !=null and username !=''">
      and username like concat('%',#{username}, '%')
    </if>
    <if test="jobs !=null and jobs !=''">
      and jobs= #{jobs}
    </if>
  </trim>
</select>
```

上述配置代码中，<trim>标签可以智能地构建 SQL 语句的 where 部分。prefix 属性用于<trim>标签包含的条件成立时添加一个“where”前缀，而 prefixOverrides 属性用于移除条件语句开头不需要的“and”字符串。

5. <set>标签

在实际开发中经常会遇到只需要更新某条记录的一个或几个字段，初学者的通常做法是将所有的字段值（包括不需要更新的值）都发送给持久化对象，但这会消耗很多网络资源且执行效率较低。为了解决该问题，MyBatis 提供了<set>标签用于只更新需要更新的字段。

修改 CustomerMapper.xml，添加如代码清单 4-13 所示的内容。

代码清单 4-13　使用<set>和<if>标签修改 CustomerMapper.xml

```
<!-- <set>标签 -->
<update id="updateCustomer" parameterType="com.dynamicsql.po.Customer">
  update t_customer
  <set>
    <if test="username !=null and username !=''">
      username=#{username},
    </if>
    <if test="jobs !=null and jobs !=''">
      jobs=#{jobs},
    </if>
    <if test="phone !=null and phone !=''">
      phone=#{phone},
    </if>
  </set>
```

```
    where id=#{id}
</update>
```

在上述代码中，使用<set>标签与<if>标签相结合的方式来组装 update 语句。其中<set>标签会动态前置 set 关键字，同时也会消除 SQL 语句中最后一个多余的逗号。

<if>标签用于判断相应的字段是否传入值，如果传入的更新字段非空，就将此字段进行动态 SQL 组装并更新此字段，否则此字段不执行更新。

修改测试类 MyBatisTest.java，添加如代码清单 4-14 所示的内容。

代码清单 4-14　更新客户信息

```
/**
 * 更新客户信息
 */
@Test
public void updateCustomerTest() {
    //获取 SqlSession
    SqlSession sqlSession = MyBatisUtils.getSession();
    //创建 Customer 对象，并向对象中添加数据
    Customer customer = new Customer();
    customer.setId(1);
    customer.setPhone("138××××5566");
    //执行 SqlSession 的更新方法，返回的是 SQL 语句影响的行数
    int rows = sqlSession.update("com.dynamicsql.mapper"
            + ".CustomerMapper.updateCustomer", customer);
    //通过返回结果判断更新操作是否执行成功
    if(rows > 0){
        System.out.println("您成功修改了"+rows+"条数据！");
    }else{
        System.out.println("执行修改操作失败！！！");
    }
    //提交事务
    sqlSession.commit();
    //关闭 SqlSession
    sqlSession.close();
}
```

运行程序，更新 id=1 的用户手机号码，更新成功后输出结果信息，如图 4-16 所示。此时打开数据表 t_customer，可以看到已成功更新第一条记录的 phone 字段值，如图 4-17 所示。

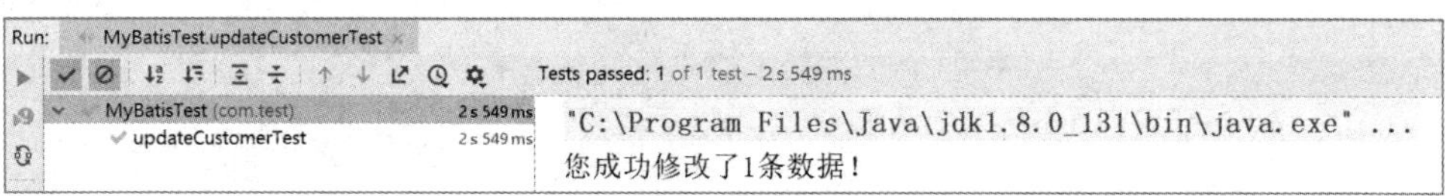

图 4-16　更新客户数据

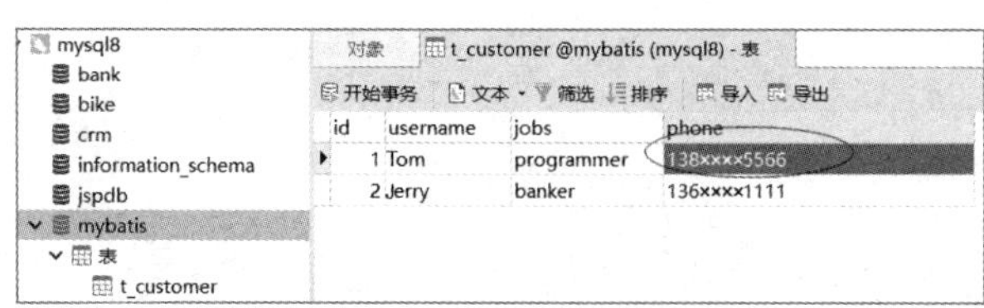

图 4-17　t_customer 表的更新数据

6. <foreach>标签

在实际开发中有时需要从一个拥有大量数据的表中查询指定条件的记录。例如，在一个有着1000 条数据的客户表中查询所有 id<100 的客户信息。初学者通常使用循环语句和条件查询语句来实现该操作，但这种方式非常低效，这是因为每执行一次循环语句，就需要向数据库发送一条 SQL 查询语句。

为解决这个问题，MyBatis提供了<foreach>标签，用数组和集合的循环遍历可以将查询条件作为数组或集合的元素，然后在SQL语句中使用<foreach>标签来遍历数组或集合，从而实现一次性查询所有符合条件的记录。使用<foreach>标签可以大幅度提高查询效率，减少访问数据库的次数。

在 CustomerMapper.xml 中添加如代码清单 4-15 所示的内容。

代码清单 4-15　<foreach>标签的使用

```
<!--<foreach>标签的使用 -->
<select id="findCustomerByIds" parameterType="List"
    resultType="com.dynamicsql.po.Customer">
  select * from t_customer where id in
  <foreach item="id" index="index" collection="list" open="("
       separator="," close=")">
    #{id}
  </foreach>
</select>
```

在上述代码中，使用了<foreach>标签对传入的 List 集合进行循环遍历并完成了动态 SQL 的组装。下面对<foreach>标签的几种常用属性进行详细介绍。

（1）item

item 配置的是循环中当前集合元素的名称。

（2）index

index 表示循环的迭代索引。在遍历列表（List）时，index 是元素的索引（位置），其取值从0 开始。

（3）collection

collection 配置的是传递过来的参数类型（首字母小写）。它可以是一个 array、list（或collection）、Map 集合的键，以及 POJO 包装类中数组或集合类型的属性名等。

（4）open 和 close

open 和 close 配置的是以什么符号将这些集合元素包装起来。

（5）separator

separator 配置的是各个元素的间隔符。

修改测试类 MyBatisTest.java，添加如代码清单 4-16 所示的内容。

代码清单 4-16　根据客户编号批量查询客户信息

```
//根据客户编号批量查询客户信息
@Test
public void findCustomerByIdsTest(){
   //获取 SqlSession 对象
   SqlSession session = MyBatisUtils.getSession();
   //创建 List 集合，封装查询 id
   List<Integer> ids=new ArrayList<Integer>();
   ids.add(1);
```

```
        ids.add(2);
        //执行 SqlSession 的查询方法，返回结果集
        List<Customer> customers = session.selectList("com.dynamicsql.mapper"
                + ".CustomerMapper.findCustomerByIds", ids);
        //输出查询结果信息
        for (Customer customer : customers) {
            //输出结果
            System.out.println(customer);
        }
        //关闭 SqlSession
        session.close();
    }
```

测试结果：输入 customer 的 id=1 和 id=2，结果是输出批量查询到的客户信息列表，如图 4-18 所示。

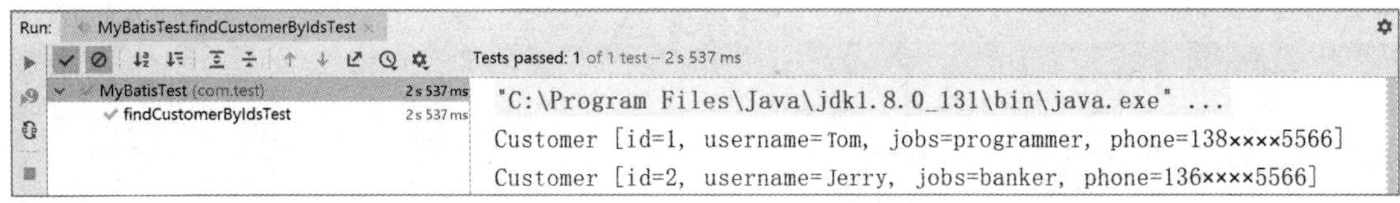

图 4-18　封装查询客户信息测试结果

7. <bind>标签

不同的数据库所支持的 SQL 语句可能会有语法上的差别，例如，在编写模糊查询语句时经常需要拼接字符串，如果使用 concat()函数，则只针对 MySQL 数据库有效；如果使用的是 Oracle 数据库，则需要使用“||”符号进行拼接，这样映射文件中的 SQL 语句就要根据不同的数据库提供的不同形式来实现操作，这显然是比较麻烦的，而且也不利于项目的移植。但是有了 MyBatis 的<bind>标签后就可以解决上述问题，它可以通过 OGNL 表达式来创建一个上下文变量，以便在其他地方引用该变量，这样就可以避免使用数据库特有的函数或语法，只需要使用 MyBatis 提供的动态 SQL 即可完成所需参数的连接。

修改 CustomerMapper.xml，添加如代码清单 4-17 所示的内容。

代码清单 4-17　修改 CustomerMapper.xml

```
<!--<bind>元素的使用：根据用户名称模糊查询客户信息 -->
<select id="findCustomerByName" parameterType="com.dynamicsql.po.Customer"
    resultType="com.dynamicsql.po.Customer">
 <!--_parameter.getUsername()也可直接写成传入的字段属性名，即 username -->
 <bind name="pattern_username" value="'%'+_parameter.getUsername()+'%'" />
  select * from t_customer
  where
  username like #{pattern_username}
</select>
```

在上述代码中，使用<bind>标签定义了一个 name 为 pattern_username 的变量，并在 value 属性中设置了拼接的查询字符串，这里的 parameter.getUsername()方法为传递的参数（也可以直接写成对应的变量名，如 username）。在之后的 SQL 语句中就可以直接引用 pattern_username 变量来完成动态 SQL 的组装。

修改测试类 MyBatisTest.java，添加如代码清单 4-18 所示的内容。

代码清单 4-18　修改测试类 MyBatisTest.java

```
//<bind>元素的使用：根据用户名称模糊查询客户信息
@Test
public void findCustomerByNameTest(){
    //通过工具类生成 SqlSession 对象
    SqlSession session = MyBatisUtils.getSession();
    //创建 Customer 对象，封装查询的条件
    Customer customer =new Customer();
    customer.setUsername("T");
    //执行 session 对象的查询方法，返回结果集
    List<Customer> customers = session.selectList("com.dynamicsql.mapper"
          + ".CustomerMapper.findCustomerByName", customer);
    //输出查询结果信息
    for (Customer customer2 : customers) {
        //输出结果
        System.out.println(customer2);
    }
    //关闭 SqlSession
    session.close();
}
```

输入 customer 的部分姓名“T”，结果是输出用户名称中包含字符“T”的客户信息，如图 4-19 所示。

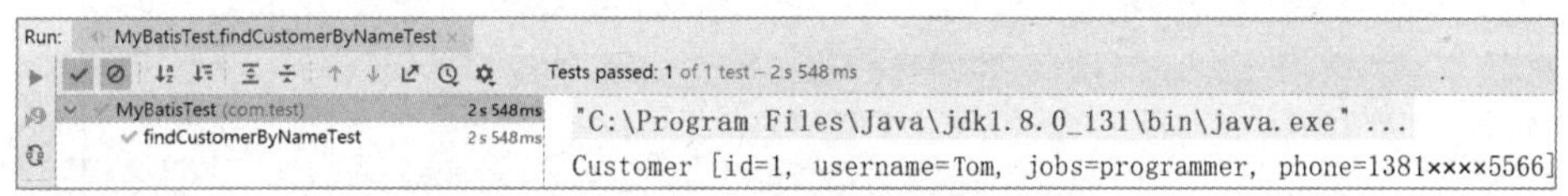

图 4-19　查询客户信息

可以看到 MyBatis 的<bind>标签已经完成了动态 SQL 的组装，并成功查询出了客户信息。

4.2.3　关联关系

通过之前的学习，我们已经能够使用 MyBatis 以面向对象的方式对数据库进行操作，但这些操作只是针对单表。在实际的开发中，对数据库的操作常常会涉及多张表，这一点在面向对象中就会映射成对象与对象之间的 3 种关联关系。下面对这些关系进行具体说明。

（1）一对一关系

一对一关系是指对于实体集 *A* 与实体集 *B*，实体集 *A* 中的每一个实体最多与实体集 *B* 中的一个实体有关系；反之，在实体集 *B* 中的每个实体最多与实体集 *A* 中的一个实体有关系。例如，每个公民只能拥有一个身份证号，而每个身份证号只能属于一个公民。一对一关系如图 4-20 所示。

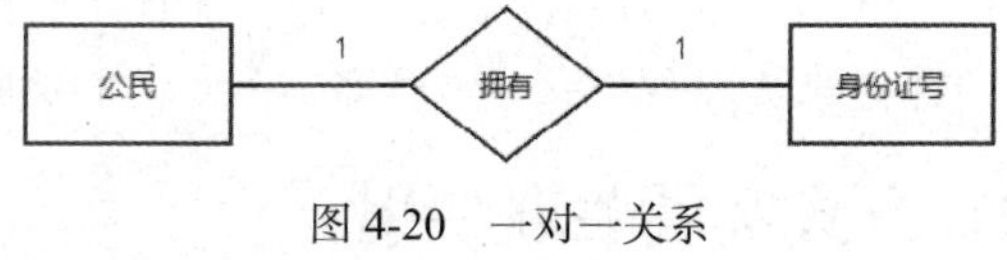

图 4-20　一对一关系

（2）一对多关系

一对多关系是指实体集 *A* 与实体集 *B* 中至少有 *N*（*N*>0）个实体有关系，并且实体集 *B* 中的

每一个实体至多与实体集 *A* 中的一个实体有关系。例如，一个班级里可以有多名学生，而每名学生只能属于一个班级。一对多关系如图 4-21 所示。

图 4-21　一对多关系

（3）多对多关系

多对多关系是指实体集 *A* 中的每一个实体与实体集 *B* 中的实体至少有 *M*（*M*>0）个实体有关系，并且实体集 *B* 中的每一个实体与实体集 *A* 中的实体至少有 *N*（*N*>0）个实体有关系。例如，一名学生可以选修多门课程，一门课程也可以被多名学生选修。多对多关系如图 4-22 所示。

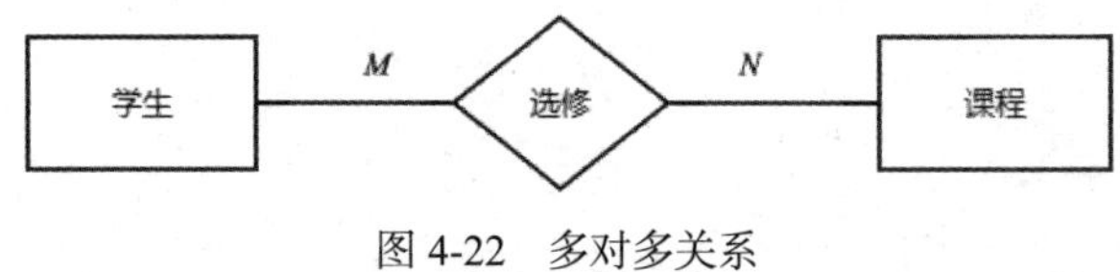

图 4-22　多对多关系

以上的 3 种关系也可以映射到面向对象的世界中。例如，图 4-23 就是利用 Java 对 3 种关联关系的描述。

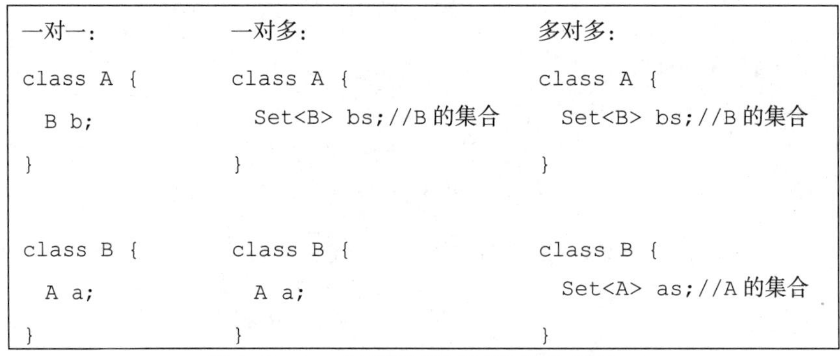

```
一对一：          一对多：                多对多：
class A {         class A {               class A {
  B b;              Set<B> bs;//B 的集合     Set<B> bs;//B 的集合
}                 }                       }

class B {         class B {               class B {
  A a;              A a;                    Set<A> as;//A 的集合
}                 }                       }
```

图 4-23　Java 对象描述数据表之间的关系

从图 4-23 可以看出以下几点。

① 一对一的关系就是在本类中定义对方类型的对象，如在 A 类中定义 B 类对象 b，在 B 类中定义 A 类对象 a。

② 一对多的关系就是在一个 A 类对应多个 B 类的情况下，需要在 A 类中以 Set 集合的方式引入 B 类对象，同时在 B 类中定义 A 类对象 a。

③ 多对多的关系就是在 A 类中定义 B 类的 Set 集合，在 B 类中定义 A 类的 Set 集合，这里用 Set 集合的目的是避免数据重复。

以上就是 Java 对象中 3 种实体类之间的关联关系。下面我们将分别使用 MyBatis 中基于 XML 和基于注解（Annotation）两种方式实现一对一、一对多、多对多的关联映射。

4.2.4　基于 XML 方式实现关联映射

1. 基于 XML 方式实现一对一关联映射

在现实生活中，一对一的关联关系是十分常见的，例如，电商系统中的每一个订单（orders）

只能属于一个用户（user），在查询某个订单时需要将对应的用户一并查出，这就是典型的一对一关联映射（见图 4-24）。

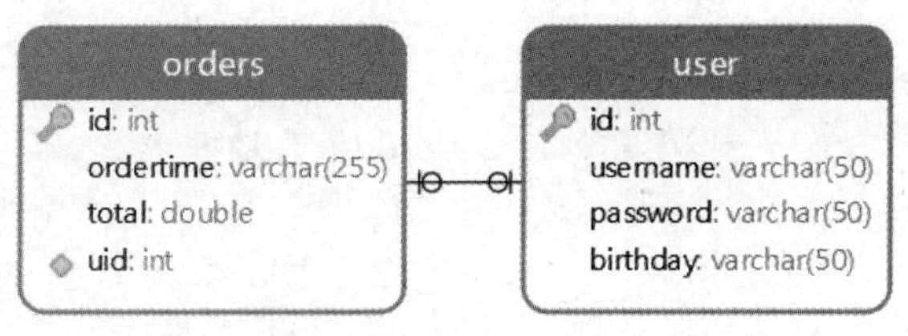

图 4-24　orders 与 user 一对一关联映射

在 MyBatis 中可以使用<association>标签来处理这种一对一关系。在<association>标签中，通常可以配置以下属性。

- property：指定映射到的实体类对象属性，与表字段一一对应。
- column：指定表中对应的字段。
- javaType：指定映射到实体对象属性的类型。
- select：指定引入嵌套查询的子 SQL 语句，该属性用于关联映射中的嵌套查询。
- fetchType：指定在关联查询时是否启用延迟加载。fetchType 属性有 lazy 和 eager 两个属性值，默认值为 lazy（即默认关联映射延迟加载）。

下面将使用 XML 方式来实现订单与用户的一对一查询。

（1）创建数据库和表

① 创建 mybatismulti 数据库，并创建 user 表和 orders 表，对应的 SQL 代码分别如代码清单 4-19 和代码清单 4-21 所示。

② 分别向 user 表和 orders 表中插入数据，对应的 SQL 代码如代码清单 4-20 和代码清单 4-22 所示。

代码清单 4-19　user 表

```
CREATE TABLE 'user' (
    'id' INT NOT NULL AUTO_INCREMENT,
    'username' VARCHAR(50) CHARACTER SET utf8 COLLATE utf8_general_ci NULL DEFAULT NULL,
    'password' VARCHAR(50) CHARACTER SET utf8 COLLATE utf8_general_ci NULL DEFAULT NULL,
    'birthday' VARCHAR(50) CHARACTER SET utf8 COLLATE utf8_general_ci NULL DEFAULT NULL,
    PRIMARY KEY ('id') USING BTREE
    ) ENGINE = InnoDB AUTO_INCREMENT = 3 CHARACTER SET = utf8 COLLATE = utf8_general_
ciROW_FORMAT = Dynamic;
```

代码清单 4-20　user 表数据

```
INSERT INTO 'user' VALUES(1, 'Lucy', '123', '2018-12-12');
INSERT INTO 'user' VALUES(2, 'haohao', '123', '2019-12-12');
```

代码清单 4-21　orders 表

```
CREATE TABLE 'orders' (
    'id' INT NOT NULL AUTO_INCREMENT,
    'ordertime' VARCHAR(255) CHARACTER SET utf8 COLLATE utf8_general_ci NULL DEFAULT
NULL,
    'total' DOUBLE NULL DEFAULT NULL,
    'uid' INT NULL DEFAULT NULL,
    PRIMARY KEY ('id') USING BTREE,
```

```
    INDEX 'uid'('uid') USING BTREE,
    CONSTRAINT 'orders_ibfk_1' FOREIGN KEY ('uid') REFERENCES 'user' ('id') ON DELETE
RESTRICT ON UPDATE RESTRICT
  ) ENGINE = InnoDB AUTO_INCREMENT = 4 CHARACTER SET = utf8 COLLATE = utf8_general_
ciROW_FORMAT = Dynamic;
```

代码清单 4-22　orders 表数据

```
  INSERT INTO 'orders' VALUES(1, '2018-12-12', 3000, 1);
  INSERT INTO 'orders' VALUES(2, '2018-12-12', 4000, 1);
  INSERT INTO 'orders' VALUES(3, '2018-12-12', 5000, 2);
```

（2）创建 Maven 项目

创建图 4-25 所示目录结构的一个 Maven 项目，项目名为 mybatismulti（提供的源代码位置在“代码\第 4 章　MyBatis 关联映射\01 基于 XML 方式实现一对一关联映射\mybatismulti”）。

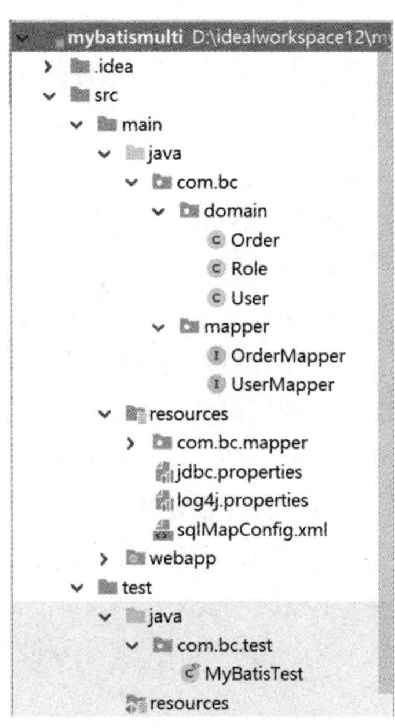

图 4-25　创建 Maven

该项目整体结构介绍如下。

① domain：存放实体类，主要包括以下类。

- Order.java：订单类。
- Role.java：角色类。
- User.java：用户类。

② mapper：存放关联映射接口文件，主要包括以下接口文件。

- OrderMapper.java：订单的 Mapper 接口文件。
- UserMapper.java：用户的 Mapper 接口文件。

③ resources：存放资源文件，包括 Mapper 接口映射文件和数据库连接配置信息文件等，具体文件说明如下。

- OrderMapper.xml：订单接口映射文件。
- UserMapper.xml：用户接口映射文件。
- jdbc.properties：数据库连接配置文件。
- log4j.properties：log4j 日志配置文件。
- sqlMapConfig.xml：MyBatis核心配置文件，可以配置数据源、加载映射文件、自定义别名等信息。

（3）创建数据库连接配置文件

在项目目录 mybatismulti\src\main\resources 下创建数据库连接配置文件（jdbc.properties），它包括驱动程序 driver、链接地址信息 url、数据库连接用户名 username 和密码 password，其主要内容如代码清单 4-23 所示。

代码清单 4-23　jdbc.properties

```
  jdbc.driver=com.mysql.cj.jdbc.Driver
  jdbc.url=jdbc:mysql://localhost:3306/mybatismulti?useUnicode=true&characterEncoding=
utf-8&serverTimezone=GMT%2B8
  jdbc.username=root
  jdbc.password=root
```

（4）创建 log4j 日志配置文件

在项目目录 mybatismulti\src\main\resources 下创建日志配置文件（log4j.properties），用于配置

日志的输出方式、输出位置、需要记录的日志级别等，其主要内容如代码清单 4-24 所示。

代码清单 4-24　log4j.properties

```
### direct log messages to stdout ###
log4j.appender.stdout=org.apache.log4j.ConsoleAppender
log4j.appender.stdout.Target=System.err
log4j.appender.stdout.layout=org.apache.log4j.PatternLayout
log4j.appender.stdout.layout.ConversionPattern=%d{ABSOLUTE} %5p %c{1}:%L - %m%n

### direct messages to file mylog.log ###
log4j.appender.file=org.apache.log4j.FileAppender
log4j.appender.file.File=c:/mylog.log
log4j.appender.file.layout=org.apache.log4j.PatternLayout
log4j.appender.file.layout.ConversionPattern=%d{ABSOLUTE} %5p %c{1}:%L - %m%n

### set log levels - for more verbose logging change 'info' to 'debug' ###
log4j.rootLogger=debug, stdout
```

（5）创建 MyBatis 核心配置文件

在项目目录 mybatismulti\src\main\resources 下创建 MyBatis 核心配置文件（sqlMapConfig.xml），添加如代码清单 4-25 所示的内容。

代码清单 4-25　sqlMapConfig.xml

```
<?xml version="1.0" encoding="UTF-8" ?>
<!DOCTYPE configuration PUBLIC "-//mybatis.org//DTD Config 3.0//EN" "http://mybatis.
org/dtd/mybatis-3-config.dtd">
    <configuration>
        <!--通过<properties>标签加载外部 properties 文件-->
        <properties resource="jdbc.properties"></properties>

        <settings>
            <!—设置日志输出组件 -->
            <setting name="logImpl" value="STDOUT_LOGGING" />
        </settings>
        <!--自定义别名-->
        <typeAliases>
            <typeAlias type="com.bc.domain.User" alias="user"></typeAlias>
            <typeAlias type="com.bc.domain.Order" alias="order"></typeAlias>
            <typeAlias type="com.bc.domain.Role" alias="role"></typeAlias>
        </typeAliases>

        <!--配置数据源环境-->
        <environments default="development">
            <environment id="development">
                <transactionManager type="JDBC"></transactionManager>
                <dataSource type="POOLED">
                    <property name="driver" value="${jdbc.driver}"/>
                    <property name="url" value="${jdbc.url}"/>
                    <property name="username" value="${jdbc.username}"/>
                    <property name="password" value="${jdbc.password}"/>
                </dataSource>
            </environment>
```

```
    </environments>

    <!--加载映射文件-->
    <mappers>
        <mapper resource="com/bc/mapper/UserMapper.xml"></mapper>
        <mapper resource="com/bc/mapper/OrderMapper.xml"></mapper>
    </mappers>
</configuration>
```

<properties>标签用于加载外部的 jdbc.properties 文件；<environments>标签用于配置数据库的驱动程序 driver、链接地址信息 url、数据库连接用户名 username 和密码 password 等信息。<mappers>标签中的<mapper>标签用于加载用户关联映射配置文件 UserMapper.xml 和订单关联映射配置文件 OrderMapper.xml；<typeAliases>标签用于为 com.bc.domain.User 自定义别名 user。

（6）创建用户实体类

在 com.bc.domain 包下创建用户实体类 User.java，包括用户 id、用户名 username、用户密码 password、用户生日 birthday 等属性，其主要内容如代码清单 4-26 所示。

代码清单 4-26　User.java

```
package com.bc.domain;
import java.util.Date;
public class User {
    private int id;
    private String username;
    private String password;
    private Date birthday;
    /*省略 setter/getter 方法*/

}
```

（7）创建订单实体类

在 com.bc.domain 包下创建订单实体类 Order.java，包括订单 id、订单下单的时间 ordertime、订单总价 total、当前订单属于哪一个用户 user 等属性，其主要内容如代码清单 4-27 所示。

代码清单 4-27　Order.java

```
package com.bc.domain;
import java.util.Date;
public class Order {
    private int id;
    private Date ordertime;
    private double total;

    //当前订单属于哪一个用户
    private User user;

    /*省略 setter/getter 方法*/
}
```

（8）创建 OrderMapper 接口

在com.bc.mapper包下创建订单数据访问对象层接口OrderMapper.java，并定义查询所有订单信息的方法，返回的结果既包含订单的基本信息，也包含订单所属的用户。OrderMapper.java的主要内容如代码清单4-28所示。

代码清单 4-28　OrderMapper.java

```
package com.bc.mapper;
import com.bc.domain.Order;
import java.util.List;
public interface OrderMapper {
    //查询全部订单信息的方法
    public List<Order> findAll();
}
```

（9）创建 OrderMapper.xml 映射文件

OrderMapper.xml 映射文件用于配置 OrderMapper.java 接口中的 findAll()方法，由于 findAll()方法返回的 Order 对象中除了基本属性 id、ordertime、total 外，还有一个关联的 user（用户）属性，因此我们可以使用<select>标签和<association>标签两种方式实现一对一的关联查询。

① 使用<select>标签编写 OrderMapper.xml 映射。在 com.bc.mapper 包下创建 OrderMapper.xml 映射文件，添加如代码清单 4-29 所示的内容。

代码清单 4-29　OrderMapper.xml

```
<?xml version="1.0" encoding="UTF-8" ?>
<!DOCTYPE mapper PUBLIC "-//mybatis.org//DTD Mapper 3.0//EN" "http://mybatis.org/dtd/
mybatis-3-mapper.dtd">
    <mapper namespace="com.bc.mapper.OrderMapper">
        <resultMap id="orderMap" type="com.bc.domain.Order">
            <result column="uid" property="user.id"></result>
            <result column="username" property="user.username"></result>
            <result column="password" property="user.password"></result>
            <result column="birthday" property="user.birthday"></result>
        </resultMap>
        <select id="findAll" resultMap="orderMap">
          select * from orders o,user u where o.uid=u.id
        </select>
    </mapper>
```

上述代码通过定义名为 orderMap 的结果映射，将查询结果映射到 com.bc.domain.Order 对象中，然后在<select>标签中使用 resultMap 属性将查询结果集和 orderMap 结果映射关联起来。这样，select 语句返回的结果集就会按照 orderMap 中的映射关系将查询结果映射到 com.bc.domain.Order 对象中。

② 使用<association>标签编写 OrderMapper.xml 映射。在 com.bc.mapper 包下创建 OrderMapper.xml 映射文件，添加如代码清单 4-30 所示的内容。

代码清单 4-30　OrderMapper.xml

```
<?xml version="1.0" encoding="UTF-8" ?>
<!DOCTYPE mapper PUBLIC "-//mybatis.org//DTD Mapper 3.0//EN" "http://mybatis.org/
dtd/mybatis-3-mapper.dtd">
    <mapper namespace="com.bc.mapper.OrderMapper">

        <resultMap id="orderMap" type="order">
            <!--手动指定字段与实体属性的映射关系
                column: 数据表的字段名称
                property: 实体的属性名称
```

```
        -->
        <id column="oid" property="id"></id>
        <result column="ordertime" property="ordertime"></result>
        <result column="total" property="total"></result>
        <!--
         property: 当前实体(order)中的属性名称(private User user)
         javaType: 当前实体(order)中的属性的类型(User)
        -->
        <association property="user" javaType="user">
            <id column="uid" property="id"></id>
            <result column="username" property="username"></result>
            <result column="password" property="password"></result>
            <result column="birthday" property="birthday"></result>
        </association>

    </resultMap>

    <select id="findAll" resultMap="orderMap">
        SELECT *,o.id oid FROM orders o,USER u WHERE o.uid=u.id
    </select>

</mapper>
```

在 orderMap 结果映射中，通过手动指定字段与实体属性的映射关系，将查询结果中的 oid、ordertime、total 这 3 个字段映射到 Order 对象的 id、ordertime、total 属性中，并使用<association>标签来将查询结果中的 user 字段映射到 Order 对象的 user 属性中。在<association>标签中，通过 id 将查询结果中的 uid 字段映射到 User 对象的 id 属性中，通过<result>标签将查询结果中的 username、password、birthday 字段分别映射到 User 对象的 username、password、birthday 属性中。

（10）创建测试类

在 com.bc.test 包下创建测试类 MyBatisTest.java，添加如代码清单 4-31 所示的内容。

代码清单 4-31　创建测试类 MyBatisTest.java

```
package com.bc.test;
public class MyBatisTest {
    @Test
    public void test1() throws IOException {
        InputStream resourceAsStream = Resources.getResourceAsStream("sqlMapConfig.xml");
        SqlSessionFactory sqlSessionFactory = new SqlSessionFactoryBuilder().build (resource-
AsStream);
        SqlSession sqlSession = sqlSessionFactory.openSession();
        OrderMapper mapper = sqlSession.getMapper(OrderMapper.class);
        List<Order> orderList = mapper.findAll();
        for (Order order : orderList) {
            System.out.println(order);
        }

        sqlSession.close();
    }
}
```

在 findAll()方法中，首先通过 Resources. getResourceAsStream()方法获取到 MyBatis 的核心配

置文件 sqlMapConfig.xml，然后通过 SqlSessionFactoryBuilder().build()方法获取到 SqlSessionFactory 对象，再通过 openSession()方法获取到 SqlSession 对象，从而得到 OrderMapper 接口，再调用接口中的 findAll()方法获取所有订单信息。为了查看结果，这里使用输出语句输出查询结果信息。最后程序执行完毕，关闭 SqlSession 对象。

查询订单所属的用户信息，输出结果如图 4-26 所示。

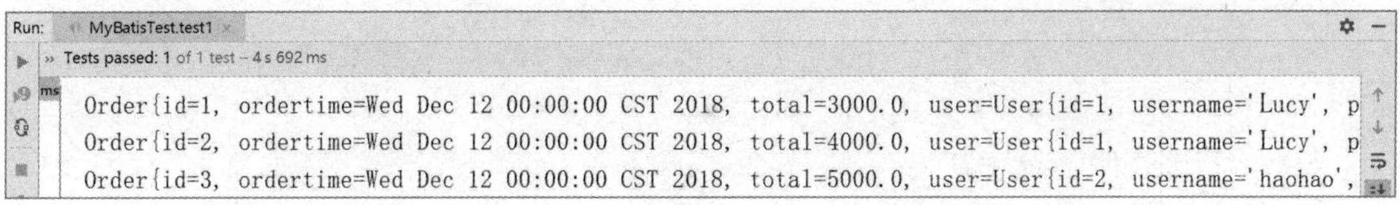

图 4-26　查询订单所属的用户信息

2. 基于 XML 方式实现一对多关联映射

与一对一的关联关系相比，实际应用更多的是一对多（或多对一）关系。例如，一个用户可以有多个订单，同时多个订单归一个用户所有。

那么使用 MyBatis 怎么处理这种一对多关联关系呢？我们可以使用<collection>标签。

<collection>标签的大部分属性与<association>标签的属性相同，在应用时通常使用<select>标签以配置接口名和方法的方式指向 SQL，同时将结果返回给对应的 POJO 对象。此外，<collection>标签还包含一个特殊属性 ofType，它与 javaType 属性对应，用于指定实体对象中集合类属性所包含的元素类型。

下面将在 4.2.3 小节的基础上实现一对多的查询，即查询一个用户时会带出该用户所拥有的全部订单。用户表与订单表的关系如图 4-27 所示，对应的查询 SQL 语句为

```
select *,o.id oid from user u left join orders o on u.id=o.uid;
```

执行该语句后的查询结果如图 4-28 所示。

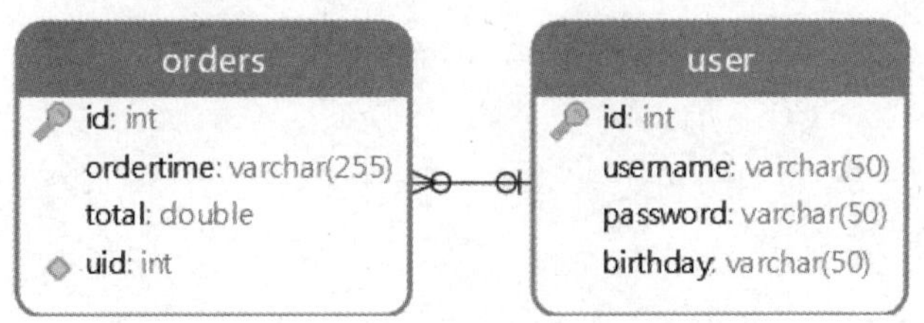

图 4-27　用户表与订单表的关系

信息　结果 1　剖析　状态

id	username	password	birthday	id(1)	ordertime	total	uid	oid
1	Lucy	123	2018-12-12	2	2018-12-12	4000	1	2
1	Lucy	123	2018-12-12	1	2018-12-12	3000	1	1
2	haohao	123	2019-12-12	3	2018-12-12	5000	2	3

图 4-28　执行该语句后的查询结果

（1）修改 User 实体类

在 com.bc.domain 包下，修改 User 类，为 User 添加用户关联的订单。因为一个用户可以有多个订单，所以定义一个集合对象 orderList，这个集合中存放与当前用户关联的所有订单对象。User 类的具体内容如代码清单 4-32 所示。

代码清单 4-32　User.java

```
package com.bc.domain;
import java.util.Date;
import java.util.List;
public class User {
    private int id;
    private String username;
    private String password;
    private Date birthday;

    //代表当前用户具备哪些订单
    private List<Order> orderList;
   /*省略 setter/getter 方法*/
}
```

（2）创建 UserMapper 接口

在 com.bc.mapper 包下，编写 UserMapper 接口，定义一个查询用户所有订单信息的方法。具体的方法内容请参照代码清单 4-33。

代码清单 4-33　UserMapper.java

```
package com.bc.mapper;
import com.bc.domain.User;
import java.util.List;
public interface UserMapper {
     public List<User> findAll();
}
```

（3）配置 UserMapper.xml 文件

在 com.bc.mapper 包下，创建用户实体映射文件 UserMapper.xml，并在文件中编写一对多关联映射查询的配置，添加如代码清单 4-34 所示的内容。

代码清单 4-34　UserMapper.xml

```
<?xml version="1.0" encoding="UTF-8" ?>
<!DOCTYPE mapper PUBLIC "-//mybatis.org//DTD Mapper 3.0//EN" "http://mybatis.org/dtd/mybatis-3-mapper.dtd">
    <mapper namespace="com.bc.mapper.UserMapper">
        <resultMap id="userMap" type="com.bc.domain.User">
            <result column="id" property="id"></result>
            <result column="username" property="username"></result>
            <result column="password" property="password"></result>
            <result column="birthday" property="birthday"></result>
            <collection property="orderList" ofType="com.bc.domain.Order">
                <result column="oid" property="id"></result>
                <result column="ordertime" property="ordertime"></result>
                <result column="total" property="total"></result>
            </collection>
        </resultMap>
        <select id="findAll" resultMap="userMap">
            select *,o.id oid from user u left join orders o on u.id=o.uid
        </select>
    </mapper>
```

使用id="findAll"的select语句查询用户包含的订单信息，因为返回的用户对象中包含orderList集合对象，所以需要手动编写结果映射信息。

一对多关联映射使用<collection>标签，其中 ofType 表示集合对象 orderList 中元素的类型为Order。

（4）修改 sqlMapConfig.xml

将映射文件 UserMapper.xml 的路径配置到核心配置文件 sqlMapConfig.xml 中。在 resources 包下，修改 MyBatis 核心配置文件 sqlMapConfig.xml，添加如代码清单 4-35 所示的内容。

代码清单 4-35 sqlMapConfig.xml

```
<!--加载映射文件-->
<mappers>
    <mapper resource="com/bc/mapper/UserMapper.xml"></mapper>
    <mapper resource="com/bc/mapper/OrderMapper.xml"></mapper>
</mappers>
```

（5）修改测试类

在 com.bc.test 包下，修改测试类 MyBatisTest.java，添加如代码清单 4-36 所示的内容。

代码清单 4-36 MyBatisTest.java

```
@Test
public void test2() throws IOException {
    InputStream resourceAsStream = Resources.getResourceAsStream("sqlMapConfig.xml");
    SqlSessionFactory sqlSessionFactory = new SqlSessionFactoryBuilder().build
(resourceAsStream);
    SqlSession sqlSession = sqlSessionFactory.openSession();

    UserMapper mapper = sqlSession.getMapper(UserMapper.class);
    List<User> all = mapper.findAll();
    for(User user : all){
        System.out.println(user.getUsername());
        List<Order> orderList = user.getOrderList();
        for(Order order : orderList){
            System.out.println(order);
        }
        System.out.println("----------------------------------");
    }
    sqlSession.close();
}
```

输入查询用户拥有的订单信息，结果输出用户 Lucy 有两个订单，订单编号是 id=1 和 id=2，而用户 haohao 有一个订单，订单编号是 id=3，如图 4-29 所示。

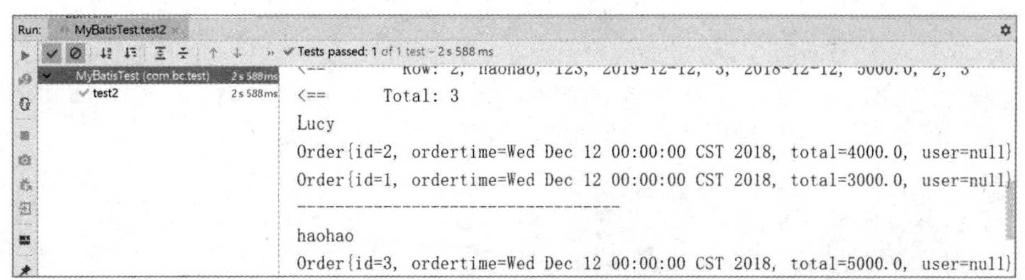

图 4-29 查询用户所有的订单信息

注意

上述实例从用户的角度出发，用户与订单之间是一对多的关联关系，但如果从订单的角度出发，一个订单只能属于一个用户，即一对一的关联关系。

3. 基于 XML 方式实现多对多关联映射

在实际的项目开发中，多对多的关联关系非常常见。以用户（user）和角色（sys_role）为例，一个用户可以拥有多种角色，而一个角色也可以包含多个用户，因此用户与角色之间存在多对多的关联关系。

如果需要查询用户的信息，同时也需要查询该用户拥有的所有角色，可以使用多对多查询的方式来实现，这样就能够方便地获取用户与其所拥有角色之间的关联信息。用户表与角色表之间的关系如图 4-30 所示。

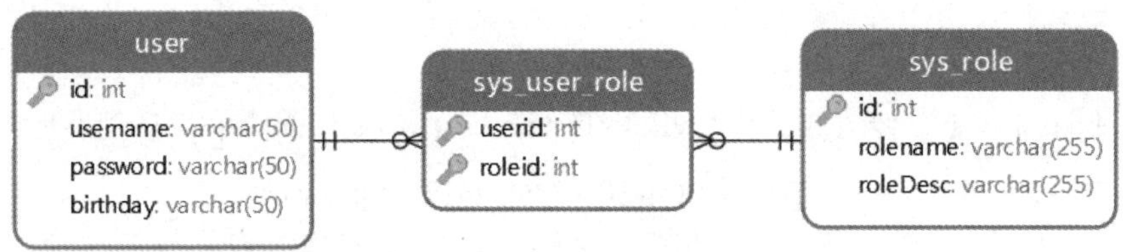

图 4-30 用户表与角色表之间的关系

下面将使用<resultMap>和<collection>标签实现用户及其所属所有角色的查询。

（1）创建数据表

① 创建 sys_role 角色表及用户与角色之间的表 sys_user_role，对应的 SQL 代码如代码清单 4-37 和代码清单 4-39 所示。

② 分别向 sys_role 角色表及用户与角色之间的表 sys_user_role 中添加数据，对应的 SQL 代码如代码清单 4-38 和代码清单 4-40 所示。

代码清单 4-37 sys_role 角色表

```
CREATE TABLE 'sys_role'  (
   'id' INT NOT NULL AUTO_INCREMENT,
   'rolename' VARCHAR(255) CHARACTER SET utf8 COLLATE utf8_general_ci NULL DEFAULT
    NULL,
   'roleDesc' VARCHAR(255) CHARACTER SET utf8 COLLATE utf8_general_ci NULL DEFAULT
    NULL,
   PRIMARY KEY ('id') USING BTREE
   ) ENGINE = InnoDB AUTO_INCREMENT = 3 CHARACTER SET = utf8 COLLATE = utf8_general_ci
    ROW_FORMAT = Dynamic;
```

代码清单 4-38 向 sys_role 表添加数据

```
INSERT INTO 'sys_role' VALUES(1, 'CTO', 'CTO');
INSERT INTO 'sys_role' VALUES(2, 'COO', 'COO');
```

代码清单 4-39 用户与角色之间的表 sys_user_role

```
CREATE TABLE 'sys_user_role'  (
  'userid' INT NOT NULL,
  'roleid' INT NOT NULL,
  PRIMARY KEY ('userid', 'roleid') USING BTREE,
```

```
  INDEX 'roleid'('roleid') USING BTREE,
  CONSTRAINT 'sys_user_role_ibfk_1' FOREIGN KEY ('userid') REFERENCES 'sys_role' ('id')
   ON DELETE RESTRICT ON UPDATE RESTRICT,
  CONSTRAINT 'sys_user_role_ibfk_2' FOREIGN KEY ('roleid') REFERENCES 'user' ('id')
   ON DELETE RESTRICT ON UPDATE RESTRICT
) ENGINE = InnoDB CHARACTER SET = utf8 COLLATE = utf8_general_ci ROW_FORMAT = Dynamic;
```

代码清单 4-40　向 sys_user_role 表添加数据

```
INSERT INTO 'sys_user_role' VALUES(1, 1);
INSERT INTO 'sys_user_role' VALUES(2, 1);
INSERT INTO 'sys_user_role' VALUES(1, 2);
```

用户 id=1 的用户属于角色 CTO 和 COO；用户 id=2 的用户属于角色 COO。

③ 关联表 SQL 语句如下。

```
SELECT * FROM USER u,sys_user_role ur,sys_role r
WHERE u.id=ur.userId
AND ur.roleId=r.id
```

查询用户表与角色表之间的关系如图 4-31 所示。

信息　结果 1　剖析　状态

id	username	password	birthday	userid	roleid	id(1)	rolename	roleDesc
2	haohao	123	2019-12-12	2	1	1	CTO	CTO
1	Lucy	123	2018-12-12	1	1	1	CTO	CTO
1	Lucy	123	2018-12-12	1	2	2	COO	COO

图 4-31　查询用户表与角色表之间的关系

（2）创建 Role 实体类

在项目目录 com.bc.domain 包下，创建 Role 实体类，包含主键（id）、角色名（roleName）、角色描述（roleDesc）等属性，主要内容如代码清单 4-41 所示。

代码清单 4-41　Role.java

```
package com.bc.domain;
public class Role {
    private int id;
    private String roleName;
    private String roleDesc;

    /*省略 setter/getter 方法*/
}
```

（3）修改 User 实体类

在 com.bc.domain 包下，修改 User 实体类，在其中加入 List<Role>集合对象，用于存储一个用户拥有的多个角色，同时添加 setter/getter 方法。User.java 内容如代码清单 4-42 所示。

代码清单 4-42　User.java

```
package com.bc.domain;
import java.util.Date;
import java.util.List;
public class User {
    private int id;
    private String username;
```

```
    private String password;
    private Date birthday;

    //描述的是当前用户存在哪些订单
    private List<Order> orderList;

    //描述的是当前用户具备哪些角色
    private List<Role> roleList;

    /*省略 setter/getter 方法*/
}
```

（4）添加 UserMapper 接口方法

在接口中添加 findUserAndRoleAll()方法，查询用户拥有的所有角色。在 com.bc.mapper 包下创建 UserMapper 接口，添加如代码清单 4-43 所示的内容。

代码清单 4-43　UserMapper.java

```
public List<User> findUserAndRoleAll();
```

（5）配置 UserMapper.xml 文件

在 resources.com.bc.mapper 包下创建映射文件 UserMapper.xml，添加如代码清单 4-44 所示的内容。

代码清单 4-44　UserMapper.xml

```
<resultMap id="userRoleMap" type="user">
    <!--user 的信息-->
    <id column="userId" property="id"></id>
    <result column="username" property="username"></result>
    <result column="password" property="password"></result>
    <result column="birthday" property="birthday"></result>
    <!--user 内部的 roleList 信息-->
    <collection property="roleList" ofType="role">
        <id column="roleId" property="id"></id>
        <result column="roleName" property="roleName"></result>
        <result column="roleDesc" property="roleDesc"></result>
    </collection>
</resultMap>

<select id="findUserAndRoleAll" resultMap="userRoleMap">
    SELECT * FROM USER u,sys_user_role ur,sys_role r WHERE u.id=ur.userId AND
    ur.roleId=r.id
</select>
```

（6）创建测试类

在 com.bc.test 包下创建测试类 MyBatisTest.java，添加如代码清单 4-45 所示的内容。

代码清单 4-45　MyBatisTest.java

```
@Test
public void test3() throws IOException {
    InputStream resourceAsStream = Resources.getResourceAsStream("sqlMapConfig.xml");
    SqlSessionFactory sqlSessionFactory = new SqlSessionFactoryBuilder().build
      (resourceAsStream);
```

```
        SqlSession sqlSession = sqlSessionFactory.openSession();

        UserMapper mapper = sqlSession.getMapper(UserMapper.class);
        List<User> userAndRoleAll = mapper.findUserAndRoleAll();
        for (User user : userAndRoleAll) {
            System.out.println(user);
        }

        sqlSession.close();
    }
```

查询用户所拥有的角色信息，结果是 username='haohao'的用户有'CTO'和'COO'角色，如图 4-32 所示。

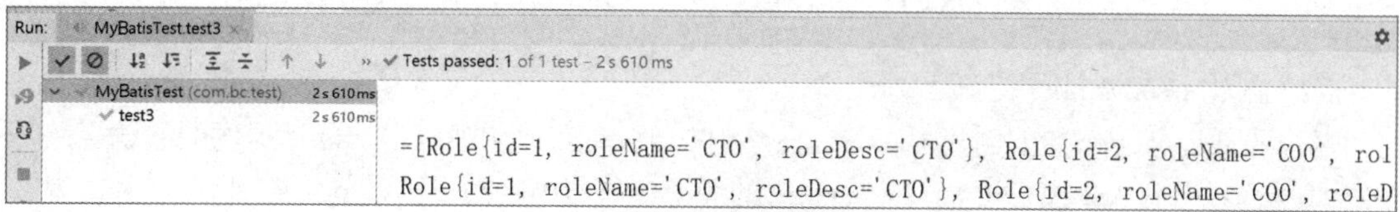

图 4-32　查询用户所拥有的角色信息

本节对开发中涉及的数据表之间，以及对象之间的关联关系做了简要介绍，并由此引出了 MyBatis 框架中对关联关系的处理；然后通过实例对 MyBatis 框架处理实体对象之间的 3 种关联关系进行了详细讲解。

基于注解方式关联映射

4.2.5　基于注解方式实现关联映射

随着注解方式的普及，MyBatis 也提供了使用注解替代 Mapper 映射文件的编写方式。本节将首先介绍一些基本的增、删、改、查（CRUD）注解，然后进一步学习如何使用关联注解来实现多表操作的复杂映射。表 4-3 是常见的 MyBatis 注解及对应的功能和用法。

表 4-3　常见的 MyBatis 注解及对应的功能和用法

注解	功能	用法
@Select	定义查询语句	@Select("SELECT * FROM user WHERE id = #{id}")
@Insert	定义插入语句	@Insert("INSERT INTO user(name, age) VALUES(#{name}, #{age})")
@Update	定义更新语句	@Update("UPDATE user SET age = #{age} WHERE id = #{id}")
@Delete	定义删除语句	@Delete("DELETE FROM user WHERE id = #{id}")
@Results	定义结果集映射关系	@Results(id = "userResultMap", value = { @Result(property = "id", column = "id", id = true), @Result(property = "name", column = "name"), @Result(property = "age", column = "age") })
@Result	定义属性和列的映射关系	@Result(property = "id", column = "id", id = true)
@Param	定义参数	@Insert("INSERT INTO user(name, age) VALUES(#{name}, #{age})")@Param("name") String name, @Param("age") Integer age
@Options	定义插入时返回自增主键	@Options(useGeneratedKeys = true, keyProperty = "id")
@Many	定义一对多或多对多关联关系	@Many(select = "com.example.mapper.OrderMapper.findByUserId", fetchType = FetchType.LAZY)
@One	定义一对一关联关系	@One(select = "com.example.mapper.UserMapper.findById", fetchType = FetchType.EAGER)

1．基于注解方式实现增、删、改、查操作

提供的源代码位置在“代码\第 4 章　MyBatis 关联映射\03 注解关联映射\mybatisanno”。

（1）修改 MyBatis 的核心配置文件

本实例使用注解替代 XML 映射文件，所以需要加载使用了注解的 Mapper 接口。在项目目录 mybatisanno\src\main\resources 包下，创建 MyBatis 核心配置文件 sqlMapConfig.xml，添加如代码清单 4-46 所示的内容。

代码清单 4-46　sqlMapConfig.xml

```
<!--加载映射关系-->
<mappers>
    <!--指定接口所在的包-->
    <package name="com.bc.mapper"></package>
</mappers>
```

（2）创建 UserMapper 接口

在 com.bc.mapper 包下创建 UserMapper 接口，将 SQL 语句通过 MyBatis 提供的注解直接写在方法上面以替代映射文件 UserMapper.xml 的编写，具体内容如代码清单 4-47 所示。

代码清单 4-47　UserMapper.java

```
package com.bc.mapper;
import com.bc.domain.User;
import org.apache.ibatis.annotations.*;
import java.util.List;
public interface UserMapper {
    @Insert("insert into user values(#{id},#{username},#{password},#{birthday})")
    public void save(User user);

    @Update("update user set username=#{username},password=#{password} where id=#{id}")
    public void update(User user);

    @Delete("delete from user where id=#{id}")
    public void delete(int id);

    @Select("select * from user where id=#{id}")
    public User findById(int id);

    @Select("select * from user")
    public List<User> findAll();
}
```

为了测试 UserMapper 接口中的 CRUD 操作，在 com.bc.test 包下创建一个名为 MyBatisTest.java 的测试类（内容见代码清单 4-48 所示），在其中定义了一个名为 before()的方法，用来加载 MyBatis 的核心配置文件 sqlMapConfig.xml，并通过 SqlSessionFactory 提供的 build()方法获取 SqlSession 对象，从而最终获取 UserMapper 接口。此外，before()方法还使用@Before 注解进行标注，这样每个测试方法就可以直接调用 before()方法，而不需要重复编写相同的初始化代码，以提高测试代码的复用性和易读性。

代码清单 4-48　MyBatisTest.java

```
package com.bc.test;
```

```
    public class MyBatisTest {
        private UserMapper mapper;

        @Before
        public void before() throws IOException {
            InputStream resourceAsStream = Resources.getResourceAsStream("sqlMapConfig.xml");
            SqlSessionFactory sqlSessionFactory = new SqlSessionFactoryBuilder().build (resource-
AsStream);
            SqlSession sqlSession = sqlSessionFactory.openSession(true);
            mapper = sqlSession.getMapper(UserMapper.class);
        }

        @Test
        public void testSave(){
            User user = new User();
            user.setUsername("Tom");
            user.setPassword("abc");
            mapper.save(user);
        }

        @Test
        public void testUpdate(){
            User user = new User();
            user.setId(1);
            user.setUsername("Lucy");
            user.setPassword("123");
            mapper.update(user);
        }

        @Test
        public void testDelete(){
            mapper.delete(3);
        }

        @Test
        public void testFindById(){
            User user = mapper.findById(2);
            System.out.println(user);
        }

        @Test
        public void testFindAll(){
            List<User> all = mapper.findAll();
            for (User user : all) {
                System.out.println(user);
            }
        }
    }
```

运行使用 testFindAll()方法的程序后，结果是输出所有用户信息，如图 4-33 所示；关于其他方法，读者可以自行测试。

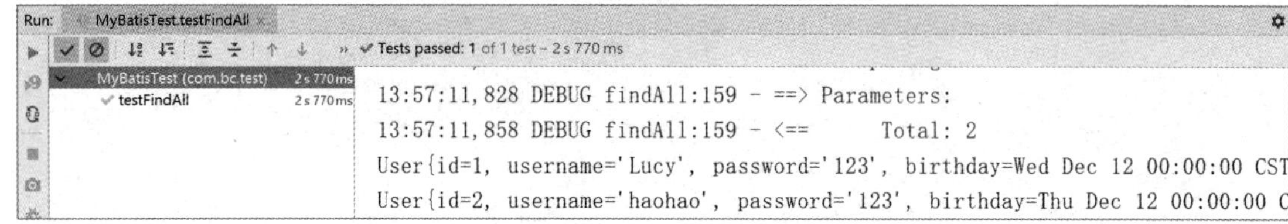

图 4-33　输出所有用户信息

2. 基于注解方式实现一对一关联映射

前面学习了如何通过在 XML 映射文件中使用<resultMap>标签实现复杂关系映射，随着注解开发的流行，我们也可以使用 MyBatis 提供的@Results、@Result、@One、@Many 等注解（见表 4-3）来完成复杂关系的映射。

前面 4.2.4 小节的实例利用 XML 配置方式实现了输入订单 id，查询该订单所属的用户信息功能。下面将利用注解的方式重写这个功能，具体实现过程如下。

（1）修改 UserMapper 接口

在 com.bc.mapper 包下，修改 UserMapper.java 文件，添加查询某一个订单从属于某一个用户的方法 findAll()，具体内容如代码清单 4-49 所示。

代码清单 4-49　修改 UserMapper.java

```
package com.bc.mapper;
public interface OrderMapper {
    @Select("select * from orders where uid=#{uid}")
    public List<Order> findByUid(int uid);

    @Select("select * from orders")
    @Results({
            @Result(column = "id",property = "id"),
            @Result(column = "ordertime",property = "ordertime"),
            @Result(column = "total",property = "total"),
            @Result(
                property = "user",          //要封装的属性名称
                column = "uid",             //根据字段查询 user 表的数据
                javaType = User.class,      //要封装的实体类型
                //select 属性代表通过查询接口的方法以获得数据
                one = @One(select = "com.bc.mapper.UserMapper.findById")
            )
    })
        public List<Order> findAll();
}
```

通过@Select("select * from orders")查询出所有订单，订单表 orders 中有 id、ordertime、total、uid 共 4 个字段，如图 4-34 所示。

id	ordertime	total	uid
1	2018-12-12	3000	1
2	2018-12-12	4000	1
3	2018-12-12	5000	2

图 4-34　查询出的所有订单

代码中的findByUid()方法通过@Select注解配置SQL语句，根据传入的uid参数查询该用户的所有订单，同时返回一个Order类型的List集合。findAll()方法用于查询所有的订单数据。@Results注解用于配置返回结果集的映射关系，包含4个@Result注解和一个@One注解，其中@Result注解用于将查询结果中的字段与Order类中的属性进行映射，@One注解则用于将查询结果中的uid字段与User类进行关联映射。在@One注解中，select属性指定了要调用的UserMapper接口的findById()方法进行查询，查询结果会自动映射为一个User对象，通过将属性名称设置为"user"来将User对象与Order对象进行关联映射。

上述代码成功实现了将查询结果中的订单信息与用户信息进行关联，以方便后续的业务处理。

（2）创建测试类 MyBatisTest2.java

在 com.bc.test 包下创建测试类 MyBatisTest2.java，添加如代码清单 4-50 所示的内容。

代码清单 4-50　MyBatisTest2.java

```
package com.bc.test;
public class MyBatisTest2 {
    private OrderMapper mapper;

    @Before
    public void before() throws IOException {
        InputStream resourceAsStream = Resources.getResourceAsStream("sqlMapConfig.xml");
        SqlSessionFactory sqlSessionFactory = new SqlSessionFactoryBuilder().build (re-
sourceAsStream);
        SqlSession sqlSession = sqlSessionFactory.openSession(true);
        mapper = sqlSession.getMapper(OrderMapper.class);
    }

    @Test
    public void testFindAllOrders(){
        List<Order> all = mapper.findAll();
        for (Order order : all) {
            System.out.println(order);
        }
    }
}
```

查询所有订单信息，结果输出每个订单对应的用户信息，如图 4-35 所示。每个订单都对应着唯一用户，不会出现一个订单同时归属于两个或两个以上用户的情况。

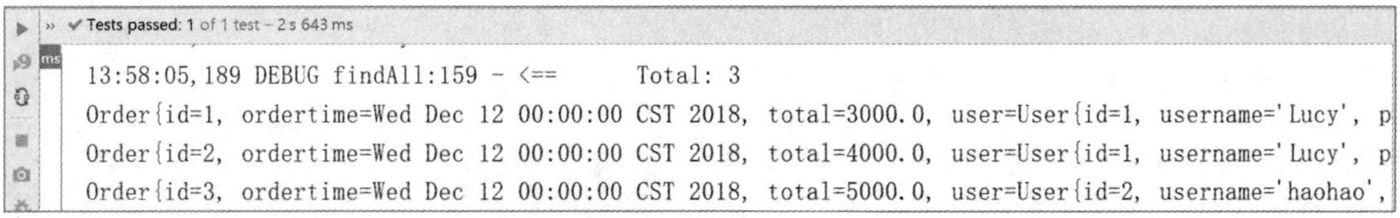

```
✔ Tests passed: 1 of 1 test – 2 s 643 ms
13:58:05,189 DEBUG findAll:159 - <==      Total: 3
Order{id=1, ordertime=Wed Dec 12 00:00:00 CST 2018, total=3000.0, user=User{id=1, username='Lucy', p
Order{id=2, ordertime=Wed Dec 12 00:00:00 CST 2018, total=4000.0, user=User{id=1, username='Lucy', p
Order{id=3, ordertime=Wed Dec 12 00:00:00 CST 2018, total=5000.0, user=User{id=2, username='haohao',
```

图 4-35　查询每个订单对应的用户

3. 基于注解方式实现一对多关联映射

下面我们将使用注解的方式实现一对多关联映射，即在查询一个用户时，同时查出该用户的所有订单，具体实现过程如下。

（1）修改 UserMapper 接口和 OrderMapper 接口

修改UserMapper接口和OrderMapper接口。在UserMapper接口的findAllUserAndOrder()方法上面加入@Select和@Results注解，在OrderMapper接口的findByUid(int uid)方法上面加入@Select注解，以通过注解方式完成一对多关联映射，如图4-36所示。

图 4-36 代码中的@Many 注解修饰的代码将会执行 OrderMapper 接口中的 findByUid()方法，并将用户 id 传入，将返回的结果封装到一个由 Order 对象组成的集成中，再映射到 User 对象的 orderList 属性中。

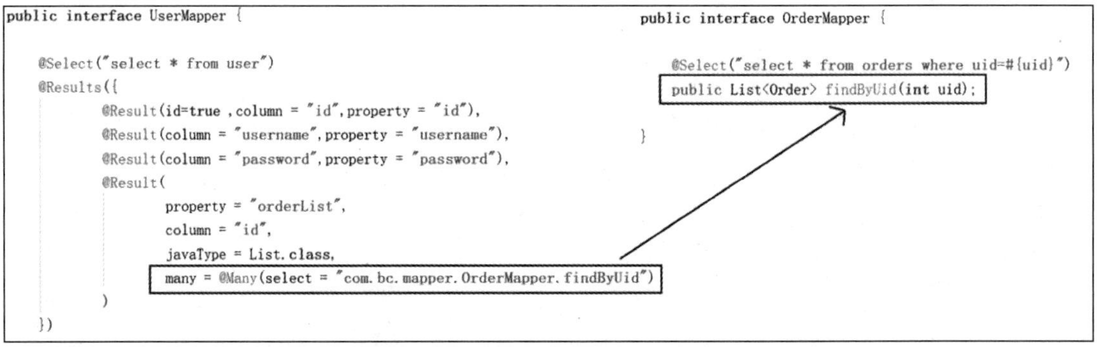

```
public interface UserMapper {

    @Select("select * from user")
    @Results({
            @Result(id=true ,column = "id",property = "id"),
            @Result(column = "username",property = "username"),
            @Result(column = "password",property = "password"),
            @Result(
                    property = "orderList",
                    column = "id",
                    javaType = List.class,
                    many = @Many(select = "com.bc.mapper.OrderMapper.findByUid")
            )
    })
```

```
public interface OrderMapper {

    @Select("select * from orders where uid=#{uid}")
    public List<Order> findByUid(int uid);

}
```

图 4-36　UserMapper 接口与 OrderMapper 接口的关系

编写 UserMapper 接口，在 com.bc.mapper 包下创建 UserMapper.java，添加如代码清单 4-51 所示的内容。

代码清单 4-51　UserMapper.java

```
@Select("select * from user")
@Results({
        @Result(id=true ,column = "id",property = "id"),
        @Result(column = "username",property = "username"),
        @Result(column = "password",property = "password"),
        @Result(
                property = "orderList",
                column = "id",
                javaType = List.class,
                many = @Many(select = "com.bc.mapper.OrderMapper.findByUid")
        )
})
public List<User> findUserAndOrderAll();
```

编写 OrderMapper 接口，在 com.bc.mapper 包下创建 OrderMapper.java，添加如代码清单 4-52 所示的内容。

代码清单 4-52　OrderMapper.java

```
@Select("select * from orders where uid=#{uid}")
public List<Order> findByUid(int uid);
```

通过 many = @Many(select = "com.bc.mapper.OrderMapper.findByUid")查找用户所拥有的所有订单。

（2）创建测试类

在 com.bc.test 包下创建测试类 MyBatisTest3.java，添加如代码清单 4-53 所示的内容。

代码清单 4-53　MyBatisTest3.java

```
package com.bc.test;
public class MyBatisTest3 {
    private UserMapper mapper;

    @Before
    public void before() throws IOException {
        InputStream resourceAsStream = Resources.getResourceAsStream("sqlMapConfig.xml");
        SqlSessionFactory sqlSessionFactory = new SqlSessionFactoryBuilder().build (re-
sourceAsStream);
        SqlSession sqlSession = sqlSessionFactory.openSession(true);
        mapper = sqlSession.getMapper(UserMapper.class);
    }

    @Test
    public void testFindUserAndOrderAll(){
        List<User> userAndOrderAll = mapper.findUserAndOrderAll();
        for (User user : userAndOrderAll) {
        System.out.println(user.getUsername()+"-->"+user.getOrderList());
        }
    }
}
```

查询每个用户所拥有的订单，从查询结果可以看到用户 Lucy 有订单编号 id=1 和 id=2 的两个订单，如图 4-37 所示。

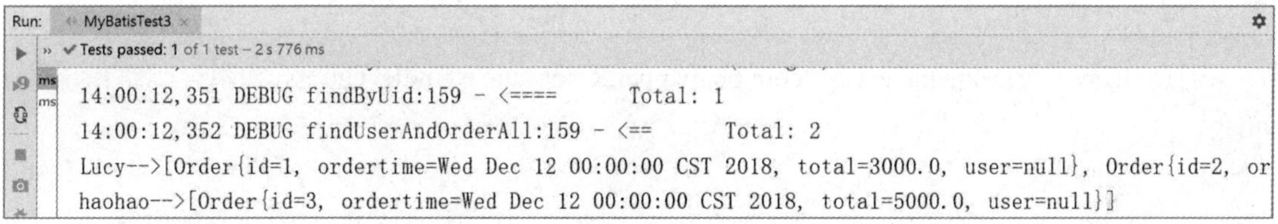

```
Run:  MyBatisTest3
✓ Tests passed: 1 of 1 test – 2 s 776 ms
14:00:12,351 DEBUG findByUid:159 - <====      Total: 1
14:00:12,352 DEBUG findUserAndOrderAll:159 - <==      Total: 2
Lucy-->[Order{id=1, ordertime=Wed Dec 12 00:00:00 CST 2018, total=3000.0, user=null}, Order{id=2, or
haohao-->[Order{id=3, ordertime=Wed Dec 12 00:00:00 CST 2018, total=5000.0, user=null}]
```

图 4-37　查询每个用户所拥有的订单

4. 基于注解方式实现多对多关联映射

下面我们将使用注解方式实现多对多关联映射，即查询出该用户的所有角色，具体实现过程如下。

（1）修改 UserMapper 接口与 RoleMapper 接口之间的关联关系

修改对应的 UserMapper 接口与 RoleMapper 接口之间的关联关系，如图 4-38 所示。

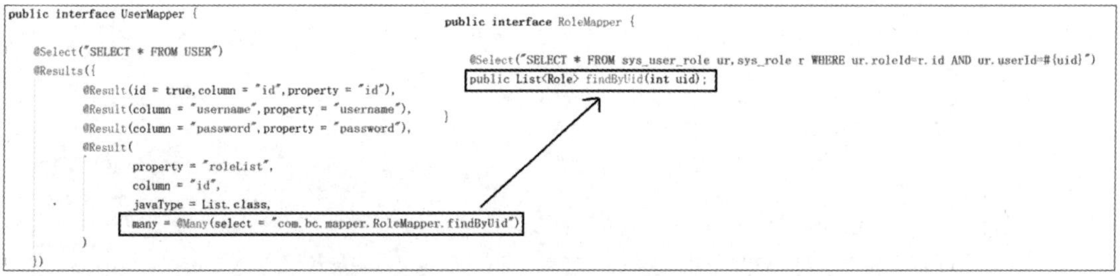

```
public interface UserMapper {

    @Select("SELECT * FROM USER")
    @Results({
            @Result(id = true,column = "id",property = "id"),
            @Result(column = "username",property = "username"),
            @Result(column = "password",property = "password"),
            @Result(
                    property = "roleList",
                    column = "id",
                    javaType = List.class,
                    many = @Many(select = "com.bc.mapper.RoleMapper.findByUid")
            )
    })

public interface RoleMapper {

    @Select("SELECT * FROM sys_user_role ur,sys_role r WHERE ur.roleId=r.id AND ur.userId=#{uid}")
    public List<Role> findByUid(int uid);
}
```

图 4-38　修改 UserMapper 接口与 RoleMapper 接口之间的关联关系

用户可以拥有多个角色，通过@Many 注解调用 RoleMapper 中的 findByUid()方法，以查询用户所拥有的所有角色集合。

编写 UserMapper 接口，在 com.bc.mapper 包下创建 UserMapper.java，添加如代码清单 4-54 所示的内容。

代码清单 4-54 UserMapper.java

```
@Select("SELECT * FROM USER")
@Results({
        @Result(id = true,column = "id",property = "id"),
        @Result(column = "username",property = "username"),
        @Result(column = "password",property = "password"),
        @Result(
                property = "roleList",
                column = "id",
                javaType = List.class,
                many = @Many(select = "com.bc.mapper.RoleMapper.findByUid")
        )
})
public List<User> findUserAndRoleAll();
```

编写 RoleMapper 接口，在 com.bc.mapper 包下创建 RoleMapper.java，添加如代码清单 4-55 所示的内容。

代码清单 4-55 RoleMapper.java

```
    @Select("SELECT * FROM sys_user_role ur,sys_role r WHERE ur.roleId=r.id AND ur.userId=
#{uid}")
    public List<Role> findByUid(int uid);
```

通过 many = @Many(select = "com.bc.mapper.RoleMapper.findByUid")查找用户所拥有的所有角色。

（2）创建测试类

在 com.bc.test 包下创建测试类 MyBatisTest4.java，添加如代码清单 4-56 所示的内容。

代码清单 4-56 MyBatisTest4.java

```
    package com.bc.test;
    public class MyBatisTest4 {
        private UserMapper mapper;

        @Before
        public void before() throws IOException {
            InputStream resourceAsStream = Resources.getResourceAsStream("sqlMapConfig.xml");
            SqlSessionFactory sqlSessionFactory = new SqlSessionFactoryBuilder().build (re-
sourceAsStream);
            SqlSession sqlSession = sqlSessionFactory.openSession(true);
            mapper = sqlSession.getMapper(UserMapper.class);
        }
        @Test
        public void testFindUserAndRoleAll(){
            List<User> userAndRoleAll = mapper.findUserAndRoleAll();
            for (User user : userAndRoleAll) {
                System.out.println(user.getUsername()+"->"+user.getRoleList());
            }
```

```
        }
    }
```

查询用户所拥有的角色，输出 Lucy 拥有 CTO 和 COO 两个角色，haohao 拥有 CTO 角色的结果，如图 4-39 所示。

```
Run:  MyBatisTest4.testFindUserAndRoleAll
✔ Tests passed: 1 of 1 test – 4 s 859 ms
Lucy->[Role{id=1, roleName='CTO', roleDesc='CTO'}, Role{id=2, roleName='COO', roleDesc='COO'}]
haohao->[Role{id=1, roleName='CTO', roleDesc='CTO'}]
```

图 4-39　查询用户所拥有的角色

4.3　项目实现

项目实现

4.3.1　业务场景

项目经理老王：小王，对于动态 SQL 和关联映射都学会了吧？

程序员小王：是的，已经掌握得不错了。我正在做 CRM 系统中的权限管理模块，完成权限管理模块的持久层功能。

项目经理老王：MyBatis 关联映射可以使用 XML 和注解两种方式实现，你打算用哪种方式呢？

程序员小王：对于权限管理模块来说，其业务比较复杂，我想使用注解的方式来实现。

项目经理老王：好的。从开发效率来说，注解编写更简单，效率更高。从可维护性来说，注解如果要修改，必须修改源代码，这样会导致维护成本增加，而 XML 维护性更强。

程序员小王：是的，在实现过程中如果有疑问，我再向您请教。

项目经理老王：好的，那就抓紧时间开始工作吧。

4.3.2　使用 MyBatis 注解方式实现权限管理模块

1. 创建 Maven 项目

创建图 4-40 所示目录结构的 Maven 项目，也可以从本章提供的源代码（提供的源代码位置在"第 4 章　MyBatis 关联映射\代码\04 项目实现权限管理模块\crm"）中直接导入。

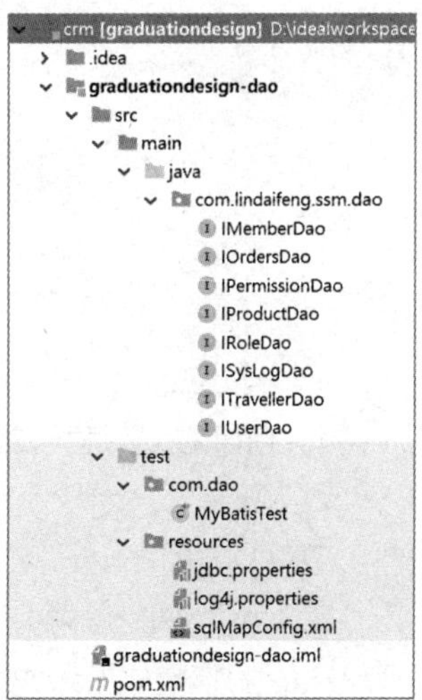

图 4-40　创建 Maven 项目

该项目整体结构介绍如下。

- IPermissionDao.java：Mapper 层的接口文件，定义了对资源权限进行增、删、改、查等操作的方法。
- IRoleDao.java：Mapper 层的接口文件，定义了对角色进行增、删、改、查等操作的方法。
- MyBatisTest.java：位于 test 包下，用于测试 IPermissionDao 接口和 IRoleDao 接口中的方法是否正确。
- jdbc.properties：用于配置 JDBC 连接信息的数据库配置文件，其中包含数据库驱动程序、连接 URL、用户名和密码等信息。
- sqlMapConfig.xml：MyBatis 的核心配置文件，用于配置数

据源、事务管理器和 Mapper 文件的位置等信息。

2. 创建数据库配置文件

在 resources 包下创建 jdbc.properties 数据库配置文件，添加如代码清单 4-57 所示的内容。

代码清单 4-57　创建 jdbc.properties 数据库配置文件

```
jdbc.driver=com.mysql.cj.jdbc.Driver
jdbc.url=jdbc:mysql://localhost:3306/ssm?useUnicode=true&characterEncoding=utf-8&
serverTimezone=GMT%2B8
jdbc.username=root
jdbc.password=root
```

3. 创建 MyBatis 核心配置文件

在 resources 包下创建 MyBatis 核心配置文件 sqlMapConfig.xm，添加如代码清单 4-58 所示的内容。

代码清单 4-58　创建 sqlMapConfig.xml 核心配置文件

```
<?xml version="1.0" encoding="UTF-8" ?>
<!DOCTYPE configuration PUBLIC "-//mybatis.org//DTD Config 3.0//EN" "http://mybatis.org/
dtd/mybatis-3-config.dtd">
<configuration>
    <!--通过<properties>标签加载外部 properties 文件-->
    <properties resource="jdbc.properties"></properties>

    <!—配置数据源环境-->
    <environments default="development">
        <environment id="development">
            <transactionManager type="JDBC"></transactionManager>
            <dataSource type="POOLED">
                <property name="driver" value="${jdbc.driver}"/>
                <property name="url" value="${jdbc.url}"/>
                <property name="username" value="${jdbc.username}"/>
                <property name="password" value="${jdbc.password}"/>
            </dataSource>
        </environment>
    </environments>

    <!--加载映射关系-->
    <mappers>
        <!--指定接口所在的包-->
        <package name="com.lindaifeng.ssm.dao"></package>
    </mappers>
</configuration>
```

4. 创建 DAO 层接口文件

因为权限管理模块涉及资源权限和角色两个 DAO 层的操作，所以需要编写资源权限和角色两个 DAO 层接口文件。

在 com.lindaifeng.ssm.dao 包下创建 IPermissionDao 接口文件和 IRoleDao 接口文件，添加如代码清单 4-59 和代码清单 4-60 所示的内容。

代码清单 4-59　创建 IPermissionDao.java 接口文件

```
package com.lindaifeng.ssm.dao;
import com.lindaifeng.ssm.domain.Permission;
import com.lindaifeng.ssm.domain.Role;
import org.apache.ibatis.annotations.*;
import java.util.List;

public interface IPermissionDao {
    //根据角色 id 查出所有的权限
    @Select("select * from permission")
    List<Permission> findAll();

    //根据角色 id 查询对应权限
    @Select("select * from permission where id in (select permissionId from
     role_permission where roleId=#{roleId})")
    List<Permission> findRoleByPermissionId(String roleId);

    //根据角色 id 查出没有的权限
    @Select("select * from permission where id not in (select permissionId from
     role_permission where roleId=#{roleId})")
    List<Permission> findUserByIdAndAllRole(String id);

    //根据权限 id 查出所有权限对应的角色
    @Select("select * from permission where id=#{id}")
    @Results({
            @Result(id = true,column = "id",property = "id"),
            @Result(column = "permissionName",property = "permissionName"),
            @Result(column = "url",property = "url"),
            @Result(column = "id",property = "roles",javaType = List.class,many =
           @Many(select =("com.lindaifeng.ssm.dao.IRoleDao.findRolesByPermissionId")))
    })
    List<Permission> findById(String id);

    //添加权限
    @Insert("insert into permission(permissionName,url) values(#{permissionName},#{url})")
    void save(Permission permission);

    //关联角色_权限表
    @Insert("insert into role_permission(permissionId,roleId) values(#{permissionId},
     #{roleId})")

    void addpermission(@Param("permissionId") String permissionId, @Param("roleId")
     String roleId);

    //根据角色与权限 id 删除角色_权限表
    @Delete("delete from role_permission where permissionId=#{permissionId} and
     roleId=#{roleId}")
    void deleteRole_PermissionByPermissionAndRoleId(@Param("permissionId") String
     permissionId,@Param("roleId") String roleId);

    //根据权限 id 删除对应权限
```

```
    @Delete("delete from permission where id=#{id}")
    void deletePermissionById(String id);

    //根据权限 id 删除对应角色_权限表
    @Delete("delete from role_permission where permissionId=#{id}")
    void deleteRole_PermissionByPermissionId(String id);
}
```

代码清单 4-60 创建 IRoleDao.java 接口文件

```
package com.lindaifeng.ssm.dao;
import com.lindaifeng.ssm.domain.Permission;
import com.lindaifeng.ssm.domain.Role;
import org.apache.ibatis.annotations.*;
import java.util.List;

public interface IRoleDao {
    //根据用户 id 查询出所对应的角色，property 对应的是该实体类的属性
    @Select("select * from role where id in (select roleId from users_role where
     userId=#{userId})")
    @Results({
            @Result(id = true,column = "id",property = "id"),
            @Result(column = "roleName",property = "roleName"),
            @Result(column = "roleDesc",property = "roleDesc"),
            @Result(column = "id",property = "permissions",javaType = List.class,many =
            @Many(select = ("com.lindaifeng.ssm.dao.IPermissionDao.findRoleByPermissionId")))
    })
    public List<Role> findRoleByUserId(String userId) throws Exception;
    //根据权限 id 查询所对应的角色
    @Select("select * from role where id in(select roleId from role_permission where
      permissionId=#{id})")
    List<Role>findRolesByPermissionId(String id);
    //查询出所有角色
    @Select("select * from role")
    List<Role> findAll();
    //根据角色 id 查询对应的角色与对应的资源权限
    @Select("select * from role where id=#{id}")
    @Results({
            @Result(id = true,column = "id",property = "id"),
            @Result(column = "roleName",property = "roleName"),
            @Result(column = "roleDesc",property = "roleDesc"),
            @Result(column = "id",property = "permissions",javaType = List.class,many =
            @Many(select = ("com.lindaifeng.ssm.dao.IPermissionDao.findRoleByPermissionId")))
    })
    List<Role> findById(String id);
    //查询用户没有的角色
    @Select("select * from role where id not in(select roleId from users_role where
     userId=#{id})")
    List<Role> findNotRoleByUserId(String id);

    //查询权限没有的角色
    @Select("select * from role where id not in(select roleId from role_permission where
     permissionId=#{id})")
```

```
    List<Role> findRoleByPermissionId(String id);

    //保存角色信息
    @Insert("insert into role(roleName,roleDesc) values(#{roleName},#{roleDesc})")
    void save(Role role);

    //根据角色 id 删除角色
    @Delete("delete from role where id=#{roleId}")
    void deleteById(String roleId);

    //根据角色 id 删除所属用户_角色关联表中的联系
    @Delete("delete from users_role where roleId=#{roleId}")
    void deleteUserAndRoleById(String roleId);

    //根据角色 id 删除所属角色_资源权限关联表中的联系
    @Delete("delete from users_role where roleId=#{roleId}")
    void deleteRole_PermissionById(String roleId);
}
```

5. 创建测试类

在 com.dao 包下创建测试类 MyBatisTest.java 文件，添加如代码清单 4-61 所示的内容。

代码清单 4-61　创建测试类 MyBatisTest.java 文件

```
package com.dao;
public class MyBatisTest {
    private IPermissionDao iPermissionDao;
    private IRoleDao iRoleDao;

    @Before
    public void before() throws IOException {
        InputStream resourceAsStream = Resources.getResourceAsStream("sqlMapConfig.xml");
        SqlSessionFactory sqlSessionFactory = new SqlSessionFactoryBuilder().build (re-
sourceAsStream);
        SqlSession sqlSession = sqlSessionFactory.openSession(true);
        iPermissionDao = sqlSession.getMapper(IPermissionDao.class);
        iRoleDao = sqlSession.getMapper(IRoleDao.class);
    }

    //查询所有权限
    @Test
    public void testFindAllPermission() throws Exception{
        List<Permission> permissionList=iPermissionDao.findAll();
        for(Permission permission:permissionList){
            System.out.println(permission.getPermissionName());
        }
    }

    //查询所有角色
    @Test
    public void testFindAllRole() throws Exception{
        List<Role> roleList=iRoleDao.findAll();
        for(Role role:roleList){
```

```
            System.out.println(role.getRoleName());
        }
    }
}
```

运行使用查询所有权限的方法 testFindAllPermission()和查询所有角色的方法 testFind AllRole()的程序，查询结果如图 4-41 和图 4-42 所示。

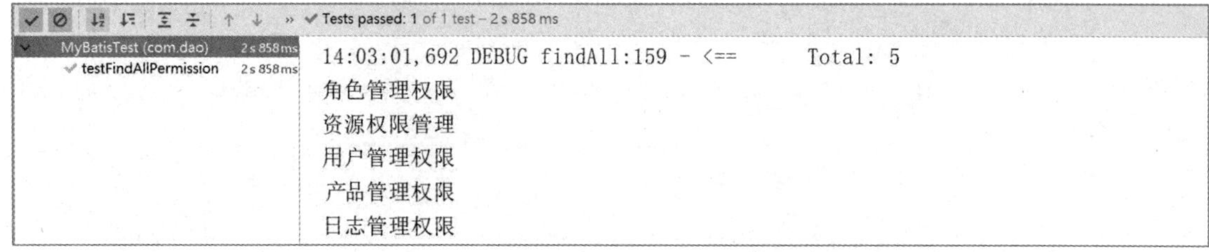

图 4-41　查询所有权限方法 testFindAllPermission()对应的查询结果

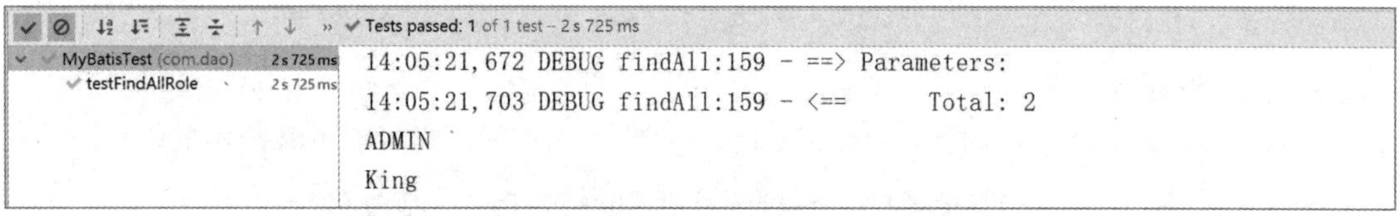

```
Tests passed: 1 of 1 test – 2 s 725 ms
MyBatisTest (com.dao) 2 s 725 ms
  testFindAllRole 2 s 725 ms
14:05:21,672 DEBUG findAll:159 - ==> Parameters:
14:05:21,703 DEBUG findAll:159 - <==      Total: 2
ADMIN
King
```

图 4-42　查询所有角色方法 testFindAllRole()对应的查询结果

关于接口中的其他方法，读者可参照 testFindAllPermission ()方法和 testFindAllRole()方法自行完成测试。

4.4　经典问题强化

经典问题强化

问题 1：MyBatis 动态 SQL 的作用及执行原理是什么?

答：MyBatis 动态 SQL 是一种特殊的 SQL 语法，它可以根据不同的条件生成不同的 SQL 语句，例如 WHERE 语句、ORDER BY 语句、SET 语句、IF 语句、CHOOSE 语句等，从而实现更加灵活的数据库操作。

动态 SQL 的执行原理是在执行 SQL 语句之前，MyBatis 会将动态 SQL 中的占位符替换为实际的 SQL 代码。MyBatis 使用 OGNL 表达式语言对动态 SQL 进行求值，并根据 OGNL 表达式的结果来决定是否包含该 SQL 语句片段。当生成的 SQL 语句符合语法要求后，MyBatis 将该语句提交给数据库执行。

问题 2：MyBatis 如何执行批量操作?

答：可以使用 MyBatis 的<foreach>标签来执行批量操作。该标签可以接收一个集合参数，在 SQL 语句中使用循环遍历集合中的每一个元素，从而实现批量操作。

问题 3：MyBatis 实现一对多查询有几种方法? 应该如何操作?

答：通过 MyBatis 实现一对多查询常用的方法是嵌套查询和嵌套结果查询两种。

- 嵌套查询：通过在一个查询语句中嵌套另一个查询语句，将一对多的关系转换为多次单个查询，其使用方式是利用参数传递，将参数由外层传入内层进行查询。

- 嵌套结果查询：通过执行多个查询语句，将多个结果集封装成一个复合结果集。

4.5　本章小结

本章首先介绍了 MyBatis 中动态 SQL 标签的使用方法，然后重点讲解了基于 XML 和基于注解方式来实现对象间的关联映射，最后结合 CRM 系统的权限管理模块功能，利用注解方式完成了权限管理模块持久层功能的实现。

本章小结

第 5 章 MyBatis 缓存

本章目标：

- 理解缓存概念；
- 掌握缓存的分类和应用场景；
- 掌握 MyBatis 一级缓存的使用方法；
- 掌握 MyBatis 二级缓存的使用方法。

MyBatis提供了多种类型的缓存机制，以提高数据库的访问性能。在大多数情况下，缓存可以减少应用程序与数据库之间的交互次数，提高应用程序的响应速度和性能表现。

本章将介绍 MyBatis 缓存的概念、使用方法和实现机制，包括一级缓存、二级缓存等内容。此外，还将结合实际项目场景，介绍如何在 MyBatis 中使用二级缓存来实现用户资源权限的查询。

5.1 项目需求

5.1.1 业务场景

程序员小王：我在思考一个问题，如果多个用户查询相同的数据，能否将第一个用户查询的结果直接提供给其他用户，以此来提高查询效率呢？

项目经理老王：这个想法不错！MyBatis的设计过程中已经考虑到了这点，提供了缓存机制。你可以了解一下它的具体实现方式，这是因为它可以有效提高SQL语句的查询效率。

程序员小王：MyBatis的开发者真的考虑得很全面，我对这个缓存机制非常感兴趣，在项目中可以应用它来提高查询效率。

5.1.2 功能描述

根据用户需求，我们需要为 CRM 系统开发一个资源权限管理模块（见图 5-1）。为了提高查询效率，决定采用 MyBatis 的缓存机制来优化查询用户所拥有的资源权限。

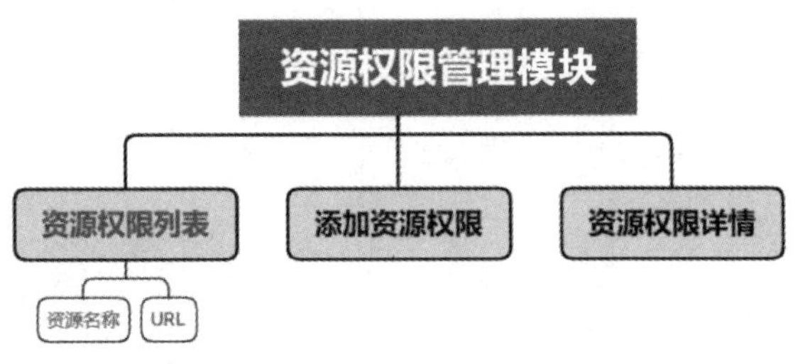

图 5-1　资源权限管理模块的功能

5.1.3　最终效果

查询资源权限列表页面如图 5-2 所示。

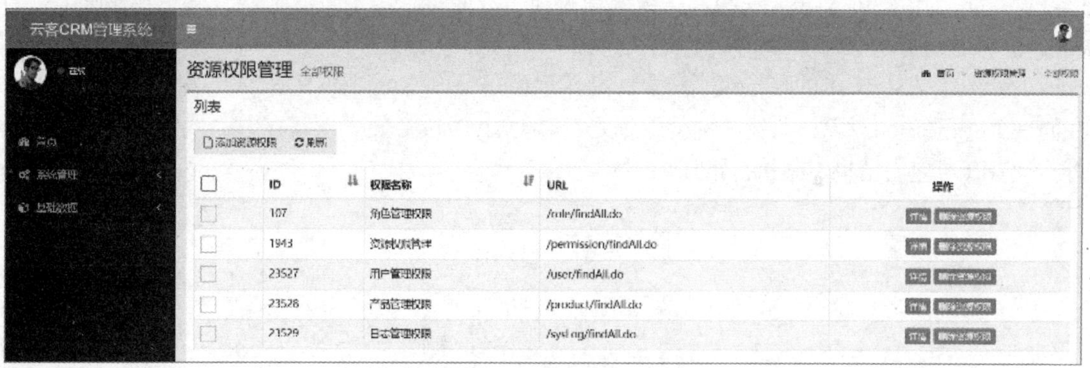

图 5-2　查询资源权限列表页面

5.2　背景知识

5.2.1　知识导图

本章知识导图如图 5-3 所示。

缓存的概念

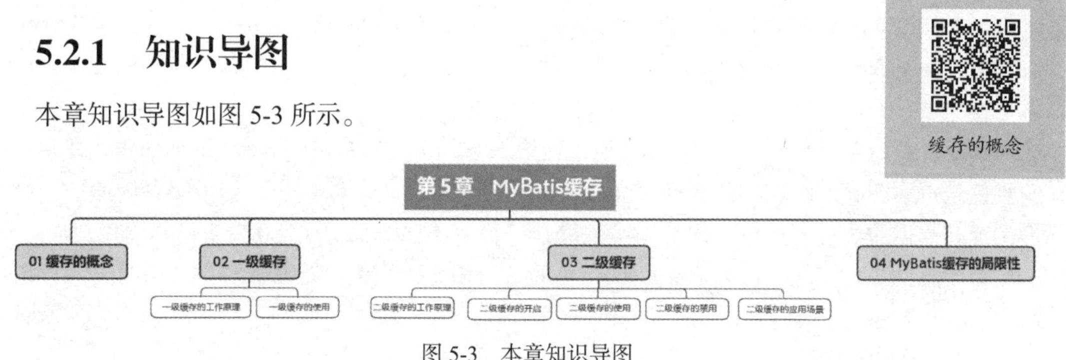

图 5-3　本章知识导图

5.2.2　缓存的概念

在系统运行时，由于 I/O 操作需要频繁地对磁盘进行读取，因此该操作会成为系统性能瓶颈的主要原因。为减少系统 I/O 操作的次数，提升系统性能和查询效率，使用缓存是一种常见的优化方式。

需要注意的是，在使用缓存时，我们还需要考虑缓存命中率这一重要指标。如果缓存中已经存在所需的数据，即缓存命中，则可以直接从缓存中获取数据，否则需要再次查询数据库或者执行其他操作，即缓存未命中。缓存未命中的原因可能是缓存中不存在所需的数据，或是缓存已经过期。通常来说，缓存命中率越高，表示使用缓存的收益越高，系统的响应时间也会越短。因此，在使用缓存时，我们需要综合考虑缓存的命中率和缓存的失效机制，以提高系统性能和提升用户体验的满意度。

5.2.3 一级缓存

当应用程序多次执行相同查询条件的 SQL 语句时，为了避免对数据库进行重复查询，MyBatis 提供了一级和二级两种级别的缓存。

1. 一级缓存的工作原理

一级缓存是MyBatis的默认级别缓存，其作用域是SqlSession范围的，即在同一个SqlSession对象中执行相同的查询语句时，MyBatis会优先从缓存中查找是否有对应的结果。其执行过程如图5-4所示。

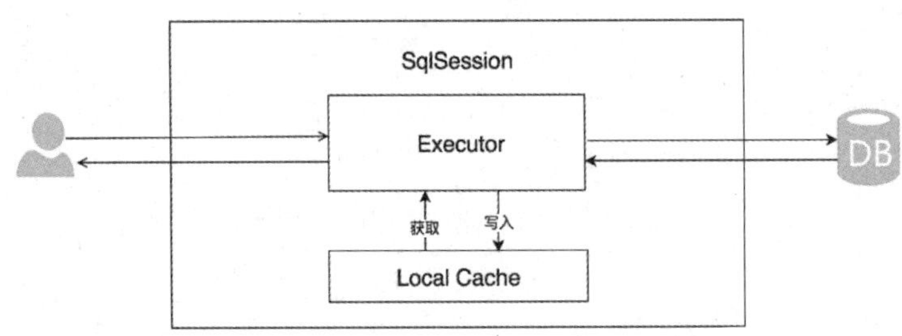

图 5-4 一级缓存的执行过程

图 5-4 中的 SqlSession 是 MyBatis 提供的一个接口，用于提供一些增、删、改、查的方法。默认情况下，SqlSession 的实现类为 DefaultSqlSession，而 DefaultSqlSession 内部持有一个 Executor 接口对象。BaseExecutor 是 Executor 接口的默认实现类，它拥有一个永久缓存（Perpetual Cache），也就是本地缓存（Local Cache）。

当用户进行查询操作时，MyBatis 会根据当前执行的语句生成 MappedStatement，并在本地缓存中查找是否有缓存的结果。如果缓存命中，则直接将结果返回给用户；如果缓存未命中，则需要再次查询数据库，并将查询结果写入本地缓存。最后，MyBatis 将查询结果返回给用户。

需要注意的是，一级缓存与 SqlSession 对象密切相关，当 SqlSession 对象关闭时，缓存也会被清空。

2. 一级缓存的使用

（1）配置数据库连接信息

源代码位于“代码\第 5 章　MyBatis 缓存\01 一级缓存\mybatiscache”。

在项目目录 src\main\resources 下创建数据库配置文件 jdbc.properties，添加如代码清单 5-1 所示的内容。

代码清单 5-1　jdbc.properties

```
jdbc.driver=com.mysql.cj.jdbc.Driver
jdbc.url=jdbc:mysql://localhost:3306/mybatismulti?useUnicode=true&characterEncoding
=utf-8&serverTimezone=GMT%2B8
jdbc.username=root
jdbc.password=root
```

（2）编写 MyBatis 核心配置文件

在项目目录 src\main\resources 下创建 MyBatis 核心配置文件 sqlMapConfig.xml，添加如代码清单 5-2 所示的内容。

代码清单 5-2　sqlMapConfig.xml

```
<?xml version="1.0" encoding="UTF-8" ?>
<!DOCTYPE configuration PUBLIC "-//mybatis.org//DTD Config 3.0//EN" "http://mybatis.org/
dtd/mybatis-3-config.dtd">
<configuration>
    <!--通过<properties>标签加载外部 properties 文件-->
    <properties resource="jdbc.properties"></properties>

    <settings>
        <!-设置日志输出组件 -->
        <setting name="logImpl" value="STDOUT_LOGGING" />
    </settings>

    <!--自定义别名-->
    <typeAliases>
        <typeAlias type="com.bc.domain.User" alias="user"></typeAlias>
    </typeAliases>

    <!-配置数据源环境-->
    <environments default="development">
        <environment id="development">
            <transactionManager type="JDBC"></transactionManager>
            <dataSource type="POOLED">
                <property name="driver" value="${jdbc.driver}"/>
                <property name="url" value="${jdbc.url}"/>
                <property name="username" value="${jdbc.username}"/>
                <property name="password" value="${jdbc.password}"/>
            </dataSource>
        </environment>
    </environments>

    <!--加载映射文件-->
    <mappers>
        <mapper resource="com/bc/mapper/UserMapper.xml"></mapper>
    </mappers>
</configuration>
```

该配置文件中的核心标签的功能如下。

- <properties>标签：用于加载外部的数据库配置文件 jdbc.properties。
- <settings>标签：MyBatis 的全局配置项。这里配置了日志输出组件的日志级别。
- <typeAliases>标签：用于自定义 Java 类型与 MyBatis 中类型别名的映射关系。这里定义了一个名为 user 的别名，代表 com.bc.domain.User 类型。
- <environments>标签：用于配置数据源环境，包括事务管理器和数据源。这里定义了一个名为 development 的环境，使用的事务管理器类型为 JDBC，数据源类型为 POOLED（连接池）。
- <mappers>标签：用于加载映射文件（Mapper.xml）。这里加载了一个名为 UserMapper.xml 的映射文件。

（3）创建 User 实体类

在 com.bc.domain 包下创建实体类 User.java，添加如代码清单 5-3 所示的内容。

代码清单 5-3　User.java

```
package com.bc.domain;
import java.util.Date;
public class User {
    private int id;
    private String username;//用户姓名
    private String sex;//性别
    private Date birthday;//生日
    private String address;//地址

    /*省略 setter/getter 方法*/

}
```

（4）创建 UserMapper 接口

在 com.bc.mapper 包下创建 UserMapper 接口，添加如代码清单 5-4 所示的内容。

代码清单 5-4　UserMapper.java

```
package com.bc.mapper;
import com.bc.domain.User;
public interface UserMapper {
    public User findUserById(Integer id);
    public void updateUserByUser(User user);

}
```

（5）创建 UserMapper 映射文件

在 com.bc.mapper 包下创建 UserMapper 映射文件，添加如代码清单 5-5 所示的内容。

代码清单 5-5　UserMapper.xml

```
<?xml version="1.0" encoding="UTF-8" ?>
<!DOCTYPE mapper PUBLIC "-//mybatis.org//DTD Mapper 3.0//EN" "http://mybatis.org/ dtd/
mybatis-3-mapper.dtd">
<mapper namespace="com.bc.mapper.UserMapper">
    <select id="findUserById" parameterType="int" resultType="user">
      select * from user where id=#{id}
      </select>

    <update id="updateUserByUser" parameterType="user">
      update user set
      username=#{username} where id=#{id}
      </update>
</mapper>
```

以上定义了一个名为 com.bc.mapper.UserMapper 的命名空间，其中包含两个 SQL 映射语句。

第一个映射语句是一个查询语句，通过 id="findUserById"来标识；它的参数类型为整型，表示 SQL 语句中的#{id}接收的是整型数据；其返回结果类型为 user，表示查询结果会以 user 类型进行返回（这里的 user 是 sqlMapConfig.xml 文件中定义的 User 类型的别名）。

第二个映射语句是一个更新语句，通过 id="updateUserByUser"来标识；其参数类型为 user，表示传入一个 com.bc.domain.User 对象；SQL 语句中的#{username}和#{id}分别为占位符，表示从传入的 user 对象中取出相应的属性进行更新操作。

通过 UserMapper 映射文件，MyBatis 可以将 Java 对象与数据库表进行映射，从而实现 SQL 语句的执行与结果的封装。

（6）创建测试类

在 com.bc.test 包下创建测试类 MyBatisTest.java，添加如代码清单 5-6 所示的内容。

代码清单 5-6　MyBatisTest.java

```
package com.bc.test;
public class MyBatisTest {
    @Test
    public void test1() throws IOException {
        InputStream resourceAsStream = Resources.getResourceAsStream("sqlMapConfig.xml");
        SqlSessionFactory sqlSessionFactory = new SqlSessionFactoryBuilder().build (re-
sourceAsStream);
        SqlSession sqlSession = sqlSessionFactory.openSession();

        UserMapper mapper = sqlSession.getMapper(UserMapper.class);
        User user = mapper.findUserById(1);
        System.out.println(user);

        User user2 = mapper.findUserById(1);
        System.out.println(user2);

        sqlSession.close();
    }
}
```

从图 5-5 所示的输出结果可以看出，两次查询只执行了第一次 select 语句，说明在执行第二次查询时利用了一级缓存，提高了执行效率。

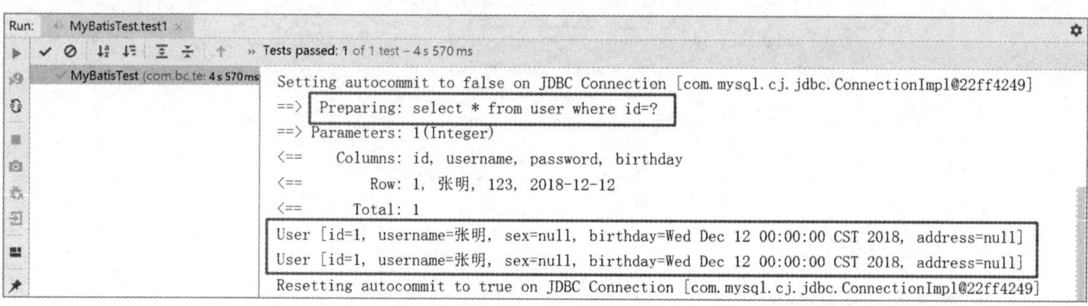

图 5-5　一级缓存命中

接下来，修改 MyBatisTest.java 文件，添加更新用户的操作，如代码清单 5-7 所示。

代码清单 5-7　MyBatisTest.java

```
@Test
public void test1() throws IOException {
    InputStream resourceAsStream = Resources.getResourceAsStream("sqlMapConfig.xml");
    SqlSessionFactory sqlSessionFactory = new SqlSessionFactoryBuilder().build (re-
```

```
sourceAsStream);
        SqlSession sqlSession = sqlSessionFactory.openSession();

        UserMapper mapper = sqlSession.getMapper(UserMapper.class);
        User user = mapper.findUserById(1);
        System.out.println(user);

        //更新 user 对象
        user.setUsername("mike");
        mapper.updateUserByUser(user);

        //执行 commit 清空缓存
        sqlSession.commit();

        User user2 = mapper.findUserById(1);
        System.out.println(user2);

        sqlSession.close();
    }
```

从图 5-6 所示的输出结果可以看到第一次查询执行了 select 语句并将结果存入缓存，但接下来的 update 操作清空了缓存，因此第二次查询再次从数据库中读取了数据。

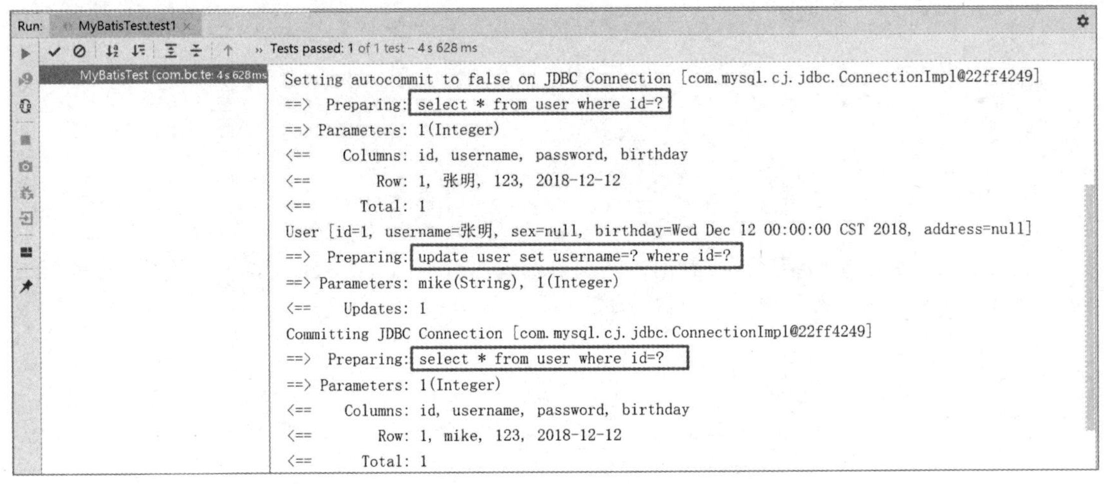

图 5-6　一级缓存未命中

5.2.4　二级缓存

1. 二级缓存的工作原理

一级缓存的作用域是同一个 SqlSession 对象。如果多个 SqlSession 对象之间需要共享缓存，则需要使用二级缓存。当开启二级缓存后，MyBatis 会使用 CachingExecutor 装饰 Executor；在进行一级缓存查询之前，会先在 CachingExecutor 进行二级缓存的查询，这样就可以在多个 SqlSession 对象之间共享缓存，提高查询效率。其具体的工作流程如图 5-7 所示。

二级缓存的工作原理及使用场景

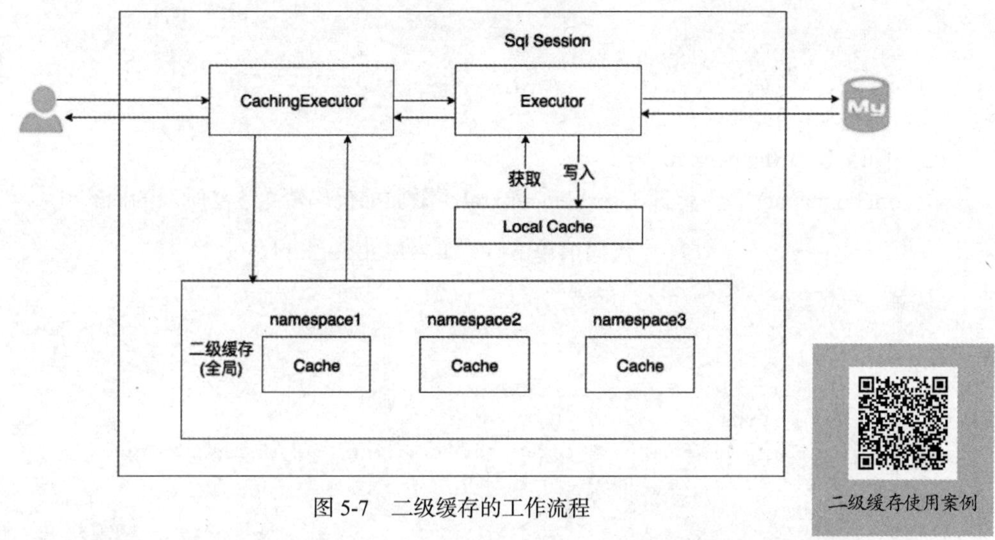

图 5-7　二级缓存的工作流程

二级缓存使用案例

当开启 MyBatis 二级缓存后，同一 namespace 下的所有查询语句都会共享同一个 Cache，即二级缓存是一个全局变量，可以被多个 SqlSession 对象共享。在查询数据时，MyBatis 会先检查二级缓存是否命中，若未命中则再检查一级缓存，如果还未命中才会执行数据库查询。但需要注意的是，MyBatis 默认是关闭二级缓存的，这是因为增、删、改操作频繁时，二级缓存可能被不断清空，导致命中率较低，反而影响系统性能。因此，需要根据具体情况决定是否开启二级缓存。

2. 二级缓存的开启

MyBatis二级缓存的作用域是namespace级别的，即同一个namespace下的所有操作共享同一个缓存。若要开启二级缓存，需要在SqlMapConfig.xml中设置开启总开关，同时在具体的Mapper.xml中针对每个statement单独开启或关闭二级缓存，具体步骤如下。

（1）在核心配置文件 SqlMapConfig.xml 中开启二级缓存。

```
<!-- 开启二级缓存，默认值为 true -->
<setting name="cacheEnabled" value="true"/>
```

（2）在 UserMapper.xml 中开启二级缓存，这样 UserMapper.xml 下的查询 SQL 语句在执行完毕会将结果存储到它的缓存区域。

```
<mapper namespace="com.bc.mapper.UserMapper">
<cache></cache>
```

（3）MyBatis 在存取缓存数据时需要将结果序列化和反序列化成对应的 POJO 对象，因此要求该 POJO 类必须实现 java.io.Serializable 接口，否则会抛出 CacheException 异常。

下面我们将围绕 5.2.3 小节的实例来学习 MyBatis 二级缓存的使用。

3. 二级缓存的使用

本实例的源代码位于“代码\第 5 章　MyBatis 缓存\02 二级缓存\mybatiscache”。

（1）修改 SqlMapConfig.xml

在项目目录 src\main\resources 下修改 MyBatis 的核心配置文件 SqlMapConfig.xml，添加如代码清单 5-8 所示的内容。

代码清单 5-8　sqlMapConfig.xml

```
<settings>
    <!—设置日志输出组件 -->
    <setting name="logImpl" value="STDOUT_LOGGING" />
```

```
        <!-- 开启二级缓存，默认值为 true -->
        <setting name="cacheEnabled" value="true"/>
    </settings>
```

（2）修改 UserMapper.xml

在 com.bc.mapper 包下修改 UserMapper.xml，添加如代码清单 5-9 所示的内容。

代码清单 5-9　UserMapper.xml

```
    <?xml version="1.0" encoding="UTF-8" ?>
    <!DOCTYPE mapper PUBLIC "-//mybatis.org//DTD Mapper 3.0//EN" "http://mybatis.org/
dtd/mybatis-3-mapper.dtd">
    <mapper namespace="com.bc.mapper.UserMapper">
        <cache></cache>
        <select id="findUserById" parameterType="int" resultType="user">
          select * from user where id=#{id}
        </select>

        <update id="updateUserByUser" parameterType="user">
          update user set
          username=#{username} where id=#{id}
        </update>
    </mapper>
```

以上代码中定义了一个名为 com.bc.mapper.UserMapper 的命名空间，包含查询和更新两条 SQL 语句。与此同时，还定义了一个<cache>标签，用于配置二级缓存，在该标签内部可以设置缓存的实现类和相关属性；若未配置<cache>标签，则二级缓存不会被该命名空间下的 SQL 语句所使用。

（3）修改 User 实体类

在 com.bc.domain 包下修改 User 实体类，使其实现 Serializable 接口，如代码清单 5-10 所示。

代码清单 5-10　User.java

```
    public class User implements Serializable {
        private int id;
        private String username;//用户姓名
        private String sex;//性别
        private Date birthday;//生日
        private String address;//地址
        /*省略 setter/getter 方法*/
    }
```

（4）修改测试类 MyBatisTest.java

在com.bc.test包下修改测试类MyBatisTest.java，以测试二级缓存的命中，如代码清单5-11所示。

代码清单 5-11　MyBatisTest.java

```
    //测试二级缓存
        @Test
        public void test2() throws IOException {
            InputStream resourceAsStream = Resources.getResourceAsStream("sqlMapConfig.xml");
            SqlSessionFactory sqlSessionFactory = new SqlSessionFactoryBuilder().build
(resourceAsStream);
            SqlSession session1 = sqlSessionFactory.openSession();
            SqlSession session2 = sqlSessionFactory.openSession();
```

```
        UserMapper usermapper1 = session1.getMapper(UserMapper.class);
        User user1 = usermapper1.findUserById(1);
        System.out.println(user1);
        session1.close();

       //session2 再次读取 id=1 的 user 信息，就可以从二级缓存中取
        UserMapper usermapper2 = session2.getMapper(UserMapper.class);
        User user2 = usermapper2.findUserById(1);
        System.out.println(user2);
        session2.close();
    }
```

从图 5-8 所示的输出结果可以看出，当 session1 对象第一次查询 id=1 的用户信息时，MyBatis 会将查询结果存储到二级缓存中。此时，如果 session2 对象再去查询同样的用户信息，MyBatis 就会从二级缓存而不是数据库中读取数据。

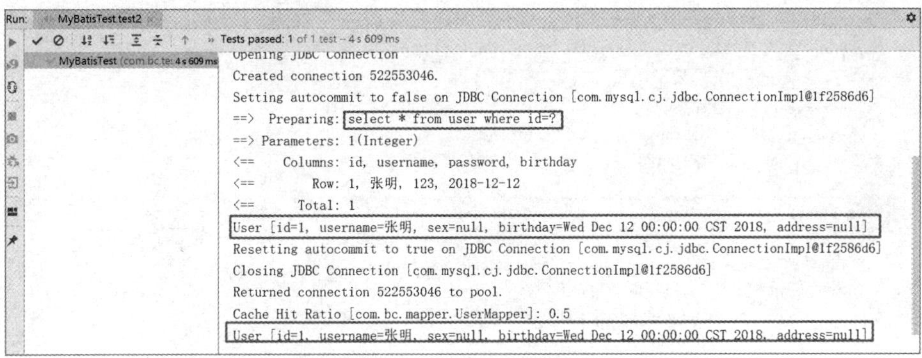

图 5-8　二级缓存命中

接下来再次修改测试类 MyBatisTest.java，添加修改用户的操作，以模拟缓存未命中的情况，如代码清单 5-12 所示。

代码清单 5-12　MyBatisTest.java

```
    //测试二级缓存
    @Test
    public void test2() throws IOException {
        InputStream resourceAsStream = Resources.getResourceAsStream("sqlMapConfig.xml");
        SqlSessionFactory sqlSessionFactory = new SqlSessionFactoryBuilder().build (re-
sourceAsStream);
        SqlSession session1 = sqlSessionFactory.openSession();
        SqlSession session2 = sqlSessionFactory.openSession();
        SqlSession session3 = sqlSessionFactory.openSession();

        UserMapper usermapper1 = session1.getMapper(UserMapper.class);
        User user1 = usermapper1.findUserById(1);
        System.out.println(user1);
        session1.close();

        //session3 对象清空了二级缓存
        UserMapper usermapper3 = session3.getMapper(UserMapper.class);
        User user3 = usermapper3.findUserById(1);
        user3.setUsername("张明");
        usermapper3.updateUserByUser(user3);
```

```
        //执行提交操作，清空 UserMapper 下的二级缓存
        session3.commit();
        session3.close();

        //因为 session3 对象清空了二级缓存，所以 session2 对象再次执行时需要给出 SQL 语句
        UserMapper usermapper2 = session2.getMapper(UserMapper.class);
        User user2 = usermapper2.findUserById(1);
        System.out.println(user2);
        session2.close();
    }
```

从图 5-9 所示的输出结果来看，当 session1 对象第一次查询 id=1 的用户信息时，MyBatis 会将查询结果存储到二级缓存中。接下来 session3 对象执行了更新操作，这样会使 MyBatis 清空该 Mapper 下二级缓存区中的数据。后续如果 session2 对象再去查询 id=1 的用户信息时，MyBatis 就会从数据库里读取数据。

```
✓ Tests passed: 1 of 1 test – 2 s 363 ms
Setting autocommit to false on JDBC Connection [com.mysql.cj.jdbc.ConnectionImpl@1f2586d6]
==>  Preparing: select * from user where id=?
==> Parameters: 1(Integer)
<==    Columns: id, username, password, birthday
<==        Row: 1, Mike, 123, 2018-12-12
<==      Total: 1
User [id=1, username=Mike, sex=null, birthday=Wed Dec 12 00:00:00 CST 2018, address=null]
Resetting autocommit to true on JDBC Connection [com.mysql.cj.jdbc.ConnectionImpl@1f2586d6]
Closing JDBC Connection [com.mysql.cj.jdbc.ConnectionImpl@1f2586d6]
Returned connection 522553046 to pool.
Cache Hit Ratio [com.bc.mapper.UserMapper]: 0.5
Opening JDBC Connection
Checked out connection 522553046 from pool.
Setting autocommit to false on JDBC Connection [com.mysql.cj.jdbc.ConnectionImpl@1f2586d6]
==>  Preparing: update user set username=? where id=?
==> Parameters: 张明(String), 1(Integer)
<==    Updates: 1
Committing JDBC Connection [com.mysql.cj.jdbc.ConnectionImpl@1f2586d6]
Resetting autocommit to true on JDBC Connection [com.mysql.cj.jdbc.ConnectionImpl@1f2586d6]
Closing JDBC Connection [com.mysql.cj.jdbc.ConnectionImpl@1f2586d6]
Returned connection 522553046 to pool.
Cache Hit Ratio [com.bc.mapper.UserMapper]: 0.3333333333333333
Opening JDBC Connection
Checked out connection 522553046 from pool.
Setting autocommit to false on JDBC Connection [com.mysql.cj.jdbc.ConnectionImpl@1f2586d6]
==>  Preparing: select * from user where id=?
==> Parameters: 1(Integer)
<==    Columns: id, username, password, birthday
<==        Row: 1, 张明, 123, 2018-12-12
<==      Total: 1
User [id=1, username=张明, sex=null, birthday=Wed Dec 12 00:00:00 CST 2018, address=null]
Resetting autocommit to true on JDBC Connection [com.mysql.cj.jdbc.ConnectionImpl@1f2586d6]
Closing JDBC Connection [com.mysql.cj.jdbc.ConnectionImpl@1f2586d6]
Returned connection 522553046 to pool.
```

图 5-9　二级缓存未命中的运行结果

4．二级缓存的禁用

在一个数据变化频繁的场景中，如果经常需要执行增、删、改、查操作，那么应该禁用二级缓存，以避免缓存与数据库数据不同步的问题。其具体方法是可以在 statement 中通过设置 useCache=false 来禁用当前的二级缓存，这样每次发出的 SQL 语句都会直接查询数据库。

5. 二级缓存的应用场景

通常，MyBatis 的二级缓存应用于查询较为频繁但更新不频繁的场景中，例如以下应用场景。

① 一些基础数据表的查询，这些表中的数据往往较少更新。

② 查询结果数据量较大的场景，缓存的应用可以减少反复从数据库读取数据的时间消耗，以提升查询效率。

③ 多个查询语句之间存在重复查询同一个结果的情况，此时可通过缓存避免反复查询。

④ 对于相同的查询语句，多个 SqlSession 对象之间进行查询，使用缓存可以提高查询效率。

需要注意的是，如果数据更新频繁，即便开启了二级缓存，也会导致缓存的经常性失效，此时应该考虑关闭二级缓存或者采用其他方案进行缓存。

5.2.5 MyBatis 缓存的局限性

MyBatis的缓存是在SqlSession级别上实现的。它在一定程度上提高了查询性能，但同时也存在一些局限。

（1）缓存更新延迟

当缓存中的数据被修改时，如果没有及时更新缓存，会导致缓存中的数据与数据库中的数据不一致。这种情况下需要在使用 MyBatis 时注意缓存更新的时机和方法。

（2）缓存占用内存

缓存会占用一定的内存资源，如果在缓存中存放大量数据，会导致内存占用过高，从而影响应用的性能。因此，需要根据实际情况来决定缓存的使用范围和生命周期。

（3）缓存命中率下降

当应用中的数据量较大时，缓存的命中率可能会下降。因此，需要根据实际情况来选择合适的缓存策略和缓存参数，例如设置合适的缓存大小和失效时间等。

（4）二级缓存无法实时更新

MyBatis 的二级缓存是跨 SqlSession 对象的，它的更新可能会导致其他 SqlSession 对象中的缓存数据不一致。因此，需要谨慎使用二级缓存，尤其是在分布式环境下时。

5.3 项目实现

项目实现

5.3.1 业务场景

项目经理老王：小王，你对 MyBatis 的缓存机制掌握得如何了？

程序员小王：我已经了解了 MyBatis 的一级缓存和二级缓存，但还需要更深入地了解一些问题，如缓存失效处理及缓存的适用场景。

项目经理老王：你的考虑很周到，确实需要在使用缓存时仔细衡量，否则会出现缓存数据与数据库数据不同步的情况。同时，大面积缓存失效也可能导致数据库服务器出现系统中断的情况。

程序员小王：是的，因此我们需要在使用缓存时谨慎对待，不能简单地将数据放入缓存中。

项目经理老王：很好！你可以在项目中尝试使用二级缓存来优化用户资源权限查询功能。

程序员小王：好的。

5.3.2 实现资源权限列表功能

1. 项目整体结构

源代码位于“代码\第 5 章　MyBatis 缓存\03 项目中使用二级缓存\crm”下，项目整体结构图如图 5-10 所示。

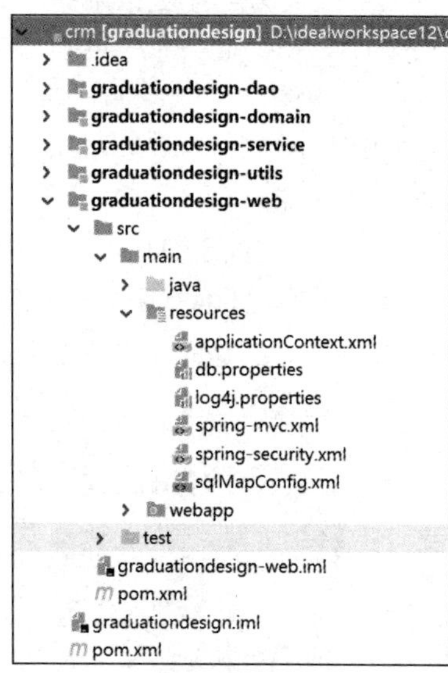

图 5-10　项目整体结构图

- graduationdesign-dao 子模块：持久层。
- graduationdesign-domain 子模块：实体域。
- graduationdesign-service 子模块：服务层。
- graduationdesign-utils 子模块：工具类。
- graduationdesign-web 子模块：控制层。

2. 创建 MyBatis 核心配置文件

在 SSM 中需要通过 Spring 整合 MyBatis 的核心配置文件，因此在项目中我们需要在 crm\graduationdesign-web\src\main\resources 下创建 MyBatis 的核心配置文件 sqlMapConfig.xml，添加如代码清单 5-13 所示的内容。

代码清单 5-13　sqlMapConfig.xml

```
<?xml version="1.0" encoding="UTF-8" ?>
<!DOCTYPE configuration PUBLIC "-//mybatis.org//DTD Config 3.0//EN" "http://mybatis.org/dtd/mybatis-3-config.dtd">
<configuration>
    <!--通过<properties>标签加载外部 properties 文件-->
    <properties resource="db.properties"></properties>

    <settings>
        <!–设置日志输出组件 -->
        <setting name="logImpl" value="STDOUT_LOGGING" />
        <!-- 开启二级缓存 -->
        <setting name="cacheEnabled" value="true"/>
    </settings>

    <!–配置数据源环境-->
    <environments default="development">
        <environment id="development">
            <transactionManager type="JDBC"></transactionManager>
            <dataSource type="POOLED">
                <property name="driver" value="${jdbc.driver}"/>
                <property name="url" value="${jdbc.url}"/>
                <property name="username" value="${jdbc.username}"/>
                <property name="password" value="${jdbc.password}"/>
            </dataSource>
        </environment>
    </environments>

    <!--加载映射关系-->
    <mappers>
        <!--指定接口所在的包-->
        <package name="com.lindaifeng.ssm.dao"></package>
    </mappers>
</configuration>
```

在以上代码中，通过将 MyBatis 的 cacheEnabled 属性值设置为“true”，以开启二级缓存。同时，为了方便观察 SQL 语句的输出，在这里设置了 logImpl 属性值为“STDOUT_LOGGING”，即可将执行的 SQL 语句输出到控制台上。

3. 利用 Spring 整合 MyBatis

（1）在 Spring 中加载 MyBatis 的核心配置文件

修改 src\main\resources 下的 applicationContext.xml 文件，添加加载 MyBatis 配置文件，如代码清单 5-14 所示。

代码清单 5-14　applicationContext.xml

```
<!-- 加载 MyBatis 核心配置文件 -->
<property name="configLocation" value="classpath:sqlMapConfig.xml"/>
```

（2）为 IUserDao 开启二级缓存

利用@CacheNamespace 注解在 IUserDao 接口中开启二级缓存，如代码清单 5-15 所示。

代码清单 5-15　IUserDao.java

```
@CacheNamespace(blocking = true)
public interface IUserDao
```

（3）为 POJO 类实现 java.io.serializable 接口

由于查询用户的同时也会查询角色和权限，因此需要将用户（UserInfo）、角色（Role）、权限（Permission）3 个 POJO 类都实现序列化，如代码清单 5-16 所示。

代码清单 5-16　UserInfo.java

```
public class UserInfo implements Serializable {}
```

4. 测试二级缓存的使用

在 graduationdesign-web 模块的 test.com.dao 包下创建测试类 MyBatisTest.java，添加如代码清单 5-17 所示的内容。

代码清单 5-17　MyBatisTest.java

```
package com.dao;
public class MyBatisTest {
    //测试二级缓存
    @Test
    public void testCache() throws Exception {
        InputStream resourceAsStream = Resources.getResourceAsStream("sqlMapConfig.xml");
        SqlSessionFactory sqlSessionFactory = new SqlSessionFactoryBuilder().build (re-
sourceAsStream);
        SqlSession session1 = sqlSessionFactory.openSession();
        SqlSession session2 = sqlSessionFactory.openSession();
        SqlSession session3 = sqlSessionFactory.openSession();

        IUserDao userDao1 = session1.getMapper(IUserDao.class);
        UserInfo userInfo1 = userDao1.findById("1");
        System.out.println(userInfo1);
        session1.close();

        IUserDao userDao2 = session2.getMapper(IUserDao.class);
        UserInfo userInfo2 = userDao2.findById("1");
        System.out.println(userInfo2);
        session2.close();
```

```
        }
    }
```

（1）将 sqlMapConfig.xml 中 name="cacheEnabled"的 value 设置为 false，以测试不使用二级缓存的情况，测试结果如图 5-11 所示。从其中可以看出控制台中输出了两次 select 语句，证明当前没有使用二级缓存。

```
Setting autocommit to false on JDBC Connection [com.mysql.cj.jdbc.ConnectionImpl@68e5eea7]
==>  Preparing: select * from users where id=?
==> Parameters: 1(String)
<==    Columns: id, email, username, password, phoneNum, status, expireTime, allowIps
<==        Row: 1, █@qq.com, admin, 21232f297a57a5a743894a0e4a801fc3, 138××××8888, 0, 2023-09-09, 1:
====>  Preparing: select * from role where id in (select roleId from users_role where userId=?)
====> Parameters: 1(String)
<====    Columns: id, roleName, roleDesc
<====        Row: 1, ADMIN, 系统管理员
======>  Preparing: select * from permission where id in (select permissionId from role_permission w
======> Parameters: 1(String)
<======    Columns: id, permissionName, url
<======        Row: 107, 角色管理权限, /role/findAll.do
<======        Row: 1943, 资源权限管理, /permission/findAll.do
<======        Row: 23527, 用户管理权限, /user/findAll.do
<======        Row: 23528, 产品管理权限, /product/findAll.do
<======        Row: 23529, 日志管理权限, /sysLog/findAll.do
<======      Total: 5
<====        Row: 3, King, 总经理权限
======>  Preparing: select * from permission where id in (select permissionId from role_permission w
======> Parameters: 3(String)
<======    Columns: id, permissionName, url
<======        Row: 107, 角色管理权限, /role/findAll.do
<======        Row: 1943, 资源权限管理, /permission/findAll.do
<======        Row: 23527, 用户管理权限, /user/findAll.do
<======        Row: 23528, 产品管理权限, /product/findAll.do
<======        Row: 23529, 日志管理权限, /sysLog/findAll.do
<======      Total: 5
<====      Total: 2
<==      Total: 1
com.lindaifeng.ssm.domain.UserInfo@2177849e
Resetting autocommit to true on JDBC Connection [com.mysql.cj.jdbc.ConnectionImpl@68e5eea7]
Closing JDBC Connection [com.mysql.cj.jdbc.ConnectionImpl@68e5eea7]
Returned connection 1759899303 to pool.
Opening JDBC Connection
Checked out connection 1759899303 from pool.
Setting autocommit to false on JDBC Connection [com.mysql.cj.jdbc.ConnectionImpl@68e5eea7]
==>  Preparing: select * from users where id=?
==> Parameters: 1(String)
<==    Columns: id, email, username, password, phoneNum, status, expireTime, allowIps
<==        Row: 1, █@qq.com, admin, 21232f297a57a5a743894a0e4a801fc3, 138××××8888, 0, 2023-09-09, 1:
```

图 5-11　不启用二级缓存

（2）将 cacheEnabled 的值再设置为 true，以测试使用二级缓存的情况，测试结果如图 5-12 所示。从其中可以看出只输出了一次 select 语句，说明第二次查询使用了缓存，提升了查询效率。

```
Tests passed: 1 of 1 test - 2s 820ms
PooledDataSource forcefully closed/removed all connections.
Created connection 293508253.
Setting autocommit to false on JDBC Connection [com.mysql.cj.jdbc.ConnectionImpl@117e949d]
==>  Preparing: select * from users where id=?
==> Parameters: 1(String)
<==    Columns: id, email, username, password, phoneNum, status, expireTime, allowIps
<==        Row: 1, ■@qq.com, admin, 21232f297a57a5a743894a0e4a801fc3, 138××××8888, 0, 2023-09-09, 1
====>  Preparing: select * from role where id in (select roleId from users_role where userId=?)
====> Parameters: 1(String)
<====    Columns: id, roleName, roleDesc
<====        Row: 1, ADMIN, 系统管理员
======>  Preparing: select * from permission where id in (select permissionId from role_permission w
======> Parameters: 1(String)
<======    Columns: id, permissionName, url
<======        Row: 107, 角色管理权限, /role/findAll.do
<======        Row: 1943, 资源权限管理, /permission/findAll.do
<======        Row: 23527, 用户管理权限, /user/findAll.do
<======        Row: 23528, 产品管理权限, /product/findAll.do
<======        Row: 23529, 日志管理权限, /sysLog/findAll.do
<======      Total: 5
<====        Row: 3, King, 总经理权限
======>  Preparing: select * from permission where id in (select permissionId from role_permission w
======> Parameters: 3(String)
<======    Columns: id, permissionName, url
<======        Row: 107, 角色管理权限, /role/findAll.do
<======        Row: 1943, 资源权限管理, /permission/findAll.do
<======        Row: 23527, 用户管理权限, /user/findAll.do
<======        Row: 23528, 产品管理权限, /product/findAll.do
<======        Row: 23529, 日志管理权限, /sysLog/findAll.do
<======      Total: 5
<====      Total: 2
<==      Total: 1
```

图 5-12　启用二级缓存

5.4　经典问题强化

问题 1：MyBatis 缓存优缺点是什么？

答：

（1）MyBatis 缓存的优点

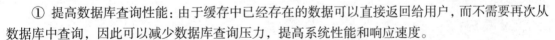

① 提高数据库查询性能：由于缓存中已经存在的数据可以直接返回给用户，而不需要再次从数据库中查询，因此可以减少数据库查询压力，提高系统性能和响应速度。

② 减少网络开销：如果缓存位于应用程序中，而不是位于远程服务器上，那么查询本地数据将比查询远程数据要快得多。

③ 减少数据库服务器的负载：由于缓存可以存储热点数据，因此可以减少数据库服务器的负载。

（2）MyBatis 缓存的缺点

① 需要考虑缓存失效和缓存更新的问题，否则会出现缓存数据与数据库数据不同步的情况。

② 缓存需要占用一定的内存空间，如果缓存中的数据过多或者缓存失效的情况比较多，就可能导致内存泄漏和系统性能下降的问题。

③ 对于频繁修改的数据，使用缓存可能会导致缓存命中率下降，反而会降低查询性能。

问题 2：MyBatis 的一级缓存是什么？

答：MyBatis 的一级缓存是 SqlSession 对象内部的缓存，用于存储同一个 SqlSession 对象中执

行 SQL 语句查询的结果集。在默认情况下，一级缓存是开启的，用户可以在一个 SqlSession 对象中重复使用缓存中的查询结果，从而避免产生多次查询数据库带来的开销。不过需要注意的是，一级缓存的生命周期与 SqlSession 对象的生命周期一致，如果 SqlSession 对象被销毁，一级缓存也会被清空。

问题 3：MyBatis 的二级缓存是什么？

答：MyBatis 的二级缓存是一个全局缓存，它可以存储多个 SqlSession 对象之间共享的查询结果，其范围是 Mapper 级别，即同一个 Mapper 接口下的多个 SqlSession 对象之间可以共享缓存数据。注意：合理使用二级缓存可以提高查询性能，但也可能会出现缓存数据与数据库数据不同步的问题。

5.5 本章小结

本章首先介绍了 MyBatis 框架的缓存机制，然后重点讲解了 MyBatis 的一级缓存和二级缓存的实现原理，最后使用二级缓存优化了 CRM 系统中的查询用户资源权限功能。在实际开发中，我们还可以进一步优化并扩展缓存机制，例如使用自定义缓存或者在不同业务场景下选择不同的缓存策略，以进一步提升系统性能。

本章小结

第 6 章 Spring 基础

本章目标：

- 了解 Spring 的发展历程；
- 掌握 Spring 的优点；
- 掌握 Spring 的体系结构；
- 掌握 Spring 核心容器的功能；
- 掌握 Spring 整合 MyBatis 的方法。

Spring 是当前 Java Web 主流的开发框架，它是为解决企业应用开发的复杂性问题而开发的。本章将围绕 CRM 系统中用户管理模块的用户信息列表显示功能来学习 Spring 框架的基础知识。

6.1 项目需求

项目需求

6.1.1 业务场景

项目经理老王：小王，我们这次开发的 CRM 系统将会使用 Spring 框架，你对这个框架熟悉吗？

程序员小王：以前就听说过这个框架，现在非常流行。太好了，这次开发项目中我又可以掌握新的技能，提升我的技术等级了，太期待了！

项目经理老王：好的，那在 CRM 系统中有一个用户管理模块，我想让你去做，正好你可以将 Spring 框架运用到其中。

程序员小王：知道了，那我就先熟悉一下 Spring 框架，写一个入门实例。

6.1.2 功能描述

根据用户提出的要求，我们需要为 CRM 系统开发一个用户管理模块（见图 6-1）。该模块主要有以下功能。

1. 用户列表

用户列表功能可显示用户 ID、用户名称、邮箱、联系电话、状态等信息，其中状态表示用户是否被激活，只有激活的用户才可以使用该系统。

2. 新建用户

利用新建用户功能，新用户可以填写相关信息进行注册，并且可以在创建新用户时设置激活状态。默认激活状态为开启，这样用户注册后就可以直接登录系统。

3. 用户详情

用户详情功能支持单击“详情”按钮（见图 6-2），在用户详情页面中查看用户所拥有的权限等信息。在 CRM 系统中不同用户拥有不同的访问权限，这样就可以让不同身份的用户操作不同的资源。

4. 查询用户

查询用户功能支持通过用户名称、邮箱、激活状态等多种方式对用户信息进行查询。

本章将实现查询用户功能，用户管理模块的功能结构图如图 6-1 所示。

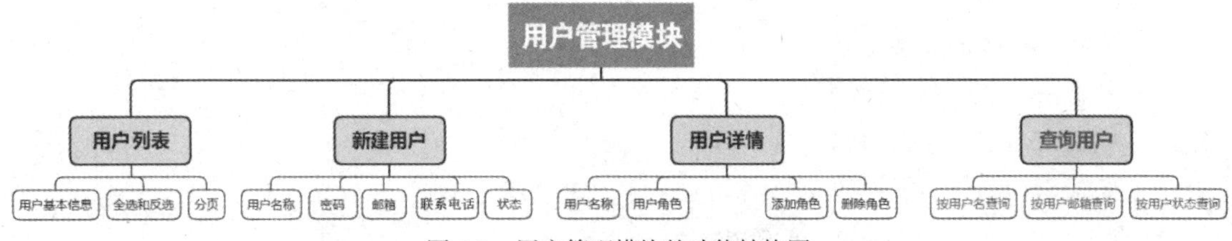

图 6-1　用户管理模块的功能结构图

6.1.3　最终效果

- 用户列表页面：该页面包括用户名称、邮箱、联系电话、状态等信息，最终效果页面如图 6-2 所示。

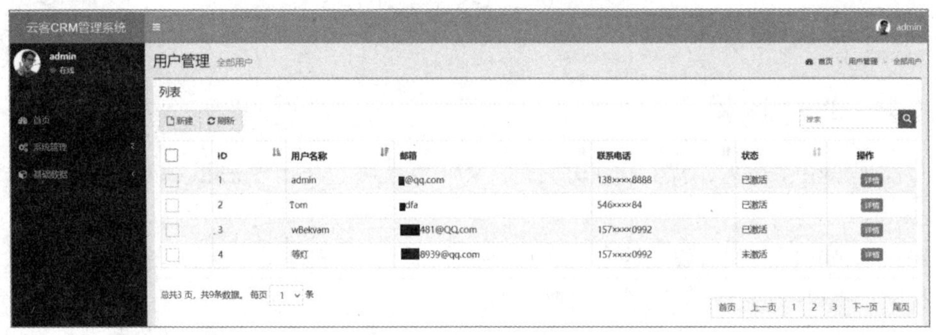

图 6-2　用户列表页面

- 新建用户页面：在新建用户时需要在该页面中填写用户的相关信息。新建用户页面如图 6-3 所示。

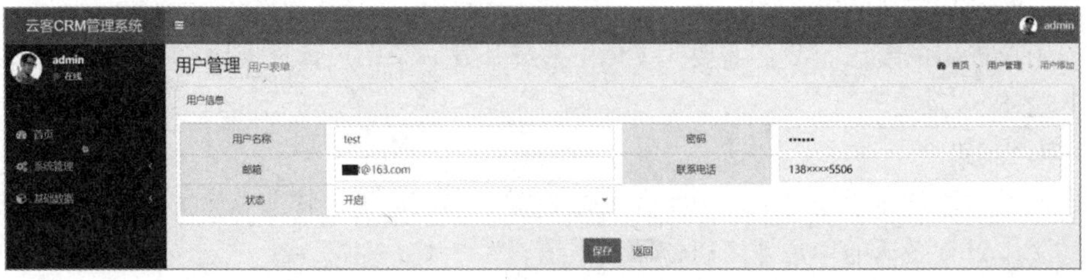

图 6-3　新建用户页面

- 查看用户详情页面：显示用户所拥有的角色。用户详情页面如图 6-4 所示。

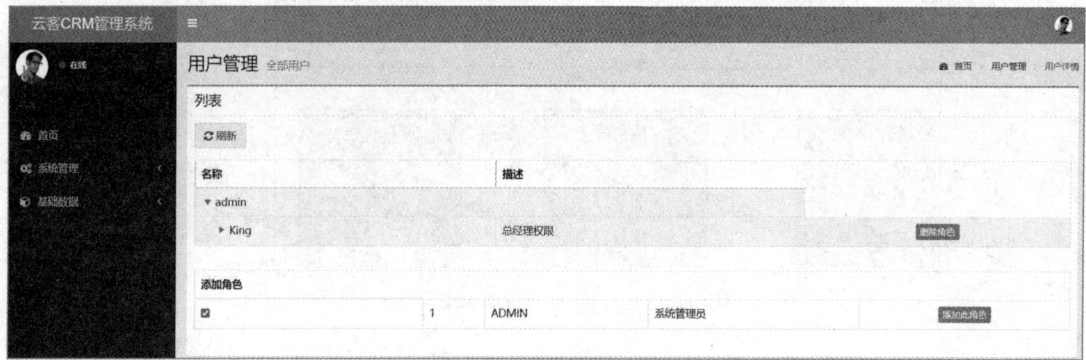

图 6-4　用户详情页面

- 查询用户页面：在该页面中可以通过用户名称来查询用户。查询用户页面如图 6-5 所示。

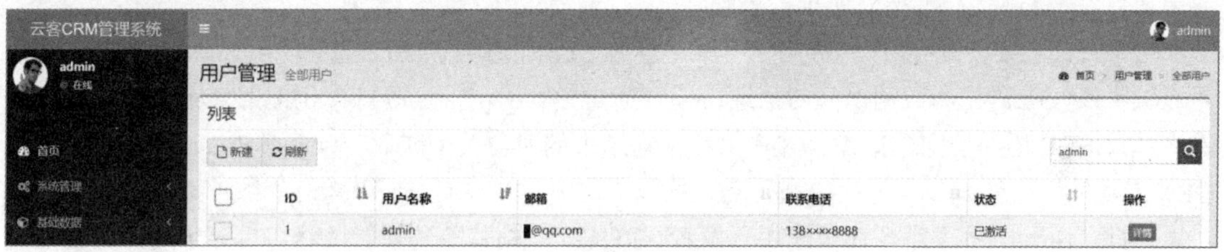

图 6-5　查询用户页面

6.2　背景知识

6.2.1　知识导图

本章知识导图如图 6-6 所示。

图 6-6　本章知识导图

6.2.2　Spring 的概念

Spring 是由罗宾·约翰逊（Rod Johnson）组织和开发的一个分层的 Java SE/EE full-stack（一站式）轻量级开源框架。它以控制反转（Inversion of Control，IoC）和面向切面编程（Aspect-Oriented Programming，AOP）为核心，使用 JavaBean 完成以前只能由 Java 企业 Bean（Enterprise Java Beans，EJB）完成的工作，同时取代了 EJB 臃肿、低效的开发模式。

Spring 还致力于提供 Java EE 应用各层的解决方案（见图 6-7）。

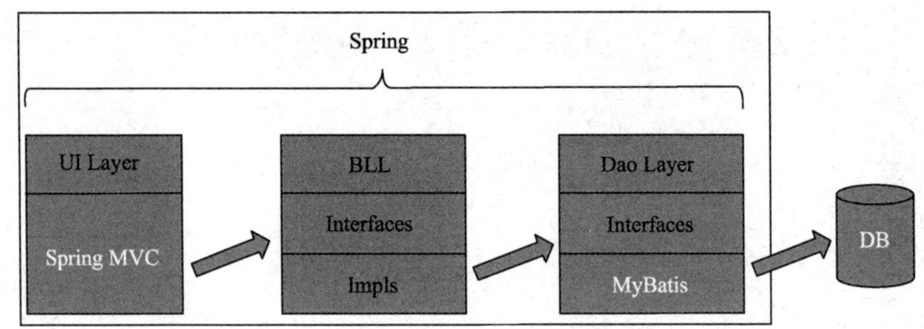

图 6-7　Java EE 应用各层的解决方案

在这个解决方案中，系统分为 UI Layer（用户界面层）、BLL（业务逻辑层）和 DAO Layer（数据访问对象层）3 层。

（1）UI Layer 通过控制器（Controller）接收用户请求并将处理结果通过用户界面响应给用户，一般通过 Spring MVC 框架来实现。

（2）BLL 主要负责应用程序的业务逻辑、事务处理和记录日志等，通常使用 Spring 框架来实现。

（3）DAO Layer 为数据访问对象层，通常通过整合 MyBatis 等持久化框架来实现。它允许开发者通过 SQL 语句访问数据库，并提供数据库结果的对象关系映射（Object-Relational Mapping，ORM）功能。

因此，Spring 框架是企业级应用开发者很好的“一站式”选择。虽然它贯穿于用户界面层、业务逻辑层和数据访问对象层，但 Spring 并不想取代那些已有的框架，而是以高度的开放性与它们进行整合。

6.2.3　Spring 的优点

Spring 框架具有简单、可测试和松耦合等特点，它不但可以用于服务端开发，也可以用于其他任何一种 Java 应用的开发。

Spring 框架有以下优点。

（1）方便解耦，简化开发

Spring 是一个大工厂，开发者可以将所有对象的创建和依赖关系的维护都交给 Spring 进行管理。

（2）支持 AOP 编程

Spring 支持 AOP 编程，可以方便地实现权限拦截、运行监控等操作。

（3）声明式事务的支持

开发者只需要通过配置就可以完成对事务的管理而无须进行手动编程。

（4）方便程序的测试

Spring 默认提供了对 JUnit 的集成，开发者可以通过注解的方式进行程序测试。

（5）方便集成各种框架

Spring 的控制反转（IoC）和依赖注入（DI）等特性也方便其集成 JPA、Hibernate、MyBatis 等其他框架。

（6）降低 Java EE API 的使用难度

Spring对Java EE开发中使用复杂度比较高的一些应用程序接口（Application Program Interface，API）（如JDBC、JavaMail、RPC等）进行了二次封装，使这些组件的应用难度得到大幅度降低。

6.2.4　Spring 的体系结构

Spring 采用了分层架构（见图 6-8），主要分为核心容器（Core Container）、数据访问/集成（Data Access/Integration）、Web、Test 和其他这 5 层，共提供了大约 20 个组件模块，用户可以依据项目的需求进行使用。

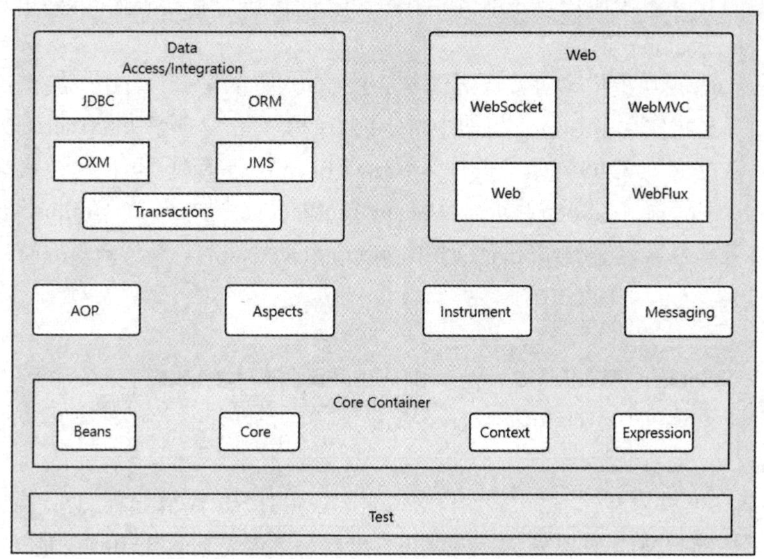

图 6-8　Spring 的体系结构

1. 核心容器层

核心容器层是 Spring 框架的核心，主要由 Beans、Core、Context、Expression 等模块组成。它们的主要功能如下。

（1）Core 模块提供了框架的基本组成部分，包括控制反转和依赖注入等功能。

（2）Beans 模块的核心是使用工厂设计模式实现的 BeanFactory 类，该类使用单例设计模式来创建实例，并可以把配置和依赖从业务逻辑中解耦。

（3）Context模块是以Core和Beans模块为基础建立起来的，它以一种类似于JNDI注册的方式访问对象。Context模块继承自Beans模块，并且添加了国际化、事件传播、资源加载和透明地创建上下文等功能。同时Context模块也支持Java EE的功能，如EJB、JMX和RPC等。

（4）Expression 模块提供了强大的表达式语言功能，用于在运行时查询和操作对象图（Object Diagram）。它是 JSP 2.1 规范中定义的统一表达式语言的扩展，支持从 Spring IoC 容器中检索对象、方法调用、访问数组集合、访问索引内容、逻辑运算、命名变量等；除此以外，它还支持列表的投影、选择及聚合等操作。

2. 数据访问/集成层

数据访问/集成层包括JDBC、ORM、OXM（Object XML Mapping）、JMS（Java Message Service）和Transactions等模块。它们的主要功能如下。

（1）JDBC 是 Java 提供的一种数据库连接技术。它通过一个称为 JDBC 抽象层的接口为 Java 应用程序与数据库之间提供一种独立性的解决方案，使得开发者只需要使用 JDBC 提供的接口和方法即可访问数据库，而无须关注特定数据库供应商的细节。

（2）ORM 模块提供了对象关系映射 API 的集成，包括 JPA、JDO 和 Hibernate 等。通过此模块，ORM 框架可以很容易地与 Spring 框架进行整合。

（3）OXM 模块提供了对 OXM 实现的支持，如 JAXB、XML Beans、XStream 等。该模块用于将 Java 对象映射成 XML 数据或将 XML 数据映射成 Java 对象。

（4）JMS 模块用于提供面向 Java 的消息服务，包含生产（Produce）和消费（Consume）消息的功能，它经常用在多个应用程序或分布式系统之间传递消息。从 Spring 4.1 开始，Spring 框架新增了 Spring-messaging 模块。

（5）Transactions 模块提供了对特殊接口类及 POJO 对象的支持，可用于编程式和声明式事务管理。特殊接口类是指实现了 Spring 框架中特定接口的类，如实现了 JdbcTemplate 接口的类，可用于访问和操作数据库。POJO 对象一般作为 Spring Bean 进行管理，可以通过依赖注入等方式在应用程序中使用。编程式事务需要手动编写 beginTransaction()、commit()、rollback()等事务管理方法，而声明式事务则是通过注解或配置实现由 Spring 自动处理的。编程式事务的粒度更细，注意区分使用。

3. Web 层

Web 层由 WebSocket、WebMVC、Web 和 WebFlux 等模块组成。它们的主要功能如下。

（1）WebSocket 模块为 WebSocket-based 提供支持，允许开发者开发基于 WebSocket 协议的 Web 应用程序。

（2）WebMVC 模块为 Web 应用提供了 MVC 模式和 REST Web 服务的实现。WebMVC 模块可以使领域模型代码与 Web 表单完全分离，并且可以与 Spring 框架的其他功能进行集成。

（3）Web 模块提供了面向 Web 的应用上下文和基本功能，如多文件上传、初始化 IoC 容器等功能。除此以外，还包括超文本传输协议（Hypertext Transfer Protocol，HTTP）客户端，以及 Spring 远程调用中与 Web 相关的部分。

（4）WebFlux 模块为 Spring Framework 5.0 中引入的一个全新的响应式编程模块，用于构建非阻塞的、事件驱动的 Web 应用。

4. Test 层

Test 层中 Spring Test 是 Spring 框架中用于测试的模块。它除了支持与 JUnit、TestNG 等测试框架的集成外，还提供了一些基于 Spring 框架的额外测试功能，如模拟 HTTP 请求等。

5. 其他

除了以上介绍的各模块外，还有一些重要模块在Spring框架中起到核心作用，如AOP、Aspects、Instrument、Messaging等。

（1）AOP 模块提供了面向切面编程思想的实现，它允许开发者通过定义方法拦截器和切入点来实现代码解耦。这种解耦使得业务逻辑与横向关注点的代码彻底分离，提高了系统的可维护性和可扩展性。

（2）Aspects 模块提供了与 AspectJ 框架的集成功能，它是一个功能强大且成熟的面向切面编程的框架。

（3）Instrument 模块提供了一种在运行时监控和修改 Java 应用程序的功能。它可以被应用服务器（如 Tomcat、WebSphere 等）用于动态加载和修改类，以实现应用程序的动态扩展和更新，从而提高其灵活度和可维护性。

（4）Messaging 模块主要负责处理应用程序中的消息传递功能。它支持异步通信，可以在不同组件间传递消息。

6.2.5　Spring IoC 容器

Spring IOC 容器

Spring 框架的主要功能是通过其 IoC 容器实现的，因此在学习 Spring 框架前，有必要先对其有一定的了解。

Spring 框架提供了两种核心容器接口，分别为 BeanFactory 和 ApplicationContext。

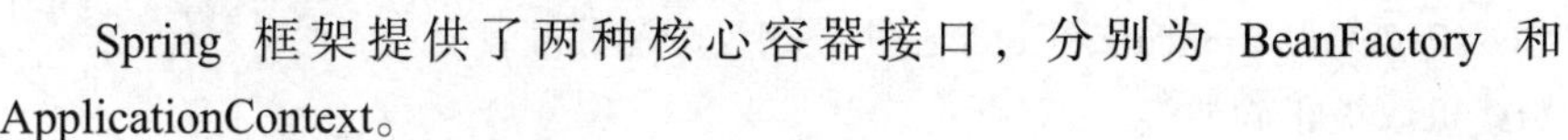

1. BeanFactory 接口

BeanFactory 接口是 Spring IoC 容器的底层接口，主要负责各种 Bean 的定义、创建、加载和对象间的依赖管理。它是工厂设计模式的具体实现，但 BeanFactory 实例化后并不会自动实例化 Bean；只有当 Bean 被使用时，BeanFactory 才会对该 Bean 进行实例化并对依赖关系进行配置。

由于 BeanFactory 只是底层接口，并不是 Spring IoC 容器的具体实现，因此在使用时通常通过其实现类来完成对象的实例化，如 XmlBeanFactory 就是其中之一，它可以通过 XML 方式加载对象与对象之间的依赖关系，如图 6-9 所示。

```
BeanFactory beanFactory=
        new XmlBeanFactory(new FileSystemResource("applicationContext.xml"));
```

图 6-9　BeanFactory 接口的实例化

2. ApplicationContext 接口

ApplicationContext 接口是 BeanFactory 的子接口，也称为应用上下文。它不仅包含 BeanFactory 的所有功能，还添加了对国际化、资源访问、事件传播等方面的支持。与 BeanFactory 不同的是，ApplicationContext 实例化后会自动对所有的单例 Bean 进行实例化并配置它们之间的依赖关系。由于 ApplicationContext 接口功能更为强大，因此在绝大多数场景下，都会使用 ApplicationContext 作为 Spring IoC 容器。

ApplicationContext 接口可以通过以下两种方式完成实例化。

（1）通过 ClassPathXmlApplicationContext 类完成实例化（推荐使用）

ClassPathXmlApplicationContext 类会从类路径 classpath 中寻找并加载指定的 XML 配置文件，以完成 ApplicationContext 的实例化，其使用方法如图 6-10 所示。

```
ApplicationContext applicationContext =
        new ClassPathXmlApplicationContext("applicationContext.xml");
```

图 6-10　通过 ClassPathXmlApplicationContext 类完成实例化

图 6-10 的代码中，构造方法的参数用于指定 Spring 配置文件的名称和位置，如果其值为“applicationContext.xml”，则 Spring 会到类路径下查找名为 applicationContext.xml 的配置文件。

（2）通过 FileSystemXmlApplicationContext 类完成实例化

FileSystemXmlApplicationContext 类会从指定的文件系统路径（绝对路径）中寻找并加载对应的 XML 配置文件，以完成 ApplicationContext 的实例化，其使用方法如图 6-11 所示。

```
ApplicationContext applicationContext=
        new FileSystemXmlApplicationContext("applicationContext.xml");
```

图 6-11　通过 FileSystemXmlApplicationContext 类完成实例化

如果不指定绝对路径，FileSystemXmlApplicationContext 将尝试在当前工作目录中查找指定的配置文件。然而，这种方式可能会导致程序的灵活性变差，这是因为当前工作目录可能会因环境变化而改变，从而可能无法正确找到配置文件。

Spring 的入门程序

因此，推荐使用 ClassPathXmlApplicationContext 从类路径中加载配置文件，以确保配置文件始终可以被正确加载。

6.2.6 Spring 的入门程序

下面我们将通过一个简单入门程序来了解Spring的工作流程。项目整体结构如图6-12所示。

图 6-12　项目整体结构

- com.spring：存放 Spring 入门程序的代码。
- resources：存放 Spring 核心配置文件 applicationContext.xml。
- pom.xml：是 Maven 项目的核心配置文件，用于管理项目所需的依赖包和其他配置信息。

1．导入项目依赖包

在 pom.xml 文件中导入项目依赖包，如代码清单 6-1 所示。

代码清单 6-1　pom.xml

```
<?xml version="1.0" encoding="UTF-8"?>
<project xmlns="http://maven.apache.org/POM/4.0.0"
        xmlns:xsi="http://www.w3.org/2001/XMLSchema-instance"
        xsi:schemaLocation="http://maven.apache.org/POM/4.0.0 http://maven.apache.
        org/xsd/maven-4.0.0.xsd">
    <modelVersion>4.0.0</modelVersion>

    <groupId>com.bc</groupId>
    <artifactId>springDemo</artifactId>
    <version>1.0-SNAPSHOT</version>
    <dependencies>
        <dependency>
            <groupId>org.springframework</groupId>
            <artifactId>spring-core</artifactId>
            <version>5.3.8</version>
        </dependency>
        <dependency>
            <groupId>org.springframework</groupId>
            <artifactId>spring-beans</artifactId>
            <version>5.3.8</version>
        </dependency>
        <dependency>
            <groupId>org.springframework</groupId>
            <artifactId>spring-context</artifactId>
            <version>5.3.8</version>
        </dependency>
```

```
        <dependency>
            <groupId>org.springframework</groupId>
            <artifactId>spring-context-support</artifactId>
            <version>5.2.12.RELEASE</version>
        </dependency>
        <dependency>
            <groupId>org.springframework</groupId>
            <artifactId>spring-expression</artifactId>
            <version>5.3.8</version>
        </dependency>
        <dependency>
            <groupId>commons-logging</groupId>
            <artifactId>commons-logging</artifactId>
            <version>1.2</version>
        </dependency>
    </dependencies>
</project>
```

2. 创建 TestHello 类

创建 TestHello 类，并添加一个名为 hello()的方法，如代码清单 6-2 所示。

代码清单 6-2　TestHello.java

```
package com.spring;
public class TestHello {
    public void hello(){
        System.out.println("hello spring");
    }
}
```

3. 创建 Spring 配置文件

在 resources 下创建一个名为 applicationContext.xml 的 Spring 配置文件，在里面添加一个<bean>标签，如代码清单 6-3 所示。

代码清单 6-3　applicationContext.xml

```
<?xml version="1.0" encoding="UTF-8"?>
<beans xmlns="http://www.springframework.org/schema/beans"
      xmlns:xsi="http://www.w3.org/2001/XMLSchema-instance"
      xmlns:p="http://www.springframework.org/schema/p"
      xsi:schemaLocation="http://www.springframework.org/schema/beans http://www.
      springframework.org/schema/beans/spring-beans.xsd">
    <bean id="testHello" class="com.spring.TestHello"/>
</beans>
```

4. 创建测试类 App

在 App 类中 main()方法下添加代码（见代码清单 6-4）。

代码清单 6-4　App.java

```
package com.spring;
import org.springframework.context.ApplicationContext;
import org.springframework.context.support.ClassPathXmlApplicationContext;
public class App
{
    public static void main(String[] args)
```

```
    {
        ApplicationContext applicationContext = new ClassPathXmlApplicationContext
        ("applicationContext.xml");
        TestHello testHello = (TestHello) applicationContext.getBean("testHello");
        testHello.hello();
    }
}
```

在以上示例中，ApplicationContext 接口首先通过其实现类 ClassPathXmlApplicationContext 完成 Spring IoC 容器的初始化并加载配置文件 applicationContext.xml，然后 Spring IoC 容器会解析该配置文件完成各 Bean 的实例化（这里会将 TestHello 类实例化成 id 为"testHello"的 Bean），并将这些 Bean 放入 Spring IoC 容器中待用。

当需要调用 TestHello 类中的 hello()方法时，只需通过 applicationContext 对象的 getBean()方法从 Spring IoC 容器中取出 id 为"testHello"的 Bean 即可。

在控制台输出 hello()方法中的语句“hello spring”，如图 6-13 所示。

```
Run:  App
"C:\Program Files\Java\jdk1.8.0_131\bin\java.exe" ...
hello spring

Process finished with exit code 0
```

图 6-13　Spring 入门程序测试结果

6.3　项目实现

6.3.1　业务场景

项目经理老王：小王，这几天 Spring 框架学习得怎么样了？对于用户管理模块的实现有思路了吗？

程序员小王：通过这几天的学习，我动手写了一个 Spring 入门程序，理解了 Spring 框架的基本运行原理。现在打算从用户管理模块中的显示用户信息列表功能入手，逐步完成用户管理模块所有功能。在实现过程中还需要将 Spring 与 MyBatis 框架结合在一起，这一点还是挺有难度的。

项目经理老王：我建议你可以先用 MyBatis 实现用户查询功能，然后与 Spring 进行整合。

程序员小王：您这个建议很好，我先从熟悉的框架入手，然后逐步实现项目功能。

项目经理老王：好的，那就抓紧时间开始工作吧。

6.3.2　实现用户查询功能

1. 项目整体结构

创建图 6-14 所示的 Maven 项目，也可以从本章提供的源代码（源代码位置在“代码\第 6 章　Spring 基础\代码\02 MyBatis+Spring 实现用户查询\bccrm”）中直接导入。

- mapper：DAO 层，存放用户管理模块的接口文件（UserMapper.java）和映射文件（UserMapper.xml）。
- pojo：存放用户实体类 User。
- resources：存放 MyBatis 的核心配置文件 mybatis-config.xml 和 Spring 的配置文件 spring-dao.xml。

- test：单元测试目录，存放测试类 UserTest。

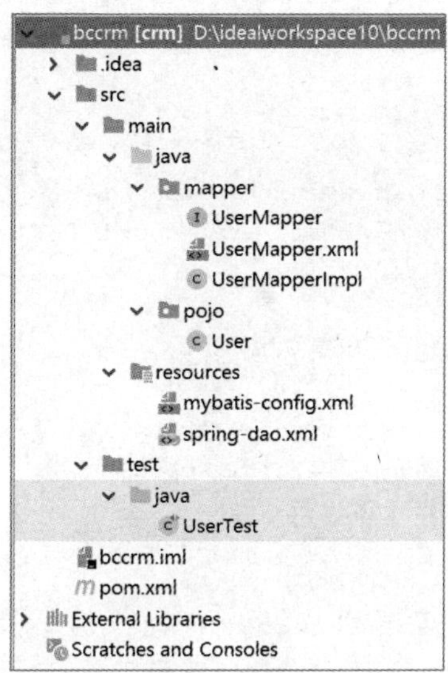

图 6-14 Maven 项目整体结构

2. 导入项目依赖包

导入项目所需要的依赖包，如代码清单 6-5 所示。

代码清单 6-5 pom.xml

```
<?xml version="1.0" encoding="UTF-8"?>
<project xmlns="http://maven.apache.org/POM/4.0.0"
        xmlns:xsi="http://www.w3.org/2001/XMLSchema-instance"
        xsi:schemaLocation="http://maven.apache.org/POM/4.0.0 http://maven.apache.org/
        xsd/maven-4.0.0.xsd">
    <modelVersion>4.0.0</modelVersion>

    <groupId>com.bc</groupId>
    <artifactId>crm</artifactId>
    <version>1.0-SNAPSHOT</version>
    <dependencies>
        <!--单元测试相关依赖包-->
        <dependency>
            <groupId>junit</groupId>
            <artifactId>junit</artifactId>
            <version>4.13</version>
            <scope>test</scope>
        </dependency>
        <!--MyBatis 相关依赖包-->
        <dependency>
            <groupId>org.mybatis</groupId>
            <artifactId>mybatis</artifactId>
            <version>3.5.5</version>
        </dependency>
        <!--MySQL 相关依赖包-->
        <dependency>
```

```
            <groupId>mysql</groupId>
            <artifactId>mysql-connector-java</artifactId>
            <version>8.0.13</version>
        </dependency>
        <!--Spring 相关依赖包-->
        <dependency>
            <groupId>org.springframework</groupId>
            <artifactId>spring-webmvc</artifactId>
            <version>5.2.8.RELEASE</version>
        </dependency>
        <!--spring-jdbc 依赖包，用于操作数据库-->
        <dependency>
            <groupId>org.springframework</groupId>
            <artifactId>spring-jdbc</artifactId>
            <version>5.1.3.RELEASE</version>
        </dependency>
        <dependency>
            <groupId>org.aspectj</groupId>
            <artifactId>aspectjweaver</artifactId>
            <version>1.9.4</version>
        </dependency>
        <!--mybatis-spring 依赖包-->
        <dependency>
            <groupId>org.mybatis</groupId>
            <artifactId>mybatis-spring</artifactId>
            <version>2.0.5</version>
        </dependency>
        <!—lomok 依赖包-->
        <dependency>
            <groupId>org.projectlombok</groupId>
            <artifactId>lombok</artifactId>
            <version>1.18.12</version>
        </dependency>

    </dependencies>

    <!--为了防止打包时 Maven 配置文件无法被导出所做的配置-->
    <build>
        <resources>
            <resource>
                <directory>src/main/resources</directory>
                <includes>
                    <include>**/*.properties</include>
                    <include>**/*.xml</include>
                </includes>
                <filtering>true</filtering>
            </resource>
            <resource>
                <directory>src/main/java</directory>
                <includes>
                    <include>**/*.properties</include>
                    <include>**/*.xml</include>
```

```
            </includes>
            <filtering>true</filtering>
        </resource>
    </resources>
  </build>
</project>
```

3. 利用 Spring 整合 MyBatis 框架

在 resources 下新建 spring-dao.xml，利用 Spring 整合 MyBatis 框架，如代码清单 6-6 所示。

代码清单 6-6　spring-dao.xml

```
<?xml version="1.0" encoding="UTF-8"?>
<beans xmlns="http://www.springframework.org/schema/beans"
       xmlns:xsi="http://www.w3.org/2001/XMLSchema-instance"
       xmlns:aop="http://www.springframework.org/schema/aop"
       xsi:schemaLocation="http://www.springframework.org/schema/beans
        https://www.springframework.org/schema/beans/spring-beans.xsd">

    <!--配置 dataSource Bean:使用 Spring 的数据源替换 MyBatis 的配置信息-->
    <bean id="dataSource" class="org.springframework.jdbc.datasource.DriverManagerDataSource">
        <property name="driverClassName" value="com.mysql.cj.jdbc.Driver"/>
        <property name="url"
                value="jdbc:mysql://127.0.0.1:3306/ssm?useUnicode=true&amp;
                characterEncoding=utf8&amp;useSSL=false&amp;serverTimezone=GMT"/>
        <property name="username" value="root"/>
        <property name="password" value="root"/>
    </bean>

    <!--配置 sqlSessionFactory Bean-->
    <bean id="sqlSessionFactory" class="org.mybatis.spring.SqlSessionFactoryBean">
        <property name="dataSource" ref="dataSource"/>
        <!--绑定 MyBatis 配置文件-->
        <property name="configLocation" value="classpath:mybatis-config.xml"/>
        <!--注册 Mapper.xml 映射器-->
        <property name="mapperLocations" value="classpath:mapper/*.xml"/>
    </bean>

    <!--配置 SqlSession Bean-->
    <bean id="sqlSession" class="org.mybatis.spring.SqlSessionTemplate">
        <!--只能使用构造器进行注入，因为没有 setter 方法-->
        <constructor-arg index="0" ref="sqlSessionFactory"/>
    </bean>

    <bean id="userMapper" class="mapper.UserMapperImpl">
        <property name="sqlSession" ref="sqlSession"/>
    </bean>

</beans>
```

以上是 Spring 的配置文件，其中定义了各 Bean 及它们之间的依赖关系，以实现数据库访问功能。以下是各 Bean 的具体介绍。

- dataSource：dataSource 是使用 Spring 数据源来连接数据库的 Bean，它的类型是

org.springframework.jdbc.datasource.DriverManagerDataSource 类，其通过相应属性配置数据库的驱动、URL、用户名和密码等信息。

- sqlSessionFactory：sqlSessionFactory 是用于创建 MyBatis 的 SqlSession 实例的 Bean，其对应的类型是 org.mybatis.spring.SqlSessionFactoryBean 类。它依赖于 dataSource Bean，并通过相关属性指定了 MyBatis 的配置文件和 Mapper 映射器的位置。
- sqlSession：sqlSession是用于执行SQL语句的Bean，对应的类型是org.mybatis.spring.SqlSessionTemplate类，它通过构造方法注入了sqlSessionFactory Bean。
- userMapper：userMapper是自定义的Bean，用于实现对用户表的增、删、改、查操作，它依赖于sqlSession Bean，并通过属性注入方式进行注入。

4. 删除 MyBatis 数据源配置信息

由于使用 Spring 管理数据源，因此可以删除 MyBatis 核心配置文件 mybatis-config.xml 中有关数据源的配置信息，如代码清单 6-7 所示。

代码清单 6-7　mybatis-config.xml

```
<?xml version="1.0" encoding="UTF-8" ?>
<!DOCTYPE configuration
      PUBLIC "-//mybatis.org//DTD Config 3.0//EN"
      "http://mybatis.org/dtd/mybatis-3-config.dtd">
<configuration>
   <!--<environments default="development">-->
      <!--<environment id="development">-->
         <!--<transactionManager type="JDBC"/>-->
         <!--<dataSource type="POOLED">-->
            <!--<property name="driver" value="com.mysql.cj.jdbc.Driver"/>-->
            <!--<property name="url" value="jdbc:mysql://127.0.0.1:3306/ssm?
            useUnicode=true&amp;characterEncoding=utf8&amp;useSSL=false&amp;
            serverTimezone=GMT"/>-->
            <!--<property name="username" value="root"/>-->
            <!--<property name="password" value="root"/>-->
         <!--</dataSource>-->
      <!--</environment>-->
   <!--</environments>-->

   <!--<mappers>-->
      <!--<mapper class="mapper.UserMapper"/>-->
   <!--</mappers>-->
</configuration>
```

5. 创建用户实体类

创建用户实体类 User.java，使用 lombok 组件的@Data 注解来代替成员变量的 setter 和 getter 方法，如代码清单 6-8 所示。

代码清单 6-8　User.java

```
package pojo;
import lombok.Data;
@Data
public class User {
   private int id;
```

```
    private String username;
    private String password;
    private String email;
    private String phoneNum;
    private int status;
}
```

6. 创建 UserMapper 接口

创建 UserMapper 接口，并定义 getAllUser()方法来获取用户表中所有数据，如代码清单 6-9 所示。

代码清单 6-9　UserMapper.java

```
package mapper;
import pojo.User;
import java.util.List;
public interface UserMapper {
    public List<User> getAllUser();
}
```

7. 创建 UserMapper.xml

创建 UserMapper.xml，编写实现 getAllUser()方法的动态 SQL，如代码清单 6-10 所示。

代码清单 6-10　UserMapper.xml

```
<?xml version="1.0" encoding="UTF-8" ?>
<!DOCTYPE mapper
        PUBLIC "-//mybatis.org//DTD Config 3.0//EN"
        "http://mybatis.org/dtd/mybatis-3-mapper.dtd">
<mapper namespace="mapper.UserMapper">
    <select id="getAllUser" resultType="pojo.User">
        select * from users
    </select>
</mapper>
```

8. 创建 UserMapper 接口的实现类

创建 UserMapper 接口的实现类 UserMapperImpl.java，完成 getAllUser()方法的实现，如代码清单 6-11 所示。

代码清单 6-11　UserMapperImpl.java

```
package mapper;
import org.mybatis.spring.SqlSessionTemplate;
import pojo.User;
import java.util.List;
public class UserMapperImpl implements UserMapper {
    //原来所有操作都通过 SqlSession 对象来执行，现在都是通过 SqlSessionTemplate 对象执行
    private SqlSessionTemplate sqlSession;

    public void setSqlSession(SqlSessionTemplate sqlSession) {
        this.sqlSession = sqlSession;
    }

    public List<User> getAllUser() {
        UserMapper mapper = sqlSession.getMapper(UserMapper.class);
        return mapper.getAllUser();
```

```
        }
    }
```

在以上代码的 getAllUser()方法中，首先通过 sqlSession.getMapper()方法获取一个 UserMapper 接口实现类的对象，然后调用这个实现类的 getAllUser()方法来获取所有用户信息。

SqlSessionTemplate 是 MyBatis-Spring 的核心类，它提供了与 Spring 集成的所有 MyBatis的功能，包括自动管理会话的生命周期、实现事务管理等。

9. 编写测试类

在Maven项目的test目录下创建测试类UserTest.java，使用getAllUser()方法测试MyBatis-Spring的整合是否正确，如代码清单6-12所示。

代码清单 6-12　UserTest.java

```java
public class UserTest {
    //测试 MyBatis-Spring 整合
    @Test
    public void test() throws IOException {
        ApplicationContext context = new ClassPathXmlApplicationContext("spring-dao.xml");
        UserMapperImpl userMapper = (UserMapperImpl) context.getBean("userMapper");
        List<User> users = userMapper.getAllUser();
        for (User user : users) {
            System.out.println(user);
        }
    }
}
```

查询所有用户信息，输出结果如图 6-15 所示。

```
Run:  UserTest.test
✓ Tests passed: 1 of 1 test – 1 s 292 ms
"C:\Program Files\Java\jdk1.8.0_131\bin\java.exe" ...
User(id=1, username=admin, password=21232f297a57a5a743894a0e4a801fc3, email=a@qq.com, phoneNum=13888888888, status=1)
User(id=2, username=tom, password=$2a$10$Ce8LB3jdYDZ2f6HB281zA.4eC7v6ziJdK8MMWg0Yu8ETMg5ToMpIe, email=adfa, phoneNum=546514684, status=1)
User(id=5, username=user, password=$2a$10$HLE1Mx88Fz0k5121F6Vou.GMHEn0qHtObX7.UxYEY4.NESv0DuC1O, email=a@qq.com, phoneNum=54154151, status=1)
User(id=6, username=赵龙, password=$2a$10$Ce8LB3jdYDZ2f6HB281zA.4eC7v6ziJdK8MMWg0Yu8ETMg5ToMpIe, email=a@qq.com, phoneNum=13888888888, status=1)
```

图 6-15　查询所有用户信息

6.4　经典问题强化

问题 1：Spring 框架有哪些优缺点？

答：

（1）优点

① 方便解耦，简化开发。

② 支持 AOP 编程。

③ 支持声明式事务。

④ 方便程序测试。

⑤ 方便集成各种其他框架。

（2）缺点

① Spring 组件的代码是轻量级的，但是其配置相对比较复杂，这样就需要开发者在编写应用程序逻辑的同时进行额外的思考和调整，从而带来额外的开销和负担。

② 由于 Spring 框架使用反射技术来实现某些功能，因此可能会对性能产生一定的影响。

问题 2：BeanFactory 与 ApplicationContext 的区别是什么？

答：

（1）功能上的区别

BeanFactory是Spring框架较底层的接口，它定义了Spring IoC容器的基本功能，包括Bean的定义、加载、实例化、依赖注入及生命周期管理等。

ApplicationContext 是 BeanFactory 的子接口，它除了继承 BeanFactory 接口的基本功能外，还做了许多有用的扩展，例如，它继承了 MessageSource 接口，因此支持国际化。另外，它还支持资源文件的访问和在侦听器中注册 Bean 的事件等功能。

（2）加载形式上的区别

BeanFactory 采取延迟加载的方式，它在初始化容器时并未实例化 Bean，直到代码需要使用某个 Bean 调用 getBean()方法时才会实例化该 Bean。

ApplicationContext采取立即加载的方式，它在初始化应用上下文时就会实例化所有单例Bean，当配置文件中的Bean较多时，启动会比较慢，同时占用内存空间也会比较大。但在运行时，由于所有的Bean都已经加载到Spring IoC容器中，因此调用这些Bean的时候，速度会比较快。

（3）注册方式上的区别

BeanFactory 需要手动注册，而 ApplicationContext 是自动注册的。

问题 3：结合 CRM 系统描述 Spring 与 MyBatis 整合的过程。

答：

（1）在 Spring 配置文件中加入对数据源的管理，并且注册 UserMapper 接口。

（2）利用 Spring 创建 SqlSessionFactory 对象，并为 SqlSessionFactory 对象指定数据源。

（3）编写 DAO 层和 Service 层的实现类，并将它们交给 Spring IoC 容器通过 Bean 的形式进行管理。

（4）在需要使用相应的 Spring Bean 时，可以通过 Bean 的 id 从 Spring IoC 容器中取出对象返回给调用者。

（5）使用 Bean 中对应的方法完成具体业务。

问题 4：ORM 是什么？它与 MyBatis 有着怎么的关系？

答：ORM（对象关系映射）是一种程序设计技术，用于实现关系型数据库与面向对象系统之间的数据转换，其是为了解决在面向对象程序设计中，对象模型与关系型数据库模型不匹配的问题。

MyBatis 是一个半 ORM 框架，它实现了“关系”到“对象”的自动映射，同时还支持定制化SQL、存储过程及高级映射等功能。

6.5 本章小结

本章首先讲解了Spring框架的基本概念、作用、特点和体系结构，然后介绍了Spring的BeanFactory和ApplicationContext两种核心容器接口。再通过一个入门程序讲解如何使用Spring框架来进行开发，读者能对Spring运行原理及其体系结构有一个初步的认识并能尽快掌握Spring框架的使用方法。最后结合CRM系统，利用Spring和MyBatis框架完成用户管理模块的用户信息查询功能。

经典问题强化及本章小结

第 7 章 Spring IoC

本章目标：

- 理解依赖注入的概念；
- 理解 IoC 与 DI 的区别和联系；
- 掌握依赖注入的实现方式；
- 了解 Spring Bean 的常用属性及其子标签；
- 掌握实例化 Spring Bean 的 3 种方式；
- 掌握 Spring Bean 的作用域；
- 熟悉 Spring Bean 的生命周期；
- 掌握 Spring Bean 的 4 种装配方式。

Spring IoC 模块是 Spring 框架体系中的重要组成部分，它提供了对象的依赖注入和控制反转，实现了松耦合、模块化、易于测试等软件设计原则。

本章将以CRM系统中新建用户功能为例，结合具体场景和代码实现，详细讲解Spring IoC的相关知识，包括依赖注入的概念、IoC与DI的区别和联系、依赖注入的实现方式、Spring <bean>标签的常用属性及其子标签、Spring Bean的作用域、Spring Bean的生命周期和Spring Bean的装配方式等。

7.1 项目需求

项目需求

7.1.1 业务场景

项目经理老王：小王，项目中用户管理模块完成得怎么样了？

程序员小王：已经完成了用户管理模块的显示用户列表功能，现在正在考虑如何实现新建用户功能。这个功能需要涉及 Spring IoC 的核心知识，例如，Spring Bean 的管理、实例化、作用域、生命周期和装配方式等。我现在还不太熟悉这些知识，需要花些时间来学习和梳理这些概念，以便更好地完成新建用户功能。

项目经理老王：在学习和应用Spring IoC的功能时，需要注意Spring Bean实例化的过程和Spring对Bean的管理方式。只有深入理解了这些细节，才能更灵活地在项目中应用Spring IoC的功能。

程序员小王：好的，您的建议非常好。我一定会按时保质完成任务，不耽误项目进度。

7.1.2 功能描述

为了满足用户需求，我们需要开发用户管理模块（见图 6-1）下的新建用户功能。在创建用户时可以填写相关信息，包括用户名称、密码、联系电话等。同时，还需要设置激活状态，默认为开启。当用户创建完成后，处于激活状态的用户可以直接登录系统。

7.1.3 最终效果

新建用户功能的最终效果页面如图 7-1 所示。

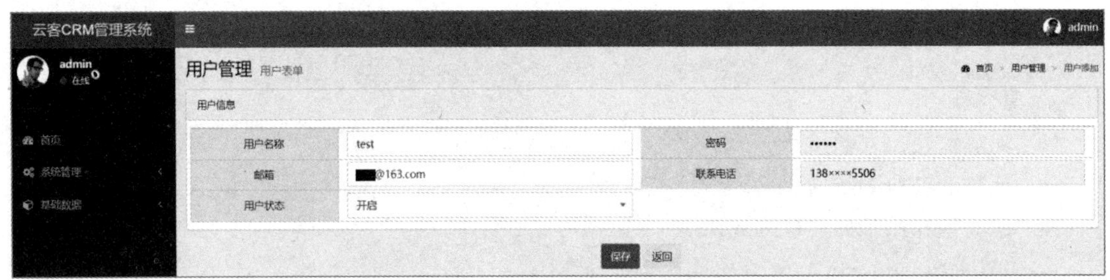

图 7-1 新建用户功能的最终效果页面

7.2 背景知识

7.2.1 知识导图

本章知识导图如图 7-2 所示。

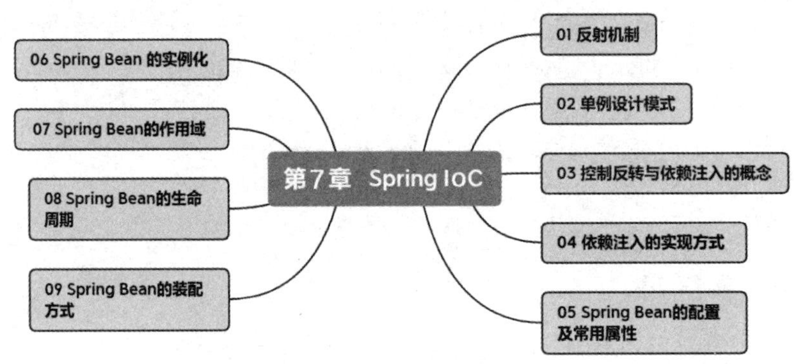

图 7-2 本章知识导图

7.2.2 反射机制

Spring 框架的基础之一是控制反转（IoC），其实现利用了 Java 的反射（Reflection）机制。反射机制是 Java 的一个重要特性，它使得开发者可以在程序运行时动态获取类的信息，并可以操作对象的属性、方法等。换句话说，反射机制可以使开发者在程序运行时对 Java 对象进行操作，而不必在编译时就确

定所有的对象类型和方法。在 Spring 框架中，依赖注入（DI）、控制反转等很多功能的实现都利用了反射机制，因此深入学习反射机制对于理解 Spring 框架的原理和实现机制是非常重要的。

1. 反射机制概述

Java 反射主要通过包 java.lang.reflect.*来实现，它提供了一组类和接口用于在程序运行时获取目标类、接口、字段、方法等信息，并可以在程序运行时动态地创建、操作和销毁它们。下面通过一个简单实例来了解反射机制，代码内容如代码清单 7-1 所示（源代码位于"代码\第 7 章 Spring IoC\代码\01 反射机制\reflect"）。

代码清单 7-1 ReflectionExample.java

```
package com.bc;
import java.lang.reflect.Field;
import java.lang.reflect.Method;
public class ReflectionExample {
    public static void main(String[] args) throws Exception {
        //获取 Person 类的运行时对象
        Class personClass = Person.class;

        //获取 Person 类的所有属性
        Field[] fields = personClass.getDeclaredFields();
        System.out.println("Person 类的属性：");
        for (Field field : fields) {
            System.out.println(field.getName() + " " + field.getType().getName());
        }

        //获取 Person 类的所有方法
        Method[] methods = personClass.getDeclaredMethods();
        System.out.println("\nPerson 类的方法：");
        for (Method method : methods) {
            System.out.println(method.getName() + " " + method.getReturnType().getName());
        }

        //创建 Person 类的对象 person
        Person person = new Person("Tom", 20);

        //获取 person 对象的 name 属性值
        Field nameField = personClass.getDeclaredField("name");
        nameField.setAccessible(true);
        String nameValue = (String) nameField.get(person);
        System.out.println("\nPerson 对象的 name 属性值：" + nameValue);

        //调用 person 对象的 sayHello()方法
        Method sayHelloMethod = personClass.getDeclaredMethod("sayHello");
        sayHelloMethod.setAccessible(true);
        sayHelloMethod.invoke(person);
    }
}

class Person {
    private String name;
    private int age;
```

```
    public Person(String name, int age) {
        this.name = name;
        this.age = age;
    }

    private void sayHello() {
        System.out.println("Hello, my name is " + name);
    }
}
```

以上实例演示了如何使用反射机制获取和访问一个类的属性和方法。程序运行时成功访问了 Person 对象的 name 属性和 sayHello()方法，如图 7-3 所示。

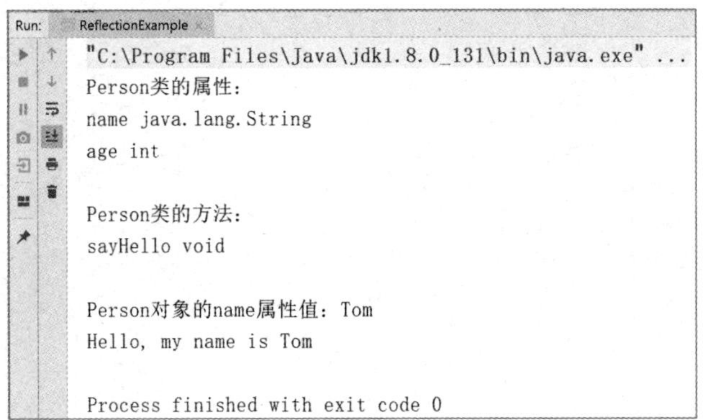

图 7-3　反射调用的测试结果

Java 反射内容繁多，还包括反射成员变量及相关注解、参数、接口等内容，本书由于篇幅有限不能全面展开，感兴趣的读者可以自行查询 Java 手册进一步学习。如果想要深入掌握 Java 反射机制，还需要熟悉反射的常用 API，如 Class 类的方法，它是反射的核心类，可以用于获取类的名称、父类、接口、构造方法、成员变量及其方法等信息。此外，还有 Method 类的方法，它可以用于调用指定对象的方法，以及 Field 类的方法，还可以用于访问和修改类的成员变量。熟练掌握这些 API，将有助于开发者更加灵活地使用反射机制。

2. 反射机制的优点与缺点

（1）优点

① 动态性：反射机制可以在程序运行时动态创建对象、调用方法和访问属性，提高程序的灵活度。

② 可扩展性：反射机制允许开发者在运行时加载任意类的任意版本，以实现程序的动态扩展和更新。

③ 动态代理（Dynamic Proxy）：反射机制可以使程序在运行时动态生成代理类，从而实现动态代理。

④ 框架支持：反射机制为很多框架（如 Spring、MyBatis）的实现提供了技术基础。

（2）缺点

① 性能问题：由于反射机制需要在程序运行时动态对代码进行分析和解析，因此其比直接调用方法和访问属性要慢。

② 安全性问题：由于反射机制可以访问类的私有成员，破坏了面向对象的封装性，因此其需

要被谨慎使用。

③ 复杂性问题：使用 Java 反射机制时需要调用大量 API，以致程序的可读性和可维护性会受到影响。

总之，Java 反射机制是一个强大的工具，它可以为开发者带来很多便利，但同时在使用时也需要注意其性能、安全性和复杂性等问题。

3．反射机制在 Spring 中的运用

在 Spring 框架中，反射机制被广泛用于众多特性的实现，具体表现在以下几个方面。

（1）依赖注入

在 Spring 中，依赖注入是通过反射机制实现的。Spring 容器会扫描应用程序中的类，找到需要注入依赖的地方，并使用反射机制实例化需要注入的对象。

（2）AOP

Spring 的 AOP 模块使用反射机制来拦截方法调用，并在方法调用前、调用后或抛出异常时执行特定的操作。

（3）动态代理

Spring 的 AOP 模块还使用反射机制创建动态代理。动态代理是一种在运行时动态生成代理对象的机制，它通过实现特定的接口来代理原始对象的方法调用。Spring 使用反射机制来创建这种代理，从而可以在运行时拦截和处理方法调用。

（4）配置文件解析

Spring 使用反射机制来解析 XML 或注解配置文件，并根据配置文件中的信息创建对应的对象。

反射机制使 Spring 可以在运行时动态创建和管理 Bean 对象，并通过 AOP 实现横切关注点的处理，从而让开发者可以更加灵活地编写应用程序。

7.2.3　单例设计模式

单例设计模式

由于 Spring 默认以单例设计模式（Singleton Design Pattern）创建 Bean 对象，因此本小节将对单例设计模式进行详细的讲解。

1．单例设计模式概述

单例设计模式是 Java 中较常用的创建型设计模式，它提供了一种创建对象的最佳模式，该模式涉及一个单一的类，该类负责创建自己的对象，同时确保只有单个对象被创建。该类还提供了一种直接访问其唯一对象的方式，而不需要实例化该类对象。一个典型的单例设计模式类的结构如图 7-4 所示。

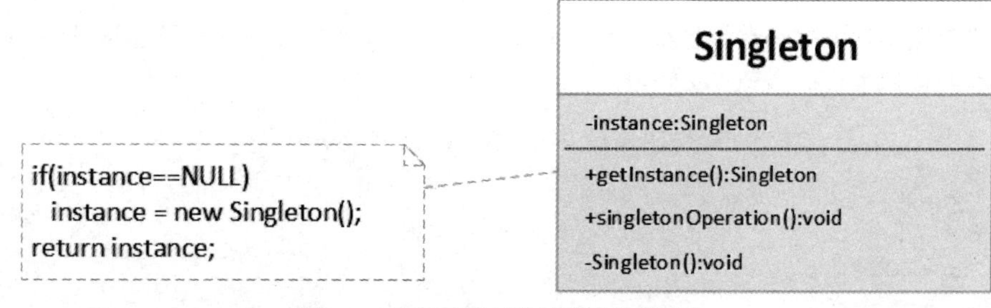

图 7-4　典型的单例设计模式类的结构

上述类的结构主要包含以下几项。

（1）Singleton 类

Singleton 类实现了单例设计模式。它有一个私有静态变量 instance，用于保存类的唯一实例。

（2）getInstance()方法

getInstance()方法为一个公共静态方法，用于返回类的唯一实例，主要通过检查 instance 对象是否为空来实现，如果实例不存在，则创建它并返回；如果实例已经存在，则直接返回该实例。这种方式确保全局只有一个实例，并提供了一个简单的访问点来获取该实例。

单例设计模式由于确保只有一个实例被创建，因此经常被用于解决在并发环境下由于多个线程或进程同时访问某个资源而出现的数据竞争、死锁、资源浪费等问题。

2. 单例设计模式的应用场景

单例设计模式在实际开发中还有着众多的应用场景，具体表现在以下几个方面。

（1）日志类

日志类可以使用单例设计模式实现，通常在应用程序的各组件中提供全局日志的访问点，这样就无须在每次执行日志操作时去创建日志对象。

（2）配置类

配置类也可以通过单例设计模式实现，例如，应用程序的配置文件由一个单例对象进行统一管理，程序的其他组件就可以通过该对象读取配置信息，从而简化在复杂环境下的配置管理。

（3）工厂类

高并发场景下的工厂设计模式有时会出现唯一对象被实例化多次的情况，例如，某应用程序的工厂对象每次可以生产一个含有唯一ID的产品对象，但在高并发场景下有可能在多个线程中创建不同的工厂对象，以致生产出多个含有相同ID的产品对象，从而导致线程不安全的问题。此时可以将工厂对象的创建设计为单例设计模式，在全局状态下始终只有一个工厂对象存在，从而避免上述问题的出现。

（4）以共享模式访问资源的类

在实际开发中，某些需要共享访问的资源也可以设计为单例设计模式，如网站计数器，如果每一个用户都独有一个计数器是很难实现总数同步的，但利用单例设计模式就可以创建唯一的计数器对象让所有用户进行访问和修改，这样就可以实现网站的计数同步。

3. 单例设计模式的实现方式

单例设计模式可以通过多种方式实现，比较常见的包括饿汉式、懒汉式和双重检测锁定（Double-Checked Locking）等，下面将逐一进行介绍。

源代码位于“代码\第 7 章 Spring IoC\代码\02 单例设计模式\singleton”。

（1）饿汉式

饿汉式单例实现方式是在类加载时就创建实例，并将实例保存在一个静态常量中。饿汉式单例实现方式的代码如代码清单 7-2 所示。

代码清单 7-2　Singleton1.java

```
package com.bc.singleton;
/**
 * 描述：饿汉式
 */
public class Singleton1 {
    private final static Singleton1 INSTANCE = new Singleton1();
```

```
    private Singleton1() {
    }

    public static Singleton1 getInstance() {
        return INSTANCE;
    }
}
```

上述代码中由于加入了 static 关键字，根据 JVM 特性，该类在加载时就会完成 Singleton1 类的实例化，从而保证后面的线程在访问这个实例时得到的都是单例。

下面的测试将会验证 Singleton1 类所生成的两个对象 s1 和 s2 是否为同一个对象，代码内容如代码清单 7-3 所示。其他单例方法的测试只需要将 Singleton1 换成对应的类即可，以下不再提供测试代码，请读者自行完成。

代码清单 7-3　test.java

```
package com.bc.singleton;
public class test {
    public static void main(String[] args) {
        Singleton1 s1= Singleton1.getInstance();
        System.out.println(s1);
        Singleton1 s2= Singleton1.getInstance();
        System.out.println(s2);
    }
}
```

程序输出的 Singleton1 的两个对象实例相同，如图 7-5 所示。

```
Run:  test
"C:\Program Files\Java\jdk1.8.0_131\bin\java.exe" ...
com.bc.singleton.Singleton1@1540e19d
com.bc.singleton.Singleton1@1540e19d

Process finished with exit code 0
```

图 7-5　测试结果

（2）懒汉式

懒汉式是另外一种单例实现方式，它会延迟创建实例，直到调用者第一次访问该实例时才会被创建。下面是懒汉式单例设计模式的实现细节，具体内容如代码清单 7-4 所示。

代码清单 7-4　Singleton2.java

```
package com.bc.singleton;
/**
 * 描述：懒汉式（线程不安全）
 */
public class Singleton2 {
    private static Singleton2 instance;
    private Singleton2() {
    }

    public static Singleton2 getInstance() {
```

```
        if (instance == null) {
            instance = new Singleton2();
        }
        return instance;
    }
}
```

当程序执行时，如果有多个线程同时访问getInstance()方法，由于此时instance实例为空，因此这些线程都会执行instance = new Singleton2()语句，从而导致多个实例被创建，以致出现线程不安全的问题。为了解决这个问题，我们可以使用双重检测锁定方式来创建单例。

（3）双重检测锁定

双重检测锁定是实际开发中较常用的一种单例实现方式。它通过加锁的方式保证了线程安全性，该方式的实现细节如代码清单 7-5 所示。

代码清单 7-5　Singleton3.java

```
package com.bc.singleton;
/**
 * 描述：双重检测锁定（推荐使用）
 */
public class Singleton3 {
    private volatile static Singleton3 instance;
    private Singleton3() {
    }

    public static Singleton3 getInstance() {
        if (instance == null) {
            synchronized (Singleton3.class) {
                if (instance == null) {
                    instance = new Singleton3();
                }
            }
        }
        return instance;
    }
}
```

4. 单例设计模式的优缺点

（1）优点

① 单例设计模式降低了系统中实例的数量，提高了系统的可维护性。

② 单例设计模式创建出的唯一实例可以被其他对象复用和共享，提高了代码的复用性。

③ 由于单例设计模式只会创建一个实例，因此可以减少不必要的资源消耗，例如，在创建和销毁对象时所需的资源与时间成本。

（2）缺点

① 由于单例设计模式只有一个实例，如果该实例中的状态被多个对象共享和修改，可能会导致对象状态的不一致。

② 单例设计模式需要保证只有一个实例，因此在多线程环境下需要使用特殊的处理方式来

保证实例的唯一性，这样可能会导致代码的复杂度增加。

③ 由于单例设计模式的实例化过程是在类内部进行的，因此可能会影响系统的扩展性，特别是在需要扩展单例类时，可能会需要修改该类的代码。

总之，单例设计模式在实际应用中具有一定的优点和缺点，需要根据具体的业务场景进行评估和选择。在实现单例设计模式时，还需要考虑多线程安全、反射攻击、序列化等方面的问题，以保证单例设计模式的正确性和安全性。另外，还需要注意的是，Spring 默认是以单例设计模式创建 Bean 的，这样做的目的是通过减少对象创建的次数来降低反射的低效率对框架整体性能的影响。

7.2.4　控制反转与依赖注入的概念

控制反转与依赖注入概念

控制反转（IoC）与依赖注入（DI）的含义相同，只不过这两个名词是从两个不同的角度来描述同一个概念的。在传统模式下，当某个 Java 对象（调用者）需要调用另一个 Java 对象（被调用者，即被依赖对象）时，首先会通过“new 被调用者”的方式来创建对象（见图 7-6），这种方式会导致调用者与被调用者之间耦合度的增加，不利于项目后期的扩展和维护。

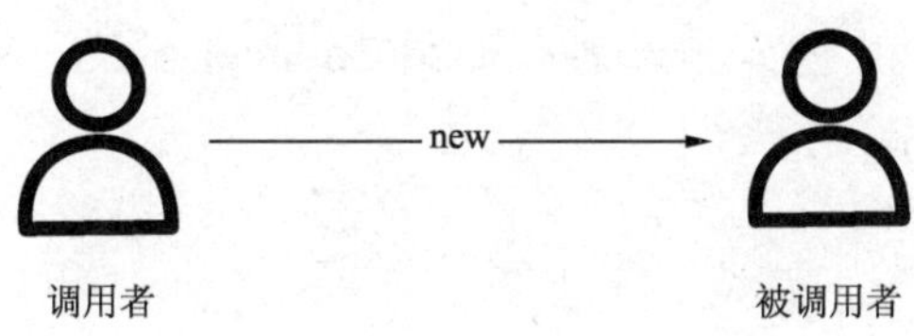

图 7-6　传统模式下对象调用方式

在使用 Spring 框架之后，对象的实例不再由调用者来创建，而是由 Spring 容器来创建，当调用者需要使用被调用者时直接从 Spring 容器中获取就可以。这样对象的控制权就由开发者的手动创建转移到了 Spring 容器，控制权发生了反转，这就是 Spring 的控制反转。另外，从 Spring 容器的角度来看，在调用者需要使用被调用者时，Spring 容器会将被调用者对象从容器中取出，并赋值给调用者的成员变量，这相当于为调用者注入了它所依赖的实例，这就是 Spring 的依赖注入，其原理如图 7-7 所示。

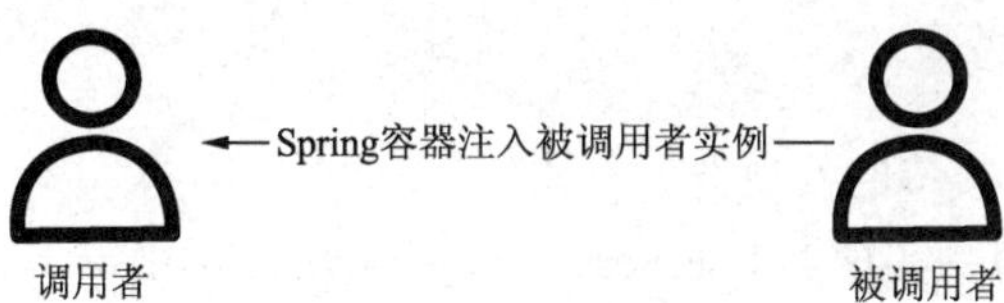

图 7-7　Spring IoC 对象调用方式

7.2.5　依赖注入的实现方式

依赖注入的作用是在使用 Spring 框架创建对象时，动态地将其所依赖的对象注入 Bean 组件中，通常其实现方式有两种：一种是属性 setter 方法注入；另一种是构造方法注入。

（1）属性setter方法注入是指IoC容器使用setter方法注入被依赖的实例。通过调用无参构造器或无参静态工厂方法实例化Bean后，调用该Bean的setter方法，即可实现基于setter方法的依赖注入。

（2）构造方法注入是指 IoC 容器使用构造方法注入被依赖的实例。这种方式通过调用带参数的构造方法来实现，每个参数都代表一个依赖。

下面将以使用属性 setter 方法将 UserDao 注入 UserService 的 Bean 中为例，介绍 Spring 容器在应用中是如何实现依赖注入的。

1. 属性 setter 方法注入

源代码位于“代码\第 7 章 Spring IoC\代码\03 依赖注入的实现方式\spring_ioc”。

（1）创建 UserDao 接口

创建 UserDao 接口，里面有一个保存用户的方法 save()，如代码清单 7-6 所示。

代码清单 7-6　UserDao.java

```
package com.bc.dao;
public interface UserDao {
    //保存用户
    public void save();
}
```

（2）创建 UserDao 接口的实现类

创建 UserDao 接口的实现类 UserDaoImpl.java，实现保存用户的 save()方法，如代码清单 7-7 所示。

代码清单 7-7　UserDaoImpl.java

```
package com.bc.dao.impl;
import com.bc.dao.UserDao;
public class UserDaoImpl implements UserDao {
    public void save() {
        System.out.println("保存用户");
    }
}
```

（3）创建 UserService 接口

创建 UserService 接口，在接口中定义一个 save()方法，如代码清单 7-8 所示。

代码清单 7-8　UserService.java

```
package com.bc.service;
public interface UserService {
    public void save();
}
```

（4）创建 UserService 接口的实现类

创建 UserService 接口的实现类 UserServiceImpl.java，在类中定义名为 userDao 的属性并添加对应的 setter 方法，然后实现接口中的 save()方法，如代码清单 7-9 所示。

代码清单 7-9　UserServiceImpl.java

```
package com.bc.service.impl;
import com.bc.dao.UserDao;
import com.bc.service.UserService;
public class UserServiceImpl implements UserService {
    //定义名为 userDao 的属性
    private UserDao userDao;

    //添加 userDao 属性的 setter 方法，用于实现依赖注入
    public void setUserDao(UserDao userDao) {
```

```
        this.userDao = userDao;
    }

    //实现接口中的方法
    public void save() {
        userDao.save();
    }
}
```

（5）编写 Spring 配置文件

在配置文件 applicationContext.xml 中创建一个 id 为 userService 的 Bean，该 Bean 在实例化 UserServiceImpl 类的同时，将名为 userDao 的 Bean 注入 userService 中。applicationContext.xml 的内容如代码清单 7-10 所示。

代码清单 7-10　applicationContext.xml

```
<?xml version="1.0" encoding="UTF-7"?>
<beans xmlns="http://www.springframework.org/schema/beans"
      xmlns:xsi="http://www.w3.org/2001/XMLSchema-instance"
      xmlns:p="http://www.springframework.org/schema/p"
      xsi:schemaLocation="http://www.springframework.org/schema/beans
       http://www.springframework.org/schema/beans/spring-beans.xsd">

    <!--添加一个 id 为 userDao 的 Bean-->
    <bean id="userDao" class="com.bc.dao.impl.UserDaoImpl"></bean>

    <!--添加一个 id 为 userService 的 Bean-->
    <bean id="userService" class="com.bc.service.impl.UserServiceImpl">
        <property name="userDao" ref="userDao"></property>
    </bean>
</beans>
```

在上述代码中，<property>是<bean>标签的子标签，它用于调用 Bean 实例中的 setUserDao 方法完成属性赋值，从而实现依赖注入。其中，name 属性是指注入的目标 Bean（这里是 userService）的属性名；ref 属性是指注入的源 Bean（这里是 userDao）的 id。关于<bean>标签的其他常用属性及其子标签的详细介绍请参看 7.2.6 小节。

（6）创建测试类

创建测试类 SpringTest.java 对程序进行测试，如代码清单 7-11 所示。

代码清单 7-11　SpringTest.java

```
package com.bc.test;
import com.bc.service.UserService;
import org.junit.Test;
import org.springframework.context.support.ClassPathXmlApplicationContext;
public class SpringTest {
    @Test
    public void test1(){
        //1.初始化 Spring 容器，加载配置文件
        ClassPathXmlApplicationContext applicationContext = new ClassPathXmlApplicationContext
("applicationContext.xml");
        //2.通过容器获取 userService Bean
        UserService userService=(UserService) applicationContext.getBean("userService");
```

```
        //3.调用 userServiceBean 中的 save()方法
        userService.save();
    }
}
```

调用 userService Bean 中的 save()方法并输出测试结果，如图 7-8 所示。

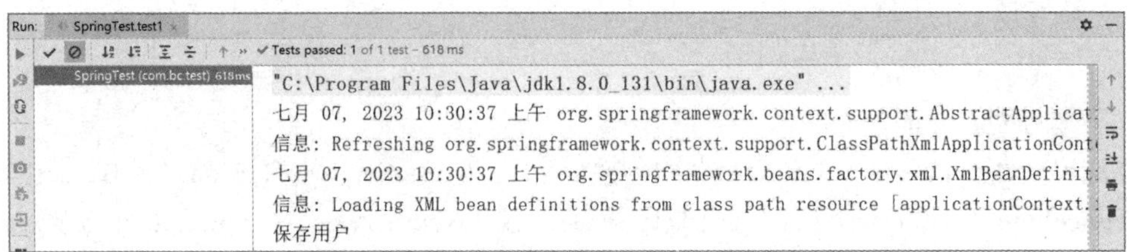

图 7-8　调用 userService Bean 中的 save()方法并输出测试结果

2. 构造方法注入

（1）修改 UserServiceImpl 类，添加两个新属性（name、age）和一个含参构造方法 UserServiceImpl()，同时重写 toString()方法，以便能看出其运行结果，内容如代码清单 7-12 所示。

代码清单 7-12　UserServiceImpl.java

```
package com.bc.service.impl;
import com.bc.dao.UserDao;
import com.bc.service.UserService;
public class UserServiceImpl implements UserService {
    private String name;
    private int age;
    private UserDao userDao;

    public void setUserDao(UserDao userDao) {
        this.userDao = userDao;
    }

    public UserServiceImpl(String name,int age){
        this.name=name;
        this.age=age;
    }

    public void save() {
       userDao.save();
    }

    @Override
    public String toString() {
        return "UserServiceImpl[name=" + " + name +", age=" + age + "]";
    }
}
```

（2）修改 Spring 配置文件，在 bean id="userService"节点中为构造方法的两个参数 name 和 age 通过<constructor-arg>标签进行赋值，如代码清单 7-13 所示。

代码清单 7-13　applicationContext.xml

```
<bean id="userService" class="com.bc.service.impl.UserServiceImpl">
    <constructor-arg value="Tom"></constructor-arg>
```

```
    <constructor-arg value="15"></constructor-arg>
</bean>
```

（3）在测试类 SpringTest.java 中添加 test2()方法，用于测试构造方法注入，如代码清单 7-14 所示。

代码清单 7-14　SpringTest.java

```
@Test
//测试构造方法注入
public void test2(){
    //1.初始化 Spring 容器，加载配置文件
    ClassPathXmlApplicationContext applicationContext = new ClassPathXmlApplication-
Context("applicationContext.xml");
    //2.通过容器获取 userService Bean
    UserService userService=(UserService) applicationContext.getBean("userService");
    System.out.println(userService);

}
```

从 Spring 容器中可以获取 id="userService"的 Bean 并输出测试结果，如图 7-9 所示。

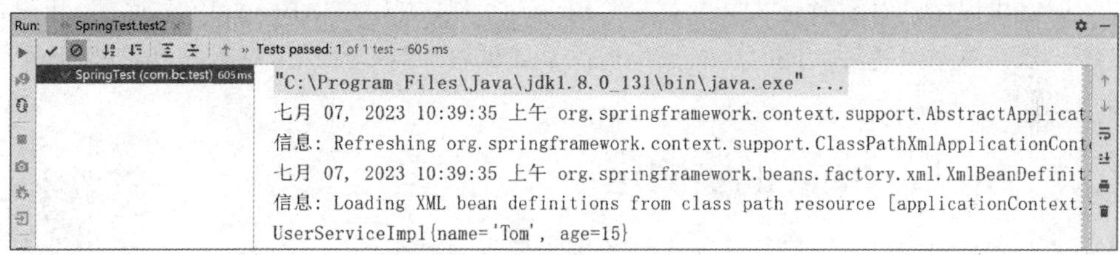

图 7-9　构造方法注入的测试结果

7.2.6　Spring Bean 的配置及常用属性

Spring Bean 的配置及常用属性

1. Spring Bean 的配置

Spring 的核心组成部分是 IoC 容器，它可以创建、存储和管理 Spring Bean。为了使用 IoC 容器，开发者在 Spring 配置文件中进行设置。Spring 配置文件支持 XML 和 Properties 两种格式，其中 XML 格式较为常用，开发者可以通过编写 XML 配置文件来注册管理 Bean 之间的依赖关系。

2. Spring Bean 标签的常用属性

在 Spring 配置文件中，<bean>标签是较重要的标签，它用于描述一个 Bean 的定义和配置。表 7-1 是 Spring <bean>标签的常用属性及其说明。

表 7-1　Spring <bean>标签的常用属性及其说明

属性	说明
id	Bean 的唯一标识符，通过 id 属性来标识 Bean 的名称。在 Spring 容器中，可以通过该名称获取对应的 Bean 实例。id 属性是必需属性
class	Bean 的类全名，用于告诉 Spring 容器该 Bean 的实现类是什么。在运行时，Spring 容器会根据该类的全名来创建 Bean 实例。class 属性是必需属性
scope	Bean的作用范围，用于指定Bean的生命周期和可见范围。常用的作用域有singleton、prototype、request、session、global session等。默认作用域是singleton（单例）

续表

属性	说明
init-method	Bean 初始化时调用的方法。该方法必须是 Bean 实现类中的一个方法，并且不带任何参数
destroy-method	Bean 销毁时调用的方法。该方法必须是 Bean 实现类中的一个方法，并且不带任何参数
lazy-init	延迟加载，用于指定是否在第一次使用 Bean 时才进行实例化。如果将该属性设置为 true，表示该 Bean 将在第一次使用时才被实例化
autowire	自动装配方式，用于指定如何自动装配该 Bean 的依赖。常用的自动装配方式有 byName、byType、constructor 等。默认情况下，Spring 不会自动装配 Bean 的依赖
depends-on	依赖的 Bean 名称，用于指定该 Bean 依赖的其他 Bean。如果该属性存在，Spring 会先创建指定的 Bean，再创建当前 Bean
factory-method	工厂方法名称，用于通过工厂方法来创建 Bean。如果 Bean 的实例化过程比较复杂，可以使用工厂方法来创建 Bean
factory-bean	工厂 Bean 的名称，用于指定使用哪个 Bean 作为工厂来创建 Bean。如果 Bean 是由其他 Bean 创建的，可以使用该属性来指定使用哪个 Bean 作为工厂

以上属性可以帮助开发者定义和配置一个Bean的实例，并描述该Bean的生命周期、可见范围、自动装配、依赖关系等特性。同时，它们也提供了如延迟加载、使用工厂方法和首选Bean等更多的配置选项。

7.2.7 Spring Bean 的实例化

Spring Bean 的实例化

在面向对象程序设计中，在使用某个对象前需要先对其实例化。同样，在 Spring 中如要想使用容器中的 Bean，也必须先要实例化。

有 3 种 Spring 实例化 Bean 的方式，分别为构造器实例化、静态工厂方式实例化和实例工厂方式实例化，其中较常用的是构造器实例化。

1. 构造器实例化

构造器实例化是指 Spring 容器通过 Bean 对应类中默认的无参构造方法来实例化 Bean。如果类中包含含参的构造方法，则一定要显示地声明无参构造方法，否则会因为类中没有无参数构造方法而报错。下面以创建 User 对象为例来讲解构造器实例化的具体用法。

源代码位于“代码\第 7 章 Spring IoC\代码\04 构造器实例化\spring_ioc”。

（1）定义 User 类

创建 User.java，如代码清单 7-15 所示。

代码清单 7-15 User.java

```
package com.bc.domain;
public class User {
    private String name;
    private String addr;

    public String getName() {
        return name;
    }

    public void setName(String name) {
        this.name = name;
```

```
    }

    public String getAddr() {
        return addr;
    }

    public void setAddr(String addr) {
        this.addr = addr;
    }

    public User(String name){
        this.name=name;
    }
    //无参数构造方法
    public User(){

    }

    @Override
    public String toString() {
        return "User[" + [name=" + name + "]", addr=" + addr + "]";
    }
}
```

（2）配置 Bean

在 Spring 配置文件中定义一个 id 为 user 的 Bean，并通过 class 属性指定其对应的实现类为 User，再通过<property>标签为 Bean 对象赋值，如代码清单 7-16 所示。

代码清单 7-16　applicationContext.xml

```
<bean id="user" class="com.bc.domain.User">
    <property name="name" value='Tom'></property>
    <property name="addr" value='北京'></property>
</bean>
```

（3）创建测试类

创建测试类 SpringTest.java 用来测试构造器是否能实例化 User Bean，如代码清单 7-17 所示。

代码清单 7-17　SpringTest.java

```
@Test
//测试构造器实例化
public void test2(){
    //1.初始化 Spring 容器，加载配置文件
    ClassPathXmlApplicationContext applicationContext = new ClassPathXmlApplication-
Context("applicationContext.xml");
    //2.通过容器获取 id 为 user 的 Bean
    User user=(User) applicationContext.getBean("user");
    //3.输出 user 对象
    System.out.println(user);
}
```

如图 7-10 所示，程序可以通过 Spring 容器获取 id 为 user 的 Bean 并输出。

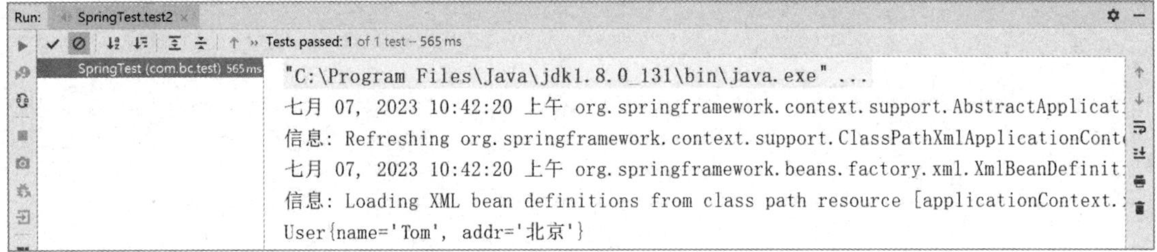

图 7-10　测试构造器实例化

2. 静态工厂实例化

静态工厂是实例化 Spring Bean 的另一种方式，该方式要求创建一个静态工厂方法来实现 Bean 的实例化。配置文件中<bean>标签的 class 属性所指定的不再是 Bean 实例的实现类，而是静态工厂类，同时还需要使用 factory-method 属性来指定静态工厂中创建 Bean 的方法。

下面将以静态工厂的方式重构 7.2.6 小节中的例子，源代码位于“代码\第 7 章　Spring IoC\代码\05 静态工厂实例化\spring_ioc”。

（1）修改 User 类

在 User 类中添加一个新的构造方法，包含 name 和 addr 参数，如代码清单 7-18 所示。

代码清单 7-18　User.java

```
public User(String name,String addr){
    this.name=name;
    this.addr=addr;
}
```

（2）创建静态工厂类

创建静态工厂类 StaticUserFactory 用来生成 User 类的对象，如代码清单 7-19 所示。

代码清单 7-19　StaticUserFactory.java

```
package com.bc.factory;
import com.bc.domain.User;
public class StaticUserFactory {
    //使用静态工厂创建 User 类的对象
    public static User createUser() {
        return new User('小飞', '北京');
    }
}
```

（3）配置 Bean

在 applicationContext.xml 文件中通过静态工厂方法来配置 Spring Bean，如代码清单 7-20 所示。

代码清单 7-20　applicationContext.xml

```
<!--通过静态工厂方法来配置 Bean。注意不是配置静态工厂方法，而是配置 Bean 实例-->
<bean id="user2" class="com.bc.factory.StaticUserFactory" factory-method="createUser" />
```

（4）编写测试类

编写测试类 SpringTest.java，它用来测试静态工厂实例化，如代码清单 7-21 所示。

代码清单 7-21　SpringTest.java

```
@Test
//测试静态工厂实例化
```

```
    public void test3(){
        //1.初始化 Spring 容器，加载配置文件
        ClassPathXmlApplicationContext applicationContext = new ClassPathXmlApplicationContext
("applicationContext.xml");
        //2.通过容器获取 id 为 user2 的 Bean
        User user=(User) applicationContext.getBean("user2");
        //3.输出 user 对象
        System.out.println(user);
    }
```

程序可以通过 Spring 容器获取 id 为 user2 的 Bean 并输出，如图 7-11 所示。

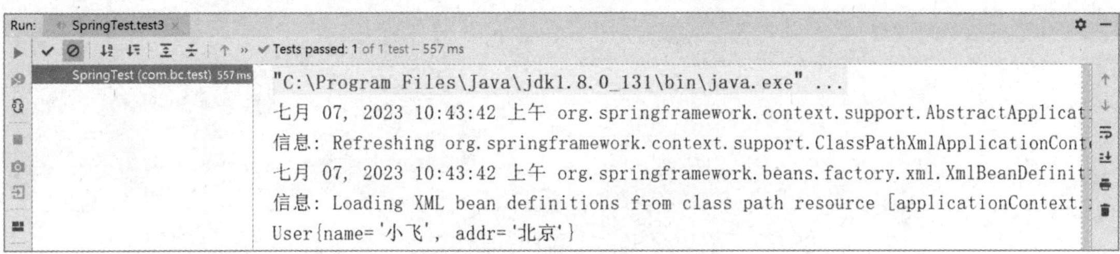

图 7-11　测试静态工厂实例化

3. 实例工厂实例化

还有一种实例化 Bean 的方式是采用实例工厂。此种方式的工厂类中，不再使用静态方法创建 Bean 对象，而是直接创建 Bean 对象。同时在配置文件中，需要实例化的 Bean 也不是通过 class 属性直接指向的，而是通过 factory-bean 属性指向配置的实例工厂，然后使用 factory-method 属性确定使用工厂中的哪种方法。下面再次重构 7.2.6 小节中的实例，源代码位于“代码\第 7 章 Spring IoC\代码\06 实例工厂实例化”。

（1）创建实例工厂类

创建实例工厂类 UserFactory，如代码清单 7-22 所示。

代码清单 7-22　UserFactory.java

```
package com.bc.factory;
import com.bc.domain.User;
public class UserFactory {
    public User createUser(){
        return new User('小明','上海');
    }
}
```

（2）配置 Bean

在 applicationContext.xml 中配置实例工厂，如代码清单 7-23 所示。

代码清单 7-23　applicationContext.xml

```
<!--配置实例工厂-->
<bean id="userFactory" class="com.bc.factory.UserFactory"/>
<!--使用 factory-bean 属性指向配置的实例工厂-->
<!--使用 factory-method 属性确定使用工厂中哪种方法-->
<bean id="user3" factory-bean="userFactory" factory-method="createUser"/>
```

（3）编写测试类

编写测试类 SpringTest.java 以测试工厂实例化，如代码清单 7-24 所示。

代码清单 7-24　SpringTest.java

```
    @Test
    //测试工厂实例化
    public void test4(){
        ClassPathXmlApplicationContext applicationContext = new ClassPathXmlApplicationContext
("applicationContext.xml");
        User user=(User) applicationContext.getBean("user3");
        System.out.println(user);
    }
```

程序可以通过 Spring 容器获取 id 为 user3 的 Bean 并输出，如图 7-12 所示。

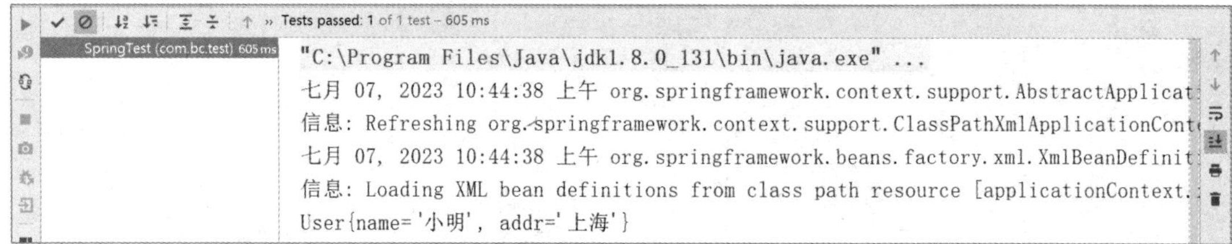

图 7-12　测试工厂实例化

7.2.8　Spring Bean 的作用域

Spring Bean 的作用域和生命周期

Spring Bean 的作用域（Scope）是指 Bean 实例在应用中的生命周期和可见范围。Spring 容器提供多种不同的作用域，每种作用域都有不同的生命周期和可见范围，开发者可以根据自己的需求选择合适的作用域。

1. 作用域的种类

Spring Bean 提供的作用域种类如表 7-2 所示。

表 7-2　Spring Bean 的作用域种类

作用域	描述
singleton（单例）	Spring 容器中只会创建一个 Bean 实例，所有请求该 Bean 的对象都会共享同一个实例
prototype（原型）	每次请求 Bean 时，Spring 容器都会创建一个新的 Bean 实例。每个请求都会获得一个独立的 Bean 实例
request（请求）	每个 HTTP 请求都会创建一个新的 Bean 实例，该实例仅在当前请求的范围内有效。不同的请求将获得不同的 Bean 实例
session（会话）	每个 HTTP 会话都会创建一个新的 Bean 实例，该实例仅在当前会话的范围内有效。同一会话内的不同请求将共享同一个 Bean 实例
global session（全局会话）	仅适用于基于 portlet 的 Web 应用，全局会话作用域仅在具有多个 portlet 的 Web 应用程序中才有意义。通常情况下，它与普通的 HTTP 会话作用域相同

通常情况下，较常用的是单例作用域，因为它可以提高应用的性能，减少资源的消耗。但是对于某些Bean，如果它们的状态会随着应用场景的改变而改变，那么就需要使用原型作用域，即每次请求都会创建一个新的Bean实例，从而避免了状态的共享和影响。由于本书篇幅所限，下面将重点介绍较常用的两种作用域：单例（singleton）和原型（prototype）。

2. singleton 作用域

单例是 Spring 容器的默认作用域。当 Bean 的作用域为 singleton 时，Spring 容器只会创建一个可共享的 Bean 实例，并且所有对该 Bean 的请求，只要 id 与 Bean id 属性值相匹配，都会返回该实例。singleton 作用域可以有效地减少应用程序中对象的创建和销毁，从而提高应用程序的性能和资源利用率。

接下来注释 7.2.7 小节中 User 类的 toString()方法，以便观察输出 Bean 实例的名字是否一致，如代码清单 7-25 所示。

代码清单 7-25　User.java

```
    @Override
    public String toString() {
        return "User[name=" +
                name= +
                ", addr=" + addr +"]"
                };
    }
```

编写测试类，通过 Spring 容器获取两次 user Bean，以测试它们的对象名是否相同，如代码清单 7-26 所示。

代码清单 7-26　SpringTest.java

```
    @Test
    //测试 Bean 的作用域 singleton
    public void test5(){
        //1.初始化 Spring 容器，加载配置文件
        ClassPathXmlApplicationContext applicationContext = new ClassPathXmlApplicationContext
("applicationContext.xml");
        //2.通过容器获取 id 为 user 的 Bean
        User user1=(User) applicationContext.getBean("user");
        User user2=(User) applicationContext.getBean("user");
        //3.打印 user1 和 user2 对象
        System.out.println(user1);
        System.out.println(user2);
    }
```

输出结果显示两个 user Bean 的对象名相同，说明 Spring 容器只创建了一个实例，如图 7-13 所示。

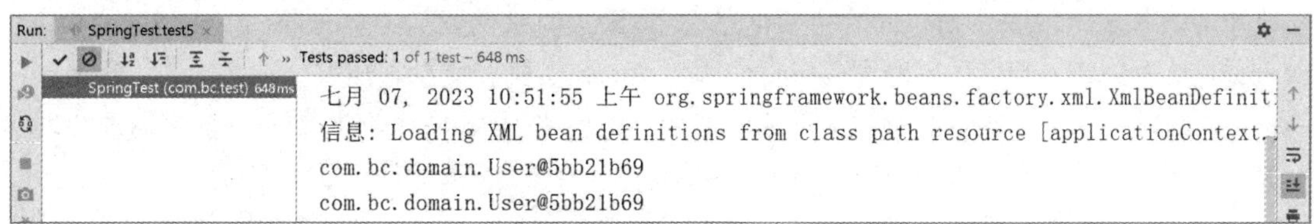

图 7-13　测试 singleton 作用域

3. prototype 作用域

在使用 prototype 作用域时，Spring 容器会为每个对该 Bean 的请求都创建一个新的实例。要将 Bean 定义为 prototype 作用域，只需在配置文件中将<bean>标签的 scope 属性值设置为 prototype 即可。

修改 applicationContext.xml 文件中 scope 的作用域为 prototype，如代码清单 7-27 所示。

代码清单 7-27　applicationContext.xml

```
<bean id="user" class="com.bc.domain.User" scope="prototype">
    <property name="name" value="Tom"></property>
    <property name="addr" value="北京"></property>
</bean>
```

编写测试类，测试作用域为 prototype 时，Spring 创建实例的情况，如代码清单 7-28 所示。

代码清单 7-28　SpringTest.java

```
@Test
//测试 Bean 的作用域 singleton
public void test5(){
    ClassPathXmlApplicationContext applicationContext = new ClassPathXmlApplicationContext
("applicationContext.xml");
    User user1=(User) applicationContext.getBean("user");
    User user2=(User) applicationContext.getBean("user");
    System.out.println(user1);
    System.out.println(user2);
}
```

程序输出结果显示两个 User Bean 的对象名不相同，说明 Spring 容器创建了两个实例，如图 7-14 所示。

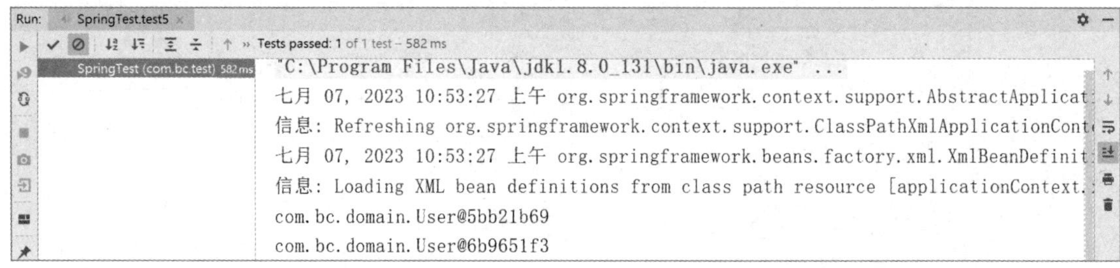

图 7-14　测试 prototype 作用域

7.2.9　Spring Bean 的生命周期

Spring 容器可以管理 singleton 作用域下 Bean 的全生命周期，在此作用域下，Spring 能够精确地知道该 Bean 何时被创建、何时初始化完成，以及何时被销毁。对于 prototype 作用域的 Bean，Spring 只负责创建，当容器创建了 Bean 实例后，Bean 实例就交给客户端代码来管理，Spring 容器将不再跟踪其生命周期。在每次客户端请求 prototype 作用域的 Bean 时，Spring 容器都会创建一个新实例，并且不会管理那些被配置成 prototype 作用域的 Bean 的生命周期。

Spring 容器按照自身的方法（doCreateBean()方法）将 Spring Bean 的生命周期划分为实例化、属性赋值、初始化、销毁 4 个阶段，Spring Bean 的生命周期如图 7-15 所示。

1. 实例化（Instantiation）

图 7-15 中的第 1 步，实例化一个 Bean 对象。

2. 属性赋值（Populate）

图 7-15 中的第 2 步，为 Bean 对象设置相关属性和依赖。

3. 初始化（Initialization）

（1）图 7-15 中的第 3 步和第 4 步操作为 Bean 初始化的前置操作，包括检查 Aware 的相关接口并设置依赖和 BeanPostProcessor 的前置处理。

（2）图 7-15 中的第 5 步和第 6 步操作为 Bean 的初始化操作，首先判断是否实现了 InitializingBean 接口，若实现则调用该接口的 afterPropertiesSet()方法，然后判断是否配置了自定义的 init-method 方法，如果配置了则执行该方法。

（3）第 7 步是利用 BeanPostProcessor 完成 Bean 的后置处理。

4．销毁（Destruction）

图 7-15 中的第 8～10 步是 Spring Bean 的销毁阶段，其中第 8 步先在使用前注册了销毁的相关调用接口，后面第 9 步和第 10 步调用相应的方法完成 Bean 的销毁。

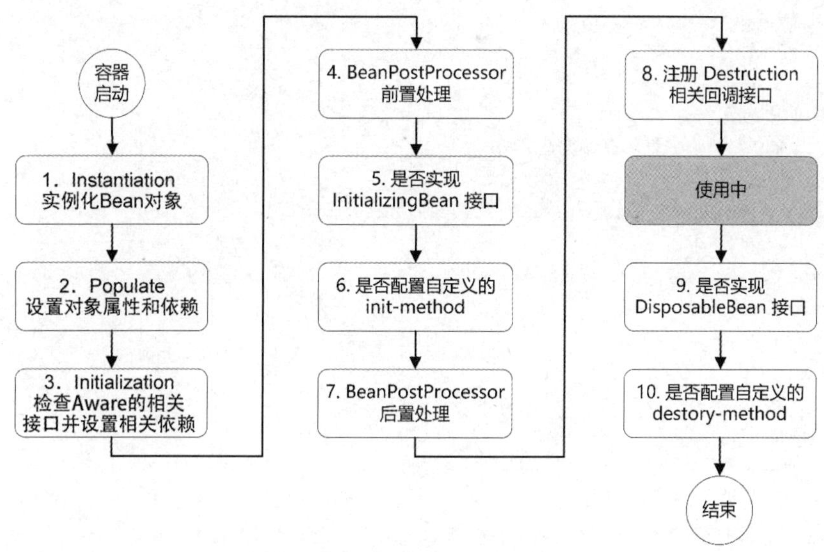

图 7-15　Spring Bean 的生命周期

7.2.10　Spring Bean 的装配方式

Bean 的装配可以理解为依赖关系注入，Bean 的装配方式即 Bean 依赖注入的方式。Spring 容器支持多种形式的装配方式，如基于 XML 的装配、基于 JavaConfig 的装配、基于注解的装配和自动装配等。

1．基于 XML 的装配

Spring 提供两种基于 XML 的装配方式：设值注入（Setter Injection）和构造注入（Constructor Injection）。

在 Spring 实例化 Bean 的过程中，Spring 首先会调用 Bean 的默认构造方法来实例化 Bean 对象，然后通过反射的方式调用 setter 方法来注入属性值。因此，设值注入要求一个 Bean 必须满足以下两点要求。

（1）Bean 类必须提供一个默认的无参构造方法。

（2）Bean 类必须为需要注入的属性提供对应的 setter 方法。

使用设值注入时，需要在 Spring 配置文件中使用<bean>标签的子标签<property>来为每个属性设置注入值。而使用构造注入时，需要使用<bean>标签的子标签<constructor-arg>来定义构造方法的参数，同时使用其 value 属性（或子标签）设置该参数的值。

下面以 User 对象初始化为例，分别介绍设值注入和构造注入的实现方式。源代码位于“代码\第 7 章 Spring IoC\代码\07 基于 XML 的装配\spring_ioc”。

（1）创建 User 类

在 User 类中添加有参、无参构造方法及属性对应的 setter 方法，如代码清单 7-29 所示。

代码清单 7-29　User.java

```
package com.bc.domain;
import java.util.List;
public class User {
    private String username;
    private Integer password;
    private List<String> list;

    /**
     * 1.使用构造注入
     * 1.1 提供带所有属性的有参构造方法
     */
    public User(String username, Integer password, List<String> list) {
        super();
        this.username = username;
        this.password = password;
        this.list = list;
    }

    /**
     * 2.使用设值注入
     * 2.1 提供默认空参构造方法
     * 2.2 为所有属性提供 setter 方法
     */
    public User() {
        super();
    }
    public void setUsername(String username) {
        this.username = username;
    }
    public void setPassword(Integer password) {
        this.password = password;
    }
    public void setList(List<String> list) {
        this.list = list;
    }
    @Override
    public String toString() {return "User [username=" + username + ", password=" + 
password + ", list=" + list + "]";
    }

    public String getUsername() {
        return username;
    }

    public Integer getPassword() {
        return password;
```

```
    }

    public List<String> getList() {
        return list;
    }
}
```

（2）配置 Bean

在 Spring 配置文件中通过构造注入和设值注入方式装配 User Bean，如代码清单 7-30 所示。

代码清单 7-30　applicationContext.xml

```
<!--使用设值注入方式装配 User Bean -->
<bean id="user4" class="com.bc.domain.User">
    <property name="username" value="小明"></property>
    <property name="password" value="123456"></property>
    <!--为 List 类型的集合属性赋值-->
    <property name="list">
        <list>
            <value>"小刘"</value>
            <value>"小张"</value>
        </list>
    </property>
</bean>

<!--使用构造注入方式装配 User Bean -->
<bean id="user5" class="com.bc.domain.User">
    <constructor-arg index="0" value="小红" />
    <constructor-arg index="1" value="977654" />
    <constructor-arg index="2">
        <list>
            <value>"小刘"</value>
            <value>"小张"</value>
        </list>
    </constructor-arg>
</bean>
```

在 XML 配置中，可以使用<constructor-arg>标签定义构造方法的参数，其中 index 属性表示参数的索引（从 0 开始），value 属性用于设置要注入的值。如果要为 User 类中 List 类型的集合属性赋值，则可以使用<list>子标签。除此之外，还可以使用设值注入方式来装配 User Bean，例如可以使用<property>标签调用 Bean 中的 setter 方法完成属性赋值和依赖注入。

（3）编写测试类

编写测试类 SpringTest.java，测试基于 XML 的装配方式，如代码清单 7-31 所示。

代码清单 7-31　SpringTest.java

```
    @Test
    //测试基于 XML 的装配方式
    public void test6(){
        ClassPathXmlApplicationContext applicationContext = new ClassPathXmlApplicationContext
("applicationContext.xml");
        User user4=(User) applicationContext.getBean("user4");
        User user5=(User) applicationContext.getBean("user5");
```

```
    System.out.println(user4);
    System.out.println(user5);
}
```

通过设值注入和构造注入的 User Bean 均可被正确获取，测试结果如图 7-16 所示。

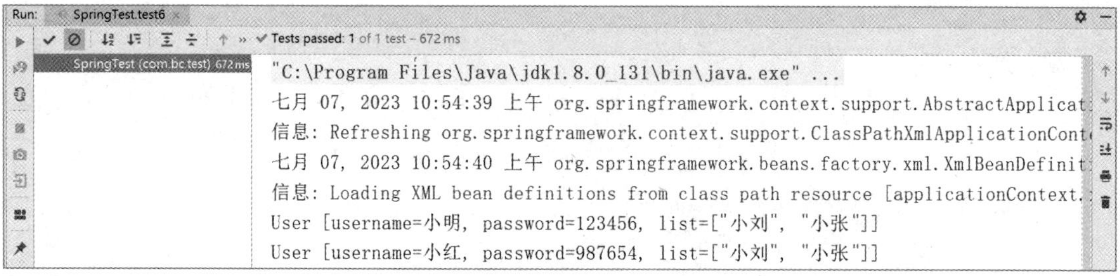

```
"C:\Program Files\Java\jdk1.8.0_131\bin\java.exe" ...
七月 07, 2023 10:54:39 上午 org.springframework.context.support.AbstractApplicat
信息: Refreshing org.springframework.context.support.ClassPathXmlApplicationCont
七月 07, 2023 10:54:40 上午 org.springframework.beans.factory.xml.XmlBeanDefinit
信息: Loading XML bean definitions from class path resource [applicationContext.
User [username=小明, password=123456, list=["小刘", "小张"]]
User [username=小红, password=987654, list=["小刘", "小张"]]
```

图 7-16　测试基于 XML 的装配

2. 基于 JavaConfig 的装配

在 Spring 框架中，开发者还可以使用 JavaConfig 方式配置 Bean。JavaConfig 是从 Spring 3.0 开始提供的一种配置 Bean 的方式，它使用 Java 代码定义和配置 Bean，以避免配置 XML 文件而产生的烦琐和麻烦。

JavaConfig 的应用需要使用@Configuration 注解标记一个 Java 配置类，该类利用@Bean 注解声明 Spring Bean，被声明的 Bean 会在 Spring 容器启动时被自动创建并放入容器中，以供其他组件使用。

下面通过一个具体实例来讲解如何使用 JavaConfig 配置 User Bean。本实例的源代码位于“代码\第 7 章 Spring IoC\代码\08 通过 JavaConfig 配置 Bean”。

（1）创建 User 类

首先定义 User 类，其包含 username 和 password 两个属性，内容如代码清单 7-32 所示。

代码清单 7-32　User.java

```
package com.bc.domain;
public class User {
    private String username;
    private Integer password;

   /*省略 setter/getter 方法*/
}
```

（2）创建配置类

通过@Configuration注解创建配置类AppConfig.java，@Bean注解表示该方法会创建一个Spring Bean，并向Spring容器返回创建好的对象，内容如代码清单7-33所示。

代码清单 7-33　AppConfig.java

```
package com.bc.javaconfig;
import com.bc.domain.User;
import org.springframework.context.annotation.Bean;
import org.springframework.context.annotation.Configuration;

@Configuration
public class AppConfig {
```

```
    @Bean
    public User user() {
        User user = new User();
        user.setUsername("Tom");
        user.setPassword(123);
        return user;
    }
}
```

（3）创建测试类

创建测试类SpringTest.java，首先利用AnnotationConfigApplicationContext类加载配置类AppConfig.class，以创建应用上下文对象context，然后通过context.getBean()方法获取Spring容器中的user对象，并输出其username和password属性的值。测试类内容如代码清单 7-34 所示。

代码清单 7-34 SpringTest.java

```
package com.bc.test;
public class SpringTest {
     @Test
    //基于 JavaConfig 配置 Bean
    public void test(){
        ApplicationContext context = new AnnotationConfigApplicationContext (AppConfig.
class);
        User user = context.getBean(User.class);
        System.out.println(user.getUsername());
        System.out.println(user.getPassword());
    }
}
```

程序通过 Spring 容器获取 user 对象，并输出了属性值，如图 7-17 所示。

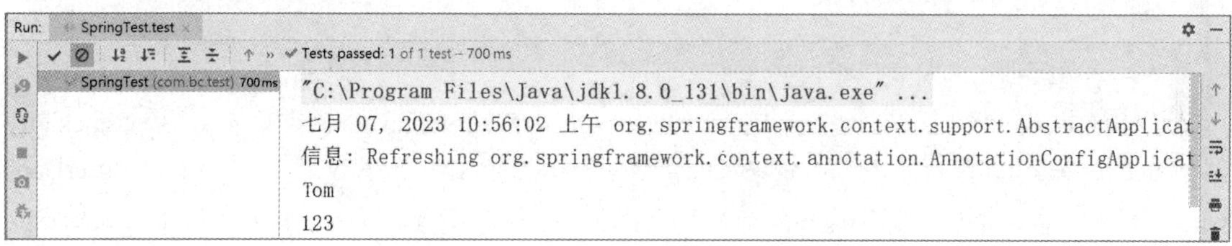

图 7-17 测试基于 JavaConfig 配置 Bean

3. 基于注解的装配

为了进一步简化 Spring Bean 的装配方式，践行“约定大于配置”的思想，Spring 还提供了基于注解的装配方式。

注解是在计算机程序中添加的一种元数据，用于为代码元素（如类、方法、变量等）提供补充说明或标记特定属性/行为。它们以@符号开头，通常放置在代码元素的前面，以便在编译时或运行时被解释和处理。它是Java语言的一个强大特性，可以用于很多场景，如为代码添加文档、进行代码检查、指定依赖项、标记测试用例等。在Spring框架中，注解可以使开发者无须手动配置每个Bean之间的依赖关系，而是通过在类、字段、构造方法等位置添加特定的注解，Spring框架就可以自动扫描并创建和装配Bean，从而避免手动编写大量配置文件带来的麻烦。

表 7-3 展示了 Spring 框架中常用的注解。

表 7-3　　　　　　　　　　Spring 框架中常用的注解

注解	作用	注解	作用
@Autowired	自动装配 Bean 依赖	@PostConstruct	在 Bean 初始化后执行方法
@Component	通用组件扫描注解	@PreDestroy	在 Bean 销毁前执行方法
@Controller	声明控制器类	@RequestMapping	定义控制器请求映射
@Repository	声明数据访问对象层类	@PathVariable	获取请求路径中的参数
@Service	声明服务层类	@RequestParam	获取请求参数
@Configuration	定义配置类	@ResponseBody	响应请求结果
@Bean	定义 Bean 对象	@ResponseStatus	定义响应状态码
@Value	注入配置属性值	@ExceptionHandler	处理控制器方法中的异常
@Qualifier	指定 Bean 名称	@Transactional	声明事务
@Scope	指定 Bean 作用域		

下面将以实现保存用户功能为例，介绍基于注解的装配方式。源代码位于“代码\第 7 章 Spring IoC\代码\09 基于注解的装配\spring_ioc”。

（1）创建数据访问对象层接口

创建数据访问对象层接口（UserDao.java），如代码清单 7-35 所示。

代码清单 7-35　UserDao.java

```
package com.bc.dao;
public interface UserDao {
    //保存用户
    public void save();
}
```

（2）创建数据访问对象层接口的实现类

创建数据访问对象层接口（UserDao）的实现类UserDaoImpl.java，该类首先使用@Repository注解将UserDaoImpl类标识为Spring Bean，其写法相当于XML配置文件中<bean id="userDao" class="com.bc.dao.impl.UserDaoImpl"/>的编写。然后在save()方法中输出一句话，用于验证是否成功调用该方法，内容如代码清单 7-36 所示。

代码清单 7-36　UserDaoImpl.java

```
package com.bc.dao.impl;
import com.bc.dao.UserDao;
import org.springframework.stereotype.Repository;
@Repository("userDao")
public class UserDaoImpl implements UserDao {
    @Override
    public void save() {
        System.out.println("保存用户");
    }
}
```

（3）创建服务层接口

创建服务层接口 UserService.java，在接口中同样定义一个业务方法 save()，如代码清单 7-37 所示。

代码清单 7-37　UserService.java

```
package com.bc.service;
public interface UserService {
    public void save();
}
```

（4）创建服务层接口的实现类

创建服务（Service）层接口的实现类UserServiceImpl.java，并添加相应的类注解@Service ("userService")和成员变量注解@Resource(name="userDao")，内容如代码清单 7-38 所示。

代码清单 7-38　UserServiceImpl.java

```
package com.bc.service.impl;
import javax.annotation.Resource;
import com.bc.dao.UserDao;
import com.bc.service.UserService;
import org.springframework.stereotype.Service;
@Service("userService")
public class UserServiceImpl implements UserService {
    //相当于 XML 配置文件中的<property name="userDao" ref="userDao"/>
    @Resource(name="userDao")
    private UserDao userDao;

    public void save() {
        //调用 userDao 中的 save()方法
        this.userDao.save();
    }
}
```

（5）创建控制层类

创建控制层类UserController.java，并用@Controller注解进行标注，这相当于在XML配置文件中编写<bean id="userController"　class="com.bc.controller.UserController"/>，然后对userService对象使用@Resource注解进行标注，这相当于在配置文件中编写<property name="userService" ref="userService" />，最后在其save()方法中调用userService对象的save()方法。具体内容如代码清单 7-39 所示。

代码清单 7-39　UserController.java

```
package com.bc.controller;
import javax.annotation.Resource;
import com.bc.service.UserService;
import org.springframework.stereotype.Controller;

@Controller("userController")
public class userController {
    @Resource(name="userService")
    private UserService userService;
    public void save(){
        this.userService.save();
```

```
    }
}
```

（6）修改 Spring 配置文件

在配置文件 applicationContext.xml 中设置基于 Annotation 装配的内容。首先在<beans>标签中增加包含 context 的约束信息，然后通过配置<context: annotation-config/>来开启注解处理器，再定义 userDao 等 3 个 Spring Bean，如代码清单 7-40 所示。

代码清单 7-40　applicationContext.xml

```
<?xml version="1.0" encoding="UTF-7"?>
<beans xmlns="http://www.springframework.org/schema/beans"
      xmlns:xsi="http://www.w3.org/2001/XMLSchema-instance"
      xmlns:context="http://www.springframework.org/schema/context"
      xsi:schemaLocation="http://www.springframework.org/schema/beans
      http://www.springframework.org/schema/beans/spring-beans-4.3.xsd
      http://www.springframework.org/schema/context
      http://www.springframework.org/schema/context/spring-context-4.3.xsd">

    <!-- 使用 context 命名空间，在配置文件中开启相应的注解处理器 -->
    <context:annotation-config />
    <!--分别定义 3 个 Spring Bean-->
    <bean id="userDao" class="com.bc.dao.impl.UserDaoImpl"/>
    <bean id="userService" class="com.bc.service.impl.UserServiceImpl"/>
    <bean id="userController" class="com.bc.controller.UserController"/>
</beans>
```

上述实例中的注解方式虽然较大程度简化了 Spring Bean 的配置，但仍需要在配置文件中配置相应的 Bean。为此，Spring 还提供了另外一种高效的注解配置方式，可以对包路径下所有 Bean 文件进行扫描，以完成 Bean 的创建和加载，内容如代码清单 7-41 所示。

代码清单 7-41　applicationContext.xml

```
<!--使用 context 命名空间，通知 Spring 扫描指定包下所有 Bean 类，进行注解解析-->
<context:component-scan base-package="com.bc" />
```

（7）编写测试类

编写测试类 SpringTest.java 以测试基于注解的装配方式，如代码清单 7-42 所示。

代码清单 7-42　SpringTest.java

```
@Test
//基于注解的装配
public void test7(){
    //1.初始化 Spring 容器，加载配置文件
    ClassPathXmlApplicationContext applicationContext = new ClassPathXmlApplicationContext
("applicationContext.xml");
    //2.通过容器获取 userController 对象
    UserController userController=(UserController) applicationContext.getBean ("user-
Controller");
    userController.save();
}
```

程序成功通过 Spring 容器获取了 userController 对象，如图 7-18 所示。

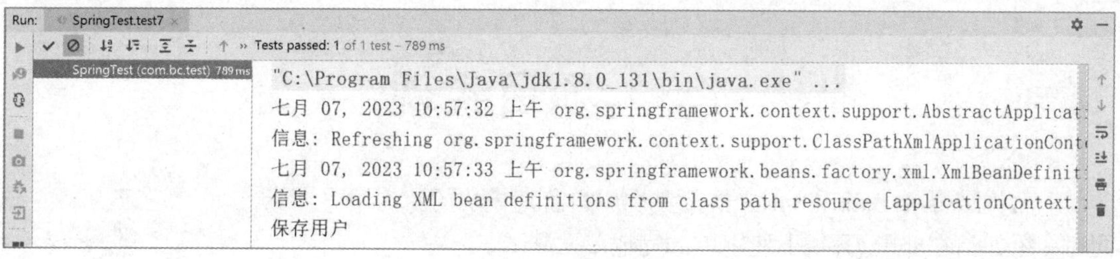

图 7-18　测试基于注解的装配方式

4. 自动装配

在 Spring 框架中，自动装配是指将一个 Bean 自动注入其他 Bean 的属性中，以实现它们之间的依赖关系。

Spring框架提供了多种自动装配的方式，例如，在XML配置文件中，可以使用<bean>标签的autowire属性来指定自动装配的方式（如byName、byType等）。在注解方式中，可以使用@Autowired、@Resource等注解来实现自动装配。在JavaConfig配置中，可以使用@Configuration和@Bean注解来指定自动装配的方式。

自动装配的优点在于，它可以让开发者更加便捷地组合Bean，以减少手动配置的工作量，同时也避免因配置错误而引起的潜在问题。然而需要注意的是，在使用自动装配时，应注意Bean的命名规范和类型匹配，以避免出现错误。

表 7-4 展示了 Spring 自动装配方式及其特点。

表 7-4　Spring 自动装配方式及其特点

自动装配方式	特点
byName	根据依赖项的名称进行自动装配。需要依赖项的名称和被依赖项的属性名匹配
byType	根据依赖项的类型进行自动装配。如果Spring容器中存在多个与属性类型匹配的Bean，则会抛出异常
constructor	通过构造方法进行自动装配。会根据构造方法参数的类型和名称来匹配依赖项
autodetect	默认方式，先尝试按 byType 进行自动装配，如果找不到依赖项再尝试按 byName 进行自动装配

注意

在使用byName和byType进行自动装配时，需要在依赖项上添加@Autowired注解，但使用constructor进行自动装配时，则不需要添加该注解。此外，还可以使用@Qualifier注解来指定具体的依赖项名称，以避免装配时产生歧义，如代码清单7-43所示。

代码清单 7-43　applicationContext.xml

```
<bean id="userDao" class="com.bc.dao.impl.UserDaoImpl"/>
<bean id="userService" class="com.bc.service.impl.UserServiceImpl" autowire="byName"/>
<bean id="userController" class="com.bc.controller.UserController" autowire="byName"/>
```

上述配置文件中，用于配置 userService 和 userController 的<bean>标签中除了 id 和 class 属性外，还增加了值为 byName 的 autowire 属性。默认情况下，配置文件中需要通过 ref 来装配 Bean，但设置了 autowire="byName"后，Spring 会寻找 userService Bean 中的属性，并将其属性名称与配置文件中定义的 Bean 做匹配后，自动地将 id 为 userDao 的 Bean 装配到 id 为 userService 的 Bean 中。

7.3 项目实现

下面将结合MyBatis和Spring框架实现用户管理模块的新建用户功能，同时介绍如何在Spring环境下使用JUnit完成单元测试。

项目实现

7.3.1 业务场景

项目经理老王：小王，我想了解一下你在 Spring IoC 方面的掌握情况，能否详细介绍一下你学到了哪些内容吗？

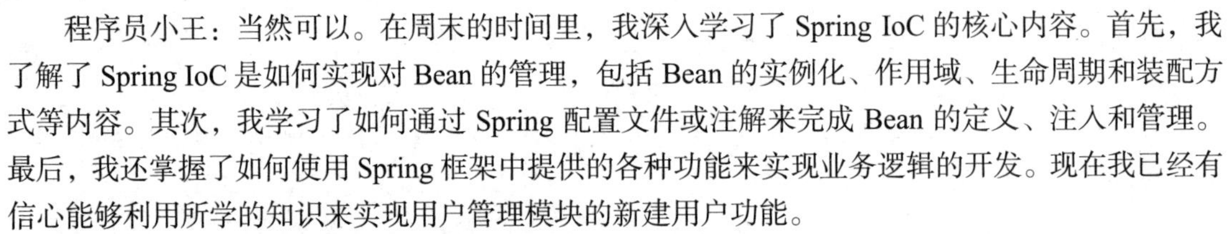

程序员小王：当然可以。在周末的时间里，我深入学习了 Spring IoC 的核心内容。首先，我了解了 Spring IoC 是如何实现对 Bean 的管理，包括 Bean 的实例化、作用域、生命周期和装配方式等内容。其次，我学习了如何通过 Spring 配置文件或注解来完成 Bean 的定义、注入和管理。最后，我还掌握了如何使用 Spring 框架中提供的各种功能来实现业务逻辑的开发。现在我已经有信心能够利用所学的知识来实现用户管理模块的新建用户功能。

项目经理老王：好的，期待你的表现。

7.3.2 实现新建用户功能

1. 创建 Maven 项目

创建图 7-19 所示的 Maven 项目，也可以从本章提供的源代码（提供的源代码位于“代码\第 7 章 Spring IoC\代码\10 用户管理模块实现\bccrm”）中直接导入。

- mapper：该目录下存放了 DAO 层实现，包含 UserMapper 接口及对应的 UserMapper.xml 文件，用于实现对用户数据的增、删、改、查等操作。
- pojo：该目录下存放了实体类，主要有 User 用户类，用于描述用户的各属性。
- service：该目录下包含服务层接口及其实现类，分别为 IUserService 和 IUserServiceImpl，用于定义和实现与用户相关的业务逻辑。
- resources：该目录下包含 MyBatis 和 Spring 的配置文件，用于配置数据库连接、Mapper 扫描等相关信息。
- test：该目录下包含 DAO 层和 Service 层的测试类，这些测试类都继承了 BaseTest 类，用于测试相关类的正确性和可靠性。
- pom.xml：是 Maven 项目的核心配置文件，用于管理项目所需的依赖包和其他配置信息。

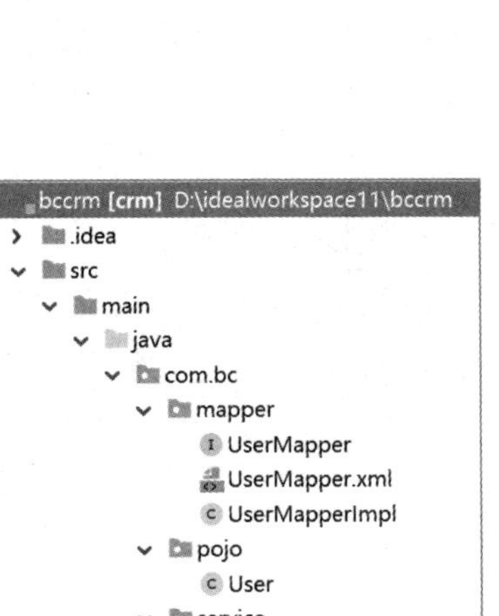

图 7-19　项目结构

2. 导入项目依赖包

配置 pom.xml，导入项目所需要的依赖包，如代码清单 7-44 所示。

代码清单 7-44 pom.xml

```
<?xml version="1.0" encoding="UTF-7"?>
<project xmlns="http://maven.apache.org/POM/4.0.0"
        xmlns:xsi="http://www.w3.org/2001/XMLSchema-instance"
        xsi:schemaLocation="http://maven.apache.org/POM/4.0.0  http://maven.apache.
org/xsd/maven-4.0.0.xsd">
    <modelVersion>4.0.0</modelVersion>

    <groupId>com.bc</groupId>
    <artifactId>crm</artifactId>
    <version>1.0-SNAPSHOT</version>
    <dependencies>
        <dependency>
            <groupId>junit</groupId>
            <artifactId>junit</artifactId>
            <version>4.13</version>
            <scope>test</scope>
        </dependency>
        <dependency>
            <groupId>org.mybatis</groupId>
            <artifactId>mybatis</artifactId>
            <version>3.5.5</version>
        </dependency>
        <dependency>
            <groupId>mysql</groupId>
            <artifactId>mysql-connector-java</artifactId>
            <version>7.0.13</version>
        </dependency>
        <dependency>
            <groupId>org.springframework</groupId>
            <artifactId>spring-webmvc</artifactId>
            <version>5.2.7.RELEASE</version>
        </dependency>
        <dependency>
            <groupId>org.springframework</groupId>
            <artifactId>spring-jdbc</artifactId>
            <version>5.1.3.RELEASE</version>
        </dependency>
        <dependency>
            <groupId>org.aspectj</groupId>
            <artifactId>aspectjweaver</artifactId>
            <version>1.9.4</version>
        </dependency>
        <dependency>
            <groupId>org.mybatis</groupId>
            <artifactId>mybatis-spring</artifactId>
            <version>2.0.5</version>
        </dependency>
        <!--lomok 包-->
        <dependency>
            <groupId>org.projectlombok</groupId>
```

```
            <artifactId>lombok</artifactId>
            <version>1.17.12</version>
        </dependency>

        <!--spring-test 是 Spring 提供的测试库，它封装了 JUnit 等测试框架-->
        <dependency>
            <groupId>org.springframework</groupId>
            <artifactId>spring-test</artifactId>
            <version>5.2.7.RELEASE</version>
            <scope>test</scope>
        </dependency>
    </dependencies>

    <build>
        <resources>
            <resource>
                <directory>src/main/resources</directory>
                <includes>
                    <include>**/*.properties</include>
                    <include>**/*.xml</include>
                </includes>
                <filtering>true</filtering>
            </resource>
            <resource>
                <directory>src/main/java</directory>
                <includes>
                    <include>**/*.properties</include>
                    <include>**/*.xml</include>
                </includes>
                <filtering>true</filtering>
            </resource>
        </resources>
    </build>
</project>
```

3. 创建 User 类

创建 User.java，在这里使用了 Lombok 插件，它提供的@Data 注解可以帮助开发者自动生成 User 类的 getxxx()、setxxx ()、equals()、hashCode()、canEqual()、toString()等方法，从而简化代码，提高开发效率。此外，我们还可以使用 Lombok 的其他注解来实现特定功能，例如@Builder 注解可以用于生成 Builder 模式的构造器，@AllArgsConstructor 注解可以用于生成带有所有参数的构造器等。User 类的内容如代码清单 7-45 所示。

代码清单 7-45　User.java

```
package com.bc.pojo;
import lombok.Data;
@Data
public class User {
    private int id;
    private String username;
    private String password;
    private String email;
```

```
    private String phoneNum;
    private int status;
}
```

4. 创建 MyBatis 配置文件

创建 MyBatis 配置文件 mybatis-config.xml，如代码清单 7-46 所示。

代码清单 7-46　mybatis-config.xml

```
<?xml version="1.0" encoding="UTF-7" ?>
<!DOCTYPE configuration
      PUBLIC "-//mybatis.org//DTD Config 3.0//EN"
      "http://mybatis.org/dtd/mybatis-3-config.dtd">
<configuration>
</configuration>
```

5. 创建 Spring 整合 MyBatis 的配置文件

创建 spring-dao.xml 文件，用于在 Spring 中整合 MyBatis。spring-dao.xml 文件的内容如代码清单 7-47 所示。

代码清单 7-47　spring-dao.xml

```
<?xml version="1.0" encoding="UTF-7"?>
<beans xmlns="http://www.springframework.org/schema/beans"
      xmlns:xsi="http://www.w3.org/2001/XMLSchema-instance"
      xmlns:aop="http://www.springframework.org/schema/aop"
      xsi:schemaLocation="http://www.springframework.org/schema/beans
       https://www.springframework.org/schema/beans/spring-beans.xsd">

   <bean id="dataSource" class="org.springframework.jdbc.datasource.DriverManagerDataSource">
      <property name="driverClassName" value="com.mysql.cj.jdbc.Driver"/>
      <property name="url"
               value="jdbc:mysql://127.0.0.1:3306/ssm?useUnicode=true&amp;
               characterEncoding=utf7&amp;useSSL=false&amp;serverTimezone=GMT"/>
      <property name="username" value="root"/>
      <property name="password" value="root"/>
   </bean>

   <bean id="sqlSessionFactory" class="org.mybatis.spring.SqlSessionFactoryBean">
      <property name="dataSource" ref="dataSource"/>
      <!--绑定 MyBatis 配置文件-->
      <property name="configLocation" value="classpath:mybatis-config.xml"/>
      <!--注册 Mapper.xml 映射器-->
      <property name="mapperLocations" value="classpath:com/bc/mapper/*.xml"/>
   </bean>

   <bean id="sqlSession" class="org.mybatis.spring.SqlSessionTemplate">
      <constructor-arg index="0" ref="sqlSessionFactory"/>
   </bean>

   <bean id="userMapper" class="com.bc.mapper.UserMapperImpl">
      <property name="sqlSession" ref="sqlSession"/>
   </bean>
</beans>
```

以上文件定义了若干个 Spring Bean，具体包括以下几个。

- dataSource Bean：它用于定义连接 MySQL 的数据源，其中设置了数据库的连接信息，如驱动程序类名、URL、用户名和密码等。
- sqlSessionFactory Bean：它用于创建和配置 MyBatis 的 SqlSessionFactory 实例，它需要一个数据源 Bean，并绑定 MyBatis 的配置文件和映射器文件。
- sqlSession Bean：它是一个 MyBatis 的 SqlSessionTemplate 实例，在定义时需要以构造方法注入的方式注入 sqlSessionFactory Bean。
- userMapper Bean：它是一个自定义的 UserMapperImpl 实例，需要以属性注入的方式注入 SqlSession Bean。

6. 配置服务层 Spring Bean 的包扫描路径

创建spring-service.xml，将com.bc包添加到包扫描路径中，Spring容器在启动后会扫描该包下的所有注解类，并将它们实例化成对象后存储到容器中。spring-service.xml文件的内容如代码清单 7-48 所示。

代码清单 7-48　spring-service.xml

```
<?xml version="1.0" encoding="UTF-7"?>
<beans xmlns="http://www.springframework.org/schema/beans"
    xmlns:xsi="http://www.w3.org/2001/XMLSchema-instance"
    xmlns:context="http://www.springframework.org/schema/context"
    xmlns:tx="http://www.springframework.org/schema/tx"
    xsi:schemaLocation="http://www.springframework.org/schema/beans
    http://www.springframework.org/schema/beans/spring-beans.xsd
    http://www.springframework.org/schema/context
    http://www.springframework.org/schema/context/spring-context.xsd
    http://www.springframework.org/schema/tx
    http://www.springframework.org/schema/tx/spring-tx.xsd">
    <!-- 扫描 service 包下所有使用注解的类 -->
    <context:component-scan base-package="com.bc" />
</beans>
```

7. 数据访问对象接口层接口创建及实现

数据访问对象接口层负责完成对用户的增、删、改、查操作，主要包括 DAO 层接口及其实现类，还有对应的 UserMapper.xml 文件。

在 UserMapper 接口中定义完成新建用户的方法，如代码清单 7-49 所示。

代码清单 7-49　UserMapper.java

```
package com.bc.mapper;
import com.bc.pojo.User;
import java.util.List;
public interface UserMapper {
    public int insertUser(User user);
}
```

在接口实现类 UserMapperImpl 中完成新建用户的方法，如代码清单 7-50 所示。

代码清单 7-50　UserMapperImpl.java

```
package com.bc.mapper;
import com.bc.pojo.User;
```

```
import org.mybatis.spring.SqlSessionTemplate;
import java.util.List;
public class UserMapperImpl implements UserMapper {
    //原来所有的操作都通过 SqlSession 来执行，现在都是 SqlSessionTemplate
    private SqlSessionTemplate sqlSession;
    public void setSqlSession(SqlSessionTemplate sqlSession) {
        this.sqlSession = sqlSession;
    }

    @Override
    public int insertUser(User user) {
        UserMapper mapper = sqlSession.getMapper(UserMapper.class);
        return mapper.insertUser(user);
    }
}
```

在 UserMapper.xml 中完成新建用户的动态 SQL 语句，如代码清单 7-51 所示。

代码清单 7-51　UserMapper.xml

```
<?xml version="1.0" encoding="UTF-7" ?>
<!DOCTYPE mapper
        PUBLIC "-//mybatis.org//DTD Config 3.0//EN"
        "http://mybatis.org/dtd/mybatis-3-mapper.dtd">
<mapper namespace="com.bc.mapper.UserMapper">

    <!--新建用户-->
    <insert id="insertUser"  parameterType="com.bc.pojo.User">
        <!--新建用户的 SQL 语句-->
        insert into users(username,email,password,phoneNum,status) values(#{username},
#{email},#{password},#{phoneNum},#{status})
    </insert>
</mapper>
```

8. 服务层接口创建及实现

服务层负责调用DAO层提供的数据库操作方法完成新建用户业务，主要包括服务层接口IUserService（代码见代码清单 7-52）及实现类IUserServiceImpl（代码见代码清单 7-53）。

代码清单 7-52　IUserService.java

```
package com.bc.service;
import com.bc.pojo.User;
public interface IUserService {
    //新增用户
    int insertUser(User user);
}
```

代码清单 7-53　IUserServiceImpl.java

```
package com.bc.service.impl;
import com.bc.mapper.UserMapper;
import com.bc.pojo.User;
import com.bc.service.IUserService;
import org.springframework.beans.factory.annotation.Autowired;
import org.springframework.stereotype.Service;
@Service("userService")
```

```
public class IUserServiceImpl implements IUserService {
    @Autowired
    private UserMapper userMapper;

    @Override
    public int insertUser(User user) {
        return userMapper.insertUser(user);
    }
}
```

9. 服务层功能测试

接下来我们需要对服务层中的新建用户功能进行验证，在这里使用 JUnit 单元测试来验证。

（1）创建一个基类BaseTest.java，通过它来导入测试所需要的配置文件spring-dao.xml和spring-service.xml，如代码清单 7-54 所示。

代码清单 7-54　BaseTest.java

```
package com.bc;
import org.junit.runner.RunWith;
import org.springframework.test.context.ContextConfiguration;
import org.springframework.test.context.junit4.SpringJUnit4ClassRunner;

//配置 Spring 和 JUnit 整合，JUnit 启动时加载 Spring IoC 容器

@RunWith(SpringJUnit4ClassRunner.class)
//告诉 JUnit Spring 配置文件的位置
@ContextConfiguration({ "classpath:/spring-dao.xml" ,"classpath:/spring-service.xml"})
public class BaseTest {
}
```

（2）对 UserService 中的新建用户方法进行测试，这样在控制层调用服务层方法时才能保证其正确性。UserServiceTest.java 的代码如代码清单 7-55 所示。

代码清单 7-55　UserServiceTest.java

```
package com.bc.service;
import com.bc.BaseTest;
import com.bc.pojo.User;
import org.junit.Test;
import org.springframework.beans.factory.annotation.Autowired;
import static junit.framework.TestCase.assertEquals;
public class UserServiceTest extends BaseTest {
    @Autowired
    private IUserService userService;

    @Test
    public void testSaveUser() {
        //创建 User 对象
        User user=new User();
        user.setUsername("Tom");
        user.setPassword("123");
        user.setEmail("×××@163.com");
        user.setPhoneNum("137××××5566");
        user.setStatus(1);
        //新建用户
```

```
        int result=userService.insertUser(user);
        assertEquals(1, result);
    }
}
```

通过 userService 对象调用 insertUser()方法，输出结果如图 7-20 所示。

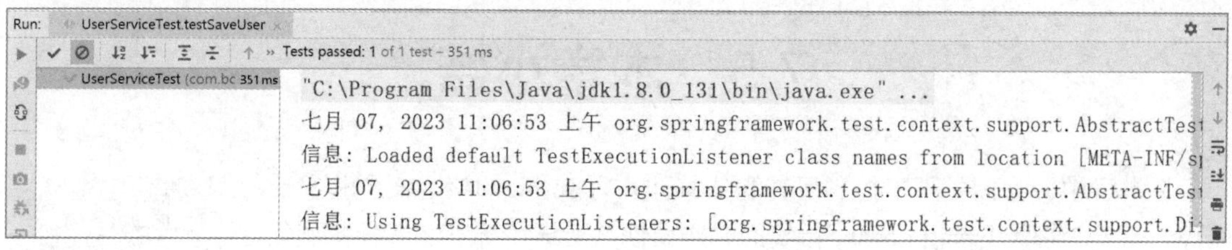

图 7-20　测试服务层新建用户方法的输出结果

查看 ssm 数据库中的 users 表，可以看到添加了一条记录，如图 7-21 所示。

开始事务　文本 · 筛选　排序　导入　导出

id	email	username	password	phoneNum	status	expireTime
20645	×××@163.com	Tom	123	137××××5566	1	(Null)

图 7-21　users 表中添加一条记录

7.4　经典问题强化

问题 1：哪种依赖注入方式建议使用？是构造方法注入，还是 setter 方法注入？

答：对于选择使用哪种依赖注入方式，可以根据具体的需求和场景进行选择。一般来说，如果依赖项是必需的，或者对于一个对象只需要进行一次性注入，那么构造方法注入可能是更好的选择。如果依赖项是可选的，或者需要在对象实例化后动态更改依赖项，那么 setter 方法注入可能更合适。同时，也可以混合使用两种方式来实现依赖注入，以达到更好的灵活性和可维护性。

问题 2：Spring 框架中的单例 Bean 是线程安全的吗？

答：在 Spring 框架中，单例 Bean 是线程安全的，这是因为 Spring 容器会为每个单例 Bean 创建一个独立的实例，而不是在多个线程之间共享同一个实例。

当一个 Bean 被定义为单例时，Spring 容器会确保该 Bean 在整个应用程序上下文中只被创建一次，并且每次请求该 Bean 时都返回同一个实例，这种模式确保了 Bean 的线程安全性，因为在任何时刻，都只有一个线程可以访问该实例。

但是需要注意的是，如果单例Bean中包含了共享的可变状态（如成员变量），那么在多线程环境下还是可能会出现线程安全问题的。这种情况下，可以通过使用同步机制（如synchronized关键字）来保证线程的安全性。另外，如果需要对多个线程共享的状态进行操作，那么应该使用原子操作或者线程安全的集合类来保证线程的安全性。

问题 3：@Autowired 和@Resource 的区别有哪些？

答：

（1）来源不同。@Autowired 是 Spring 自带的注解，而@Resource 是 Java EE 标准注解。

（2）依赖类型不同。@Autowired 根据类型（byType）来自动装配 Bean，而@Resource 默认

根据名称（byName）来自动装配 Bean，如果名称找不到则会尝试按类型（byType）装配 Bean。

（3）注入的方式不同。@Autowired 只能用于字段、方法或构造器上，而@Resource 可以用于字段、方法、构造器或类型上。

（4）参数不同。@Autowired 没有参数，而@Resource 有 name 参数，可以指定 Bean 的名称。

7.5 本章小结

在本章中，我们学习了控制反转和依赖注入等Spring的核心概念和实现原理，重点掌握了Spring <bean>标签的常用属性、所属子标签和 3 种实例化方式，深入探究了Spring Bean的作用域和生命周期，并学习了 4 种常用的装配方式。最后，通过实现CRM系统的用户管理模块中的新建用户功能，我们学习了如何整合Spring与MyBatis框架，并进一步实践了本章的重点内容。

经典问题强化及本章小结

第 8 章 Spring AOP

本章目标：

- 理解 AOP 的概念和作用；
- 掌握 AOP 底层的实现原理；
- 理解 AOP 的常用术语；
- 掌握 Spring AOP 的 2 种实现方式；
- 掌握 Spring AOP 的 5 种通知类型；
- 掌握 Spring AOP 在实际开发中的应用。

Spring AOP 是 Spring 框架中的一个重要模块，它提供了面向切面编程的实现，可以在不改变原有代码的情况下，实现对程序的增强和修改，例如，在方法执行前、执行后、抛出异常时等关键点注入特定的代码。

在 CRM 系统中，日志是一个非常重要的功能，它可以保存用户的操作记录、异常信息等内容，以便系统管理员能够及时发现和解决问题。本章我们将以日志功能的实现为例，介绍 Spring AOP 的相关知识。

8.1 项目需求

项目需求

8.1.1 业务场景

项目经理老王：小王，客户那边提出了一个紧急需求，需要在我们的 CRM 系统中添加一个功能用于记录用户的操作行为，你有什么想法吗？

程序员小王：我会使用 Spring AOP 的切面（Aspect）和切入点（Pointcut）来实现这个功能。首先，我会定义一个日志切面，用于拦截用户的操作行为。然后在切入点中定义需要拦截的方法（如登录、查询、添加、修改等方法），并添加相应的代码，以便记录用户在系统中的操作行为。

项目经理老王：好的，这个方案看起来不错。请尽快完成这个功能，我们需要在下一个版本更新前将其上线。

8.1.2 功能描述

根据客户提出的要求，我们需要为 CRM 系统开发一个日志管理模块。该日志管理模块主要有以下功能，包括日志列表、用户访问时间、访问用户名、访问用户 IP 地址、访问服务器资源 URL、访问接口耗费时间、访问接口方法，如图 8-1 所示。通过对以上信息的监控可以了解用户在系统中的操作行为，以及服务器提供服务时的运行状态。

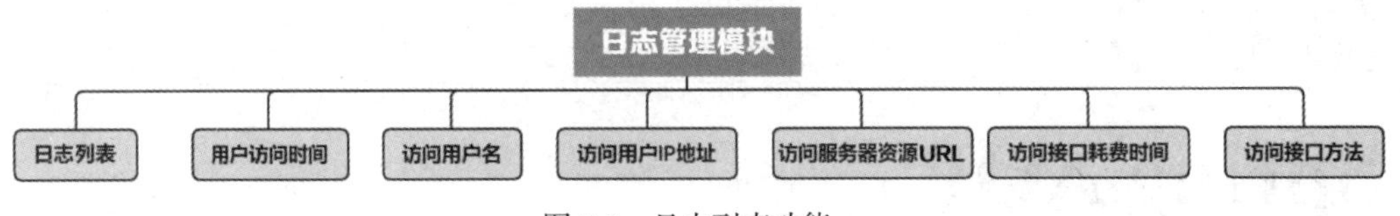

图 8-1　日志列表功能

8.1.3　最终效果

日志列表功能的最终效果如图 8-2 所示。

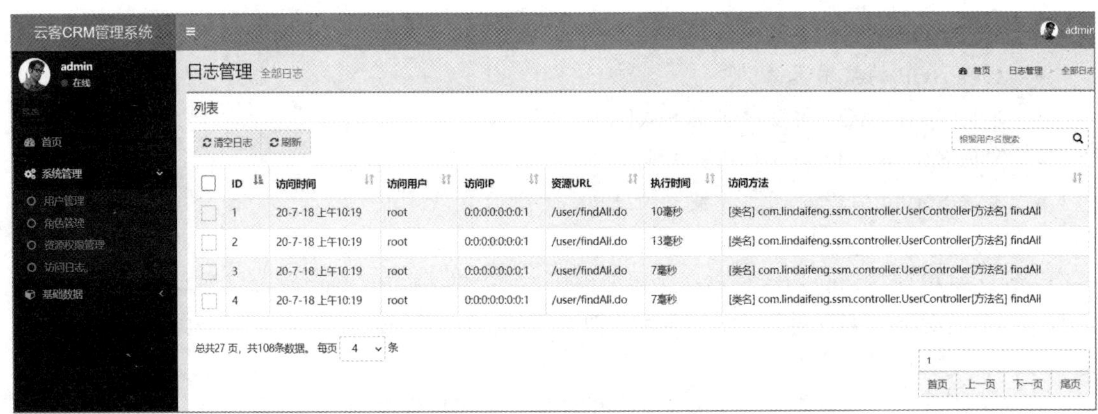

图 8-2　日志列表功能的最终效果

8.2　背景知识

8.2.1　知识导图

本章知识导图如图 8-3 所示。

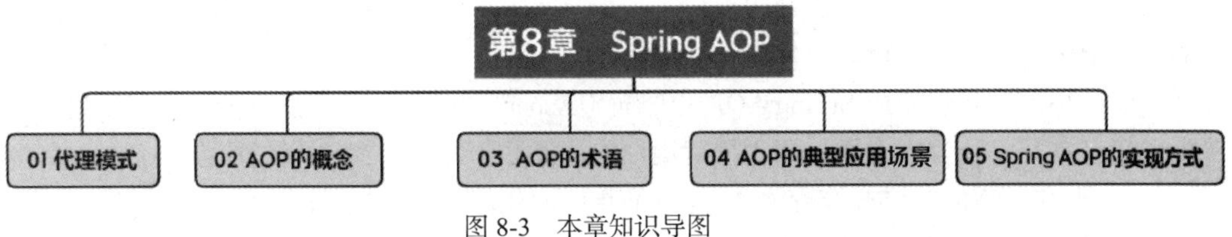

图 8-3　本章知识导图

8.2.2　代理模式

1. 代理模式概念

代理模式是一种常用的设计模式，在 Spring AOP 实现中有着重要的作用，它为其他对象提供了一种代理以控制对这个对象的访问。代理对象在客户端与目标对象之间起到中介的作用，客户端通过代理对象访问目标对象，可以在不改变目标对象的情况下增加额外的功能，如权限控制、缓存、日志记录等。

通常，代理模式包含以下 3 个角色，即抽象角色、代理角色和真实角色。其中，抽象角色是目标对象与代理对象共同实现的接口；代理角色是代理对象，负责与客户端交互并控制对真实角色的访问；真实角色是代理角色所代表的对象，是最终被访问的对象。

代理模式有多种实现方式，包括静态代理、动态代理和 CGLIB（Code Generation Library）代理等。静态代理需要程序员手动编写代理类，因此适用于代理对象较少的场景；动态代理使用 Java 的反射机制来动态生成代理类，允许在运行时动态创建代理对象，因此适用于需要大量代理对象的场景；CGLIB 代理是一种基于继承的代理方式，通过动态生成子类的方式来实现代理。图 8-4 是代理模式类图。

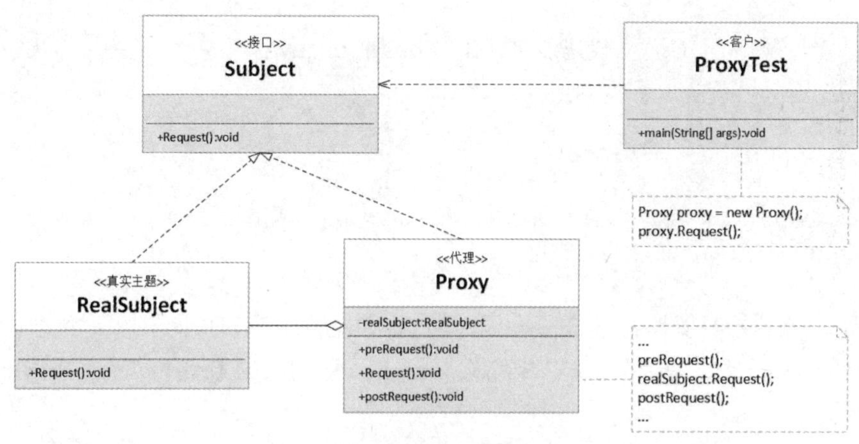

图 8-4　代理模式类图

- Subject（抽象主题）：定义代理对象和原始对象的公共接口，这样代理对象可以替代原始对象。
- RealSubject（真实主题）：实现了抽象主题接口，并且定义了代理对象所代表的真实对象。
- Proxy（代理）：实现了抽象主题接口，包含一个指向真实主题对象的引用，它可以控制对真实主题对象的访问，以实现额外的逻辑。

在代理模式中，客户端不会直接访问原始对象，而是通过代理对象来访问原始对象。代理对象可以在访问原始对象之前或之后执行一些操作，如记录日志、验证用户权限等，这种方式可以提高代码的可维护性和安全性，并且可以更好地控制对原始对象的访问。

2. 静态代理

静态代理是代理模式的一种实现，主要用于控制对特定对象的访问。它的实现需要以下 3 个角色，即代理对象、目标对象和客户端对象。具体实现步骤如下。

静态代理

（1）定义顶层接口，该接口包含代理对象类和目标对象类都需要实现的方法。

（2）创建顶层接口的实现类——目标对象类，该类实现接口中定义的方法。

（3）创建顶层接口的实现类——代理对象类，该类持有一个目标对象的引用，并在接口实现方法中调用目标对象的对应方法。

（4）在客户端代码中，创建一个代理对象并调用其方法，以执行目标对象的对应方法。

下面以房产中介为例，介绍静态代理的实现（源代码位置在“代码\第 8 章 Spring AOP\代码\01 Spring AOP 两种实现方式\spring_aop”）。

（1）创建顶层接口 IPerson，该接口包含代理对象和目标对象都需要实现的 findHouse()方法，如代码清单 8-1 所示。

代码清单 8-1　IPerson.java

```
package com.bc.proxy.staticproxy;
public interface IPerson {
   void findHouse();
}
```

（2）创建目标对象类 ZhangSan，并实现接口 IPerson 中的 findHouse()方法，如代码清单 8-2 所示。

代码清单 8-2　ZhangSan.java

```
package com.bc.proxy.staticproxy;
public class ZhangSan implements IPerson {
   @Override
   public void findHouse() {
      System.out.println("张三要求：离地铁站近、面积大");
   }
}
```

（3）创建一个代理对象类 HouseProxy，该类持有 Zhangsan 类对象的引用，并实现 IPerson 接口中的 findHouse()方法，最后在此方法中完成 Zhangsan 类对象的 findHouse()方法调用，如代码清单 8-3 所示。

代码清单 8-3　HouseProxy.java

```
package com.bc.proxy.staticproxy;
public class HouseProxy implements IPerson {
   private ZhangSan zhangsan;
   public HouseProxy(ZhangSan zhangsan) {
      this.zhangsan = zhangsan;
   }

   @Override
   public void findHouse() {
      System.out.println("中介开始帮你找房");
      zhangsan.findHouse();
      System.out.println("成功找到啦");
   }
}
```

（4）在客户端代码中创建一个名为 proxy 的代理对象并调用其 findHouse()方法，以实现目标对象对应方法的执行，如代码清单 8-4 所示。

代码清单 8-4　Test.java

```
package com.bc.proxy.staticproxy;
public class Test {
   public static void main(String[] args) {
```

```
        HouseProxy proxy = new HouseProxy(new ZhangSan());
        proxy.findHouse();
    }
}
```

如图 8-5 所示，可以看出客户端通过代理对象 proxy 间接调用目标对象 ZhangSan 的 findHouse()方法，以完成帮助张三找房子的需求。

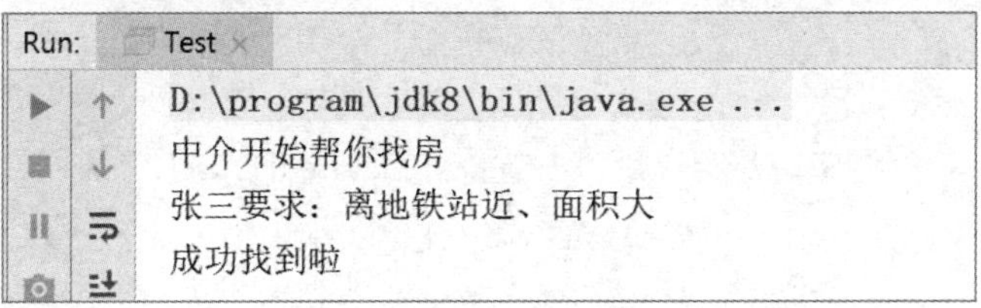

图 8-5　静态代理的输出结果

但是静态代理也有如下缺点。

（1）代理对象的一个接口只服务于一种类型的对象，如果要代理的方法很多，势必要为每一种方法都进行代理，这在大规模的程序开发中会大幅度增加开发成本。

（2）如果需要代理的类发生变化，如添加新的方法，那么代理类也需要进行相应的修改，这样就会导致代理类的可扩展性变差。

3. 动态代理

基于上面的问题就引出了动态代理，其特点是目标对象与代理对象实现同一接口，并在程序运行时动态创建代理对象，并且相比于静态代理，动态代理更加灵活。在 Java 中较常用的动态代理技术是 JDK 自带的代理技术和第三方提供的 CGLIB 技术。

JDK 动态代理允许在程序运行时生成代理对象，而不需要事先编写代理类。为了创建代理对象，需要使用 java.lang.reflect.Proxy 类及 java.lang.reflect.InvocationHandler 接口。动态代理类图如图 8-6 所示。

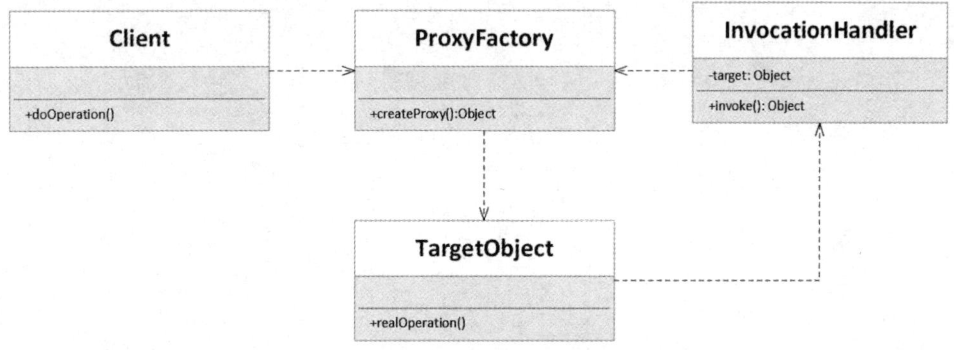

图 8-6　动态代理类图

- Client 类：客户端类，提供通过代理对象间接调用目标对象的方法。
- ProxyFactory 类：代理工厂类，通过 createProxy()方法创建代理对象。
- InvocationHandler 接口：该接口中定义了 invoke()方法，当客户端通过代理对象调用方法时，invoke()方法就会被调用，并将请求转发给目标对象进行执行。
- TargetObject 类：目标对象类，其中 realOperation()方法中包含被执行的业务逻辑。

下面还是以房产中介为例，介绍 JDK 动态代理的使用。

（1）创建顶层接口 IPerson，该接口包含代理对象类和目标对象类都需要实现的方法 findHouse()，如代码清单 8-5 所示。

代码清单 8-5　IPerson.java

```
package com.bc.proxy.jdk;
public interface IPerson {
   void findHouse();
}
```

（2）创建目标对象类 LiSi，并实现接口 IPerson 中的 findHouse()方法，如代码清单 8-6 所示。

代码清单 8-6　LiSi.java

```
package com.bc.proxy.jdk;
public class LiSi implements IPerson {
   @Override
   public void findHouse() {
      System.out.println("李四要求：便宜");
   }
}
```

（3）创建一个增强对象类Advice，实现要代理的before()和afterReturning()方法，如代码清单 8-7 所示。

代码清单 8-7　Advice.java

```
package com.bc.proxy.jdk;
public class Advice {
   public void before(){
      System.out.println("我是中介，我要开始给你找房了");
   }

   public void afterReturning(){
      System.out.println("成功找到啦");
   }
}
```

（4）利用 Proxy 类创建 IPerson 接口的动态代理对象并完成测试，如代码清单 8-8 所示。

代码清单 8-8　ProxyTest.java

```
package com.bc.proxy.jdk;
import java.lang.reflect.InvocationHandler;
import java.lang.reflect.Method;
import java.lang.reflect.Proxy;
public class ProxyTest {
   public static void main(String[] args) {
      //创建目标对象
      final LiSi target = new LiSi();

      //创建增强对象
      final Advice advice = new Advice();

      //invoke()的返回值就是动态生成的代理对象
      IPerson proxy = (IPerson) Proxy.newProxyInstance(
```

```
                //目标对象类的类加载器
                target.getClass().getClassLoader(),
                //获取目标对象类的实现接口
                target.getClass().getInterfaces(),
                new InvocationHandler() {
                  //调用代理对象的任何方法实质执行的都是invoke()方法
                    public Object invoke(Object proxy, Method method, Object[] args)
                    throws Throwable {
                        advice.before(); //前置增强方法
                        //执行目标对象方法
                        Object invoke = method.invoke(target, args);
                        advice.afterReturning(); //后置增强方法
                        return invoke;
                    }
                }
        );

        //调用代理对象的方法
        proxy.findHouse();
    }
}
```

如图 8-7 所示，运行程序后可以看出，客户端通过动态代理完成了帮助李四找房子的需求。

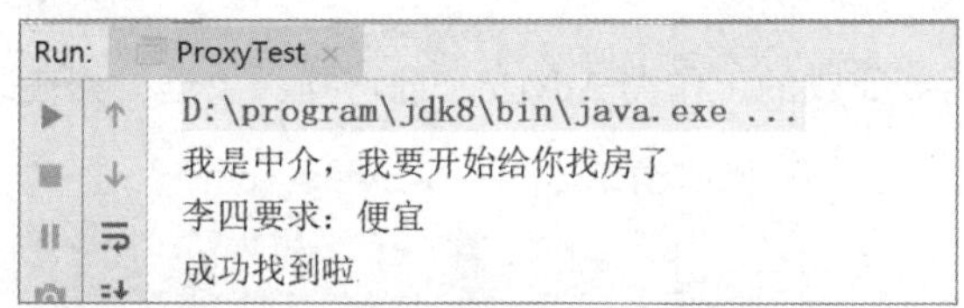

图 8-7　JDK 动态代理运行结果

以上程序使用了Java的动态代理技术来创建代理对象。它首先定义了一个目标对象target和一个增强对象advice，增强对象通常用于实现横切关注点，例如，日志记录、安全性、事务管理等。通过将这些关注点与目标对象的核心业务逻辑分离开，可以提高代码的模块化程度，使代码更易于维护和修改。

然后使用 Proxy 类的 newProxyInstance()方法创建一个 IPerson 接口的动态代理对象。该代理对象实现了与目标对象相同的接口，并且通过 InvocationHandler 实现了在代理对象执行方法时，先执行前置增强，然后通过执行目标对象的方法执行后置增强。

最后，使用代理对象调用目标对象的 findHouse()方法，实现了在方法调用前后加入增强逻辑的功能。

代码中的JDK代理类是一个实现了InvocationHandler接口的匿名内部类，它的invoke()方法会处理所有动态代理类所调用的方法，同时代理对象的创建是通过调用Proxy类的newProxyInstance()方法完成的，该方法的定义如下。

```
    public static Object newProxyInstance(ClassLoader loader, Class<?>[] interfaces,
InvocationHandler handler) throws IllegalArgumentException
```

- loader：一个 ClassLoader 对象，指定新建的代理对象所使用的类加载器。
- interfaces：一个 Class 数组，指定新建的代理对象要实现的接口列表。
- handler：一个 InvocationHandler 对象，指定新建的代理对象在执行方法时调用的处理器。

该方法返回一个代理对象，该对象实现了指定的接口列表，并且在调用其方法时会委托给指定的 InvocationHandler 对象来处理。也就是说，当客户端调用代理对象的方法时，代理对象会将方法调用转发给 InvocationHandler 对象，由其处理实际的业务逻辑。

CGLIB 动态代理

4. CGLIB 动态代理

JDK 动态代理必须提供接口才能被使用，在某些不能提供接口的环境中可以使用 CGLIB 技术实现动态代理。CGLIB 是第三方提供的一个高效、强大的开源库，它提供了一种机制可以在运行时动态生成字节码并创建对象，因此 CGLIB 经常被用于动态代理模式的实现。

使用 CGLIB 动态代理时，可以通过继承目标类并重写其中的方法来创建代理对象。代理对象会在运行时生成一个新类，该类是目标类的子类，并包含目标类中所有可访问方法的重写版本。重写的方法会在调用目标对象的方法前后执行代理逻辑。下面将以房产中介实例为例进行说明。

（1）创建一个目标类 Target，该类不需要实现任何接口，如代码清单 8-9 所示。

代码清单 8-9　Target.java

```
package com.bc.proxy.cglib;
public class Target {
    public void save() {
        System.out.println("李四要求：便宜");
    }
}
```

（2）创建房产中介需要完成的工作类 Advice，即增强对象类，如代码清单 8-10 所示。

代码清单 8-10　Advice.java

```
package com.bc.proxy.cglib;
public class Advice {
    public void before(){
        System.out.println("我是中介，我要开始给你找房了");
    }

    public void afterReturning(){
        System.out.println("成功找到啦");
    }
}
```

（3）创建 CGLIB 代理并完成测试，如代码清单 8-11 所示。

代码清单 8-11　ProxyTest.java

```
package com.bc.proxy.cglib;
import org.springframework.cglib.proxy.Enhancer;
import org.springframework.cglib.proxy.MethodInterceptor;
import org.springframework.cglib.proxy.MethodProxy;
import java.lang.reflect.Method;
public class ProxyTest {
    public static void main(String[] args) {
        //目标对象类
        final Target target = new Target();
        //增强对象类
        final Advice advice = new Advice();
        //1. 创建增强器
```

```
        Enhancer enhancer = new Enhancer();
        //2. 将目标对象类设为增强器的父类
        enhancer.setSuperclass(Target.class);
        //3. 设置回调方法
        enhancer.setCallback(new MethodInterceptor() {
            public Object intercept(Object proxy, Method method, Object[] args,
             MethodProxy methodProxy) throws Throwable {
                advice.before(); //执行前置方法
                //执行目标方法
                Object invoke = method.invoke(target, args);
                advice.afterReturning(); //执行后置方法
                return invoke;
            }
        });
        //4. 创建代理对象
        Target proxy = (Target) enhancer.create();
        proxy.save();
    }
}
```

以上代码创建了一个增强器（Enhancer），首先设置增强器的父类为目标对象类，然后设置增强器的回调方法为一个实现了 MethodInterceptor 接口的对象，并在回调中定义了代理对象在执行目标方法前后需要执行的逻辑，包括前置方法和后置方法。最后使用增强器生成代理对象，并调用代理对象的 save()方法。

通过 CGLIB 动态代理完成帮助李四找房子的需求，输出结果如图 8-8 所示。

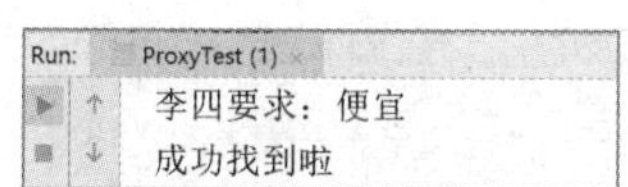

图 8-8　CGLIB 动态代理的输出结果

使用CGLIB时目标对象不能是final类型的，否则无法生成代理类。此外，CGLIB代理对象的性能比Java动态代理略低，这是因为在运行时动态生成的字节码需要占用额外的时间和内存。

5. JDK 动态代理和 CGLIB 动态代理的对比

JDK 动态代理和 CGLIB 动态代理都是 Java 开发中常用的代理技术，它们都可以用来动态生成代理类和对象，以实现对目标对象的代理操作，但是它们的实现原理和适用场景有所不同。

JDK 动态代理是通过 Java 反射机制来实现的，它要求目标类实现接口才能生成代理对象。因此 JDK 动态代理仅适用于基于接口的代理操作，但是 JDK 动态代理的实现比 CGLIB 更加轻量，性能也更高。

CGLIB 动态代理是通过生成目标类的子类来实现的，因此可以对没有接口的类进行代理。相比于 JDK 动态代理，CGLIB 动态代理的实现原理更复杂，性能也相对更低，但是 CGLIB 动态代理可以实现基于类的代理操作，因此对于无法通过接口进行代理的情况，CGLIB 是一种很好的解决方案。

总之，是选择 JDK 动态代理还是选择 CGLIB 动态代理，需要根据具体的业务场景和需求来决定。如果需要基于接口的代理，或者性能要求较高，就选择 JDK 动态代理；如果需要基于类的代理，就可以选择 CGLIB 动态代理。

8.2.3 AOP 的概念

Spring AOP 概念及应用

AOP（面向切面编程）和动态代理是紧密相关的概念，因为 AOP 的实现依赖于动态代理技术。从本章前述内容可以得知，代理模式中的代理对象持有实际对象的引用，并通过实现相同的接口向外界提供服务。AOP 中的切面就是一个代理对象，它可以拦截方法调用，并在方法执行前后处理额外的逻辑。

AOP 同时也是一种编程范式，它允许开发者在不修改原有代码的情况下，增强或修改系统的功能。具体来说，AOP 可以通过定义切面（Aspect）和连接点（Join Point）来描述横切关注点，然后通过切点（Pointcut）来定义连接点的集合。当程序执行到某个连接点时，切面会被织入（Weave）目标对象中，从而实现对目标对象的增强或修改。

AOP 的核心是切面。切面是一个模块化的横切关注点，它可以通过 AOP 框架织入程序中。切面可以包含多个通知（Advice），通知定义了在连接点上执行的动作，如在方法执行前或方法执行后执行一些额外的操作。

AOP 中常见的通知类型包括前置通知（Before）、后置通知（AfterReturning）、异常通知（AfterThrowing）、最终通知（After）和环绕通知（Around）等。

AOP 可以应用于各种类型的系统，如 Web 应用、桌面应用、分布式系统等。常见的 AOP 框架包括 Spring AOP、AspectJ、JBoss AOP 等，它们都提供了丰富的 API，方便开发者进行 AOP 编程。

8.2.4 AOP 的术语

在学习如何使用 Spring AOP 之前，首先要了解 AOP 的专业术语。这些术语包括 Aspect、Join Point、Pointcut、Advice、Introduction、Target Object、Weave、Proxy、AspectJ 和 Spring AOP 等，具体释义如表 8-1 所示。

表 8-1 Spring AOP 术语

术语	释义
Aspect（切面）	一个横切关注点的模块化封装，通常是一个类
Join Point（连接点）	应用程序执行过程中的点，如方法调用或异常抛出等
Pointcut（切点）	一组匹配 Join Point 的规则，用于定义切入点
Advice（通知）	定义在Join Point上要执行的操作，如Before、AfterReturning、AfterThrowing、After和Around等
Introduction（引入）	允许在现有类中添加新的接口和方法
Target Object（目标对象）	被一个或多个 Aspect 所通知的对象
Weave（织入）	将 Aspect 与其他对象连接起来，可以在编译时、类加载时或运行时完成
Proxy（代理）	代理对象，AOP 框架通过代理对象将切面织入目标对象中
AspectJ（面向切面编程框架）	一种 AOP 框架，提供了一种静态织入的方式，支持更丰富的 Pointcut 表达式
Spring AOP（Spring 框架的 AOP 实现）	基于 JDK 动态代理或 CGLIB 动态代理实现的 AOP 框架，提供了声明式的 AOP 编程模型

在 AOP 思想中，通常类和切面被描述为一个交错的图案。类是应用程序的主要逻辑单元，而切面则是横切关注点的模块，通过定义切点，切面可以对类中的某些方法进行拦截，然后在这些拦截点上定义通知来添加额外的行为。类与切面的关系图如图 8-9 所示。

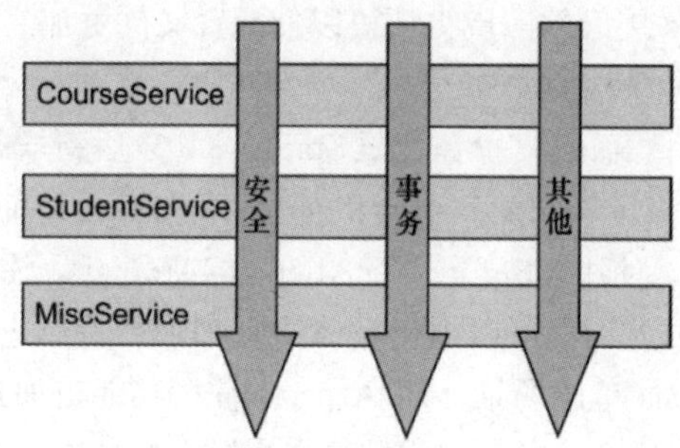

图 8-9 类与切面的关系图

可以将类看作是一条线，切面则从这条线上交错而过。当切面与类相交时，它会拦截类的某些方法并添加额外的行为，这种交错的关系就是 AOP 中类与切面的关系。

8.2.5 AOP 的典型应用场景

通常 AOP 用于将与核心业务无关，但是被所有核心业务所共同调用的逻辑和任务进行封装，以降低模块之间的耦合度。AOP 的典型应用场景如下。

（1）日志记录

在业务逻辑的方法执行前后，通过 AOP 技术织入记录日志的代码，例如，方法的执行时间、参数信息、返回结果等内容，以方便开发者进行问题排查和系统监控。

（2）安全控制

在业务逻辑的方法执行前，通过 AOP 技术织入安全控制的代码，例如，进行用户身份认证、访问权限控制等，确保只有授权用户才能执行该方法。

（3）性能监控

在业务逻辑的方法执行前后，通过 AOP 技术织入性能监控的代码，收集方法的执行时间、调用次数等信息，以此优化系统性能。

（4）事务管理

在业务逻辑的方法执行前后，通过 AOP 技术织入事务管理的代码，实现对数据库操作的事务性控制，确保数据的一致性和完整性。

（5）异常处理

在业务逻辑的方法执行过程中，通过 AOP 技术捕获异常，并进行统一处理，避免异常信息泄露给用户，同时提高代码的可维护性和可读性。

除此以外，AOP 还可以应用于缓存控制、日志审计、分布式追踪、权限控制等方面。总之，AOP 应用范围非常广泛，可以帮助开发者在不侵入业务逻辑的情况下，实现系统的横切关注点，以提高系统的灵活性和可维护性。

Spring AOP 的实现方式

8.2.6 Spring AOP 的实现方式

Spring AOP是Spring提供的一种基于动态代理模式的AOP框架，它支持开发者以XML和AspectJ注解两种方式进行面向切面编程。

1. 基于 XML 的声明式 AOP

在 XML 配置文件中可以通过 Spring 的 AOP 命名空间来定义切面、切点和通知。这种方式相比于编程实现，无须编写大量代码就可以对它们进行分组和管理，从而方便程序的维护和扩展。同时，使用命名空间和 Advice 接口的实现类还可以使配置文件更加易读。

2. 基于 AspectJ 注解的声明式 AOP

AspectJ 是一个基于 Java 语言的 AOP 框架，Spring 2.0 以后新增了对该框架的支持，它允许开发者以 AspectJ 注解的方式来定义切面、切点和通知。例如，可以使用@Aspect 注解定义切面，使用@Pointcut 注解定义切点，使用@Before、@After、@Around 等注解定义通知等。

在选择 Sping AOP 实现方式时，可以根据具体需求和项目特点进行选择，XML 方式相对简单，适合小型项目和切面比较简单的场景，而 AspectJ 注解功能更加强大，可以应对更复杂的业务场景，但学习和使用成本较高。接下来，我们将采用以上两种方式来分别完成日志管理模块的功能。

8.3 项目实现

当开发后台管理系统时，记录用户信息和操作行为是经常遇到的需求。如果将日志记录的操作直接添加到每个业务操作之后，会导致出现代码臃肿、耦合度高、难以维护等问题，因此更好的解决方案是使用 Spring AOP 技术来实现日志记录的操作。我们将使用基于 XML 配置文件和 AspectJ 注解两种方式来实现该操作，以便将记录日志的逻辑与其他业务逻辑相分离，从而使代码更加易于维护和扩展。

8.3.1 基于 XML 配置文件的日志管理模块实现

基于 XML 配置文件的日志管理模块实现

1. 业务场景

项目经理老王：小王，关于之前我们讨论的增加日志管理模块的任务，你有进展了吗？

程序员小王：是的，我经过两天的思考和研究，决定使用 Spring AOP 技术来实现这个功能，并且已经通过网上查询相关知识和编写 Spring AOP 入门实例熟悉了相关技术细节。现在需要进一步了解客户需求，以便将用户登录系统的信息和操作行为记录下来。

项目经理老王：非常好，我们需要确保满足客户的需求。据我所知，客户希望在登录系统之后能够记录用户访问时间、访问用户名、访问用户的 IP 地址、所访问的服务器资源 URL、访问接口耗费的时间，以及访问具体的接口方法等信息。这样可以监控用户的操作行为和服务器的执行效率，你认为可以先实现哪些功能呢？

程序员小王：我可以先实现记录用户登录的 IP 地址及退出系统时间，然后逐步增加其他功能。

2. 功能实现

（1）导入 Spring AOP 等的相关依赖

导入 Spring AOP 和 AspectJ 的依赖包，如代码清单 8-12 所示。

代码清单 8-12 pom.xml

```
<dependency>
    <groupId>org.springframework</groupId>
```

```
    <artifactId>spring-context</artifactId>
    <version>5.0.5.RELEASE</version>
</dependency>
<dependency>
    <groupId>org.aspectj</groupId>
    <artifactId>aspectjweaver</artifactId>
    <version>1.8.4</version>
</dependency>
```

（2）创建目标接口和目标类

创建目标接口 TargetInterface.java 和目标类 Target.java，分别如代码清单 8-13 和代码清单 8-14 所示。

代码清单 8-13　TargetInterface.java

```
package com.bc.aop;
public interface TargetInterface {
    public void save();
}
```

代码清单 8-14　Target.java

```
package com.bc.aop;
public class Target implements TargetInterface {
    public void save() {
          System.out.println("保存用户操作");
    }
}
```

（3）创建切面类

创建切面类 MyAspect.java，内部包含增强方法，如代码清单 8-15 所示。

代码清单 8-15　MyAspect.java

```
package com.bc.aop;
import java.text.SimpleDateFormat;
import java.util.Date;
public class MyAspect {
    SimpleDateFormat formatter= new SimpleDateFormat("yyyy-MM-dd HH:mm:ss");
    Date date = new Date(System.currentTimeMillis());

    public void before(){
        System.out.println("用户登录 IP: "+"192.168.12.10");
    }

    public void after(){
        System.out.println("用户离开时间: "+formatter.format(date));
    }
}
```

（4）配置 applicationContext.xml

配置 applicationContext.xml，将目标类和切面类的对象创建权限交给 Spring，如代码清单 8-16 所示。

代码清单 8-16　applicationContext.xml

```
<!--目标类对象-->
```

```
<bean id="target" class="com.bc.aop.Target"></bean>

<!--切面类对象-->
<bean id="myAspect" class="com.bc.aop.MyAspect"></bean>
```

（5）在 applicationContext.xml 文件中配置织入关系

导入 AOP 命名空间，如代码清单 8-17 所示。

代码清单 8-17　applicationContext.xml

```
<?xml version="1.0" encoding="UTF-8"?>
<beans xmlns="http://www.springframework.org/schema/beans"
      xmlns:xsi="http://www.w3.org/2001/XMLSchema-instance"
      xmlns:aop="http://www.springframework.org/schema/aop"
      xsi:schemaLocation="
      http://www.springframework.org/schema/beans
      http://www.springframework.org/schema/
      beans/spring-beans.xsd
      http://www.springframework.org/schema/aop
      http://www.springframework.org/schema/
       aop/spring-aop.xsd
">
```

配置切点表达式和前置增强的织入关系，如代码清单 8-18 所示。

代码清单 8-18　applicationContext.xml

```
<!--配置织入：告诉 Spring 框架哪些方法（切点）需要进行哪些增强（前置、后置…）-->
<aop:config>
    <!--声明切面-->
    <aop:aspect ref="myAspect">
        <!--切面：切点+通知-->
        <aop:before method="before" pointcut="execution(* com.bc.aop.*.*(..))"/>
        <aop:after method="after" pointcut="execution(* com.bc.aop.*.*(..))"/>
    </aop:aspect>
</aop:config>
```

以上代码是示例的核心，利用 AOP 命名空间实现了切面编程的配置，各标签及属性的详细介绍如下。

- <aop:config>标签：指定 Spring AOP 的配置信息。
- <aop:aspect>标签：定义一个切面，并指定切面对象的引用（ref="myAspect"）。
- <aop:before>和<aop:after>标签：分别定义了前置通知和后置通知，并指定了切点表达式（pointcut 属性）和通知方法（method 属性）。这里的切点表达式指定了哪些方法需要被增强，其中的“execution(* com.bc.aop.*.*(..))”表示 com.bc.aop 包下所有类的所有方法都需要被增强。
- method 属性：指定了在 MyAspect 类中定义的通知方法的名称，这里是 before 和 after。通知方法的实现需要在 MyAspect 类中定义，在这个例子中，before 和 after 分别是前置通知和后置通知的实现方法。

（6）创建测试类

创建测试类 AopTest.java，如代码清单 8-19 所示。

代码清单 8-19　AopTest.java

```
package com.bc.test;
```

```
import com.bc.aop.TargetInterface;
import org.junit.Test;
import org.junit.runner.RunWith;
import org.springframework.beans.factory.annotation.Autowired;
import org.springframework.test.context.ContextConfiguration;
import org.springframework.test.context.junit4.SpringJUnit4ClassRunner;
@RunWith(SpringJUnit4ClassRunner.class)
@ContextConfiguration("classpath:applicationContext.xml")
public class AopTest {
    @Autowired
    private TargetInterface target;

    @Test
    public void test(){
        target.save();
    }
}
```

当保存用户操作的方法执行时，控制台会输出用户登录的 IP 地址和用户退出系统时间等日志信息，如图 8-10 所示。

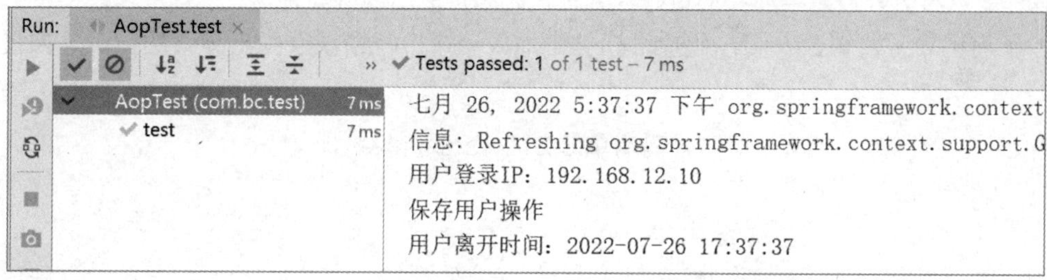

图 8-10　基于 XML 配置文件的日志管理模块输出结果

3. 通知类型

在实际应用中可以使用不同的通知类型标签以方便实现切入。例如，在上面的实例中就使用了<aop:before>和<aop:after>两种通知，分别在切入点之前和切入点之后完成了相关业务。此外，也可以在切入点方法返回或遇到异常时进行通知，以下是 Spring AOP 提供的 5 种通知类型标签及其说明，如表 8-2 所示。

表 8-2　通知类型标签及其说明

通知类型标签	说明
<aop:before>	该通知类型标签允许在目标方法执行前执行自定义逻辑
<aop:after>	该通知类型标签允许在目标方法执行后执行自定义逻辑
<aop:after-returning>	该通知类型标签允许在目标方法返回结果后执行自定义逻辑
<aop:after-throwing>	该通知类型标签允许在目标方法抛出异常后执行自定义逻辑
<aop:around>	该通知类型标签允许在目标方法执行前后，或者在抛出异常时执行自定义逻辑。环绕通知必须显式调用 ProceedingJoinPoint.proceed()方法来执行目标方法

通常可以在配置文件中配置 Spring AOP 的通知类型，如代码清单 8-20 所示。

代码清单 8-20　applicationContext.xml

```
<!--配置织入：告诉 Spring 框架哪些方法（切点）需要进行哪些增强（前置、后置…）-->
```

```
<aop:config>
    <!--声明切面-->
    <aop:aspect ref="myAspect">
        <!--定义切点表达式-->
        <aop:pointcut id="myPointcut" expression="execution(* com.bc.aop.*.*(..))">
         </aop:pointcut>
        <!--切面：切点+通知-->
         <aop:after-returning method="afterReturning" pointcut-ref="myPointcut"/>
         <aop:after-throwing method="afterThrowing" pointcut-ref="myPointcut"/>
         <aop:around method="around" pointcut-ref="myPointcut"/>
    </aop:aspect>
</aop:config>
```

以上配置代码用于将切面织入目标方法中进行增强，首先通过<aop:config>标签声明了一个Spring AOP 配置，然后通过<aop:aspect>标签声明了一个切面，并在其中定义了一个切点，用于拦截 com.bc.aop 包及其子包下的所有方法。

此外，Spring AOP 还支持对异常通知的处理。在 Spring AOP 中，异常通知是在方法执行期间抛出异常时执行的一种切面通知，通过在代码中添加异常通知，我们可以指定在发生异常时要执行的操作。这种方式可以帮助我们更好地处理代码中可能出现的异常情况。

为了模拟异常通知，我们在代理目标类中加入一行出现错误会抛出异常的代码，如代码清单 8-21 所示。

代码清单 8-21　Target.java

```
package com.bc.aop;
public class Target implements TargetInterface {
    public void save() {
            System.out.println("保存用户操作");
            int i=1/0;
    }
}
```

修改切面类，加入通知类型对应的处理方法，如代码清单 8-22 所示。

代码清单 8-22　MyAspect.java

```
package com.bc.aop;
import org.aspectj.lang.ProceedingJoinPoint;
import java.text.SimpleDateFormat;
import java.util.Date;
public class MyAspect {
    SimpleDateFormat formatter= new SimpleDateFormat("yyyy-MM-dd HH:mm:ss");
    Date date = new Date(System.currentTimeMillis());

    public void before(){
        System.out.println("用户登录 IP: "+"192.168.12.10");
    }

    public void after(){
        System.out.println("用户离开时间: "+formatter.format(date));
    }

    public Object around(ProceedingJoinPoint pjp) throws Throwable {
```

```
        System.out.println("用户登录 IP"+"192.168.12.10");
        Object proceed = pjp.proceed();//切点方法
        System.out.println("用户离开时间:"+formatter.format(date));
        return proceed;
    }

    public void afterReturning(){
        System.out.println("方法返回通知……");
    }

    public void afterThrowing(){
        System.out.println("异常抛出…");
    }
}
```

创建测试类，如代码清单 8-23 所示。

代码清单 8-23　AopTest.java

```
package com.bc.test;
import com.bc.aop.TargetInterface;
import org.junit.Test;
import org.junit.runner.RunWith;
import org.springframework.beans.factory.annotation.Autowired;
import org.springframework.test.context.ContextConfiguration;
import org.springframework.test.context.junit4.SpringJUnit4ClassRunner;
@RunWith(SpringJUnit4ClassRunner.class)
@ContextConfiguration("classpath:applicationContext.xml")
public class AopTest {
    @Autowired
    private TargetInterface target;

    @Test
    public void test(){
        target.save();
    }
}
```

在执行保存用户操作的方法时，会抛出异常信息，输出如图 8-11 所示。

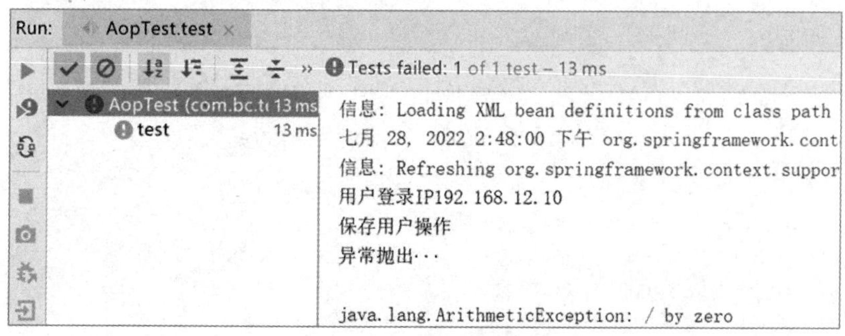

图 8-11　通知类型抛出异常

从以上内容可以看出，使用<aop:around>来代替<aop:before>和<aop:after>的最终效果是一样的。在配置<aop:after-throwing>后，当程序出现异常时也正确地进行了异常通知。

8.3.2 基于注解方式的日志管理模块实现

基于注解方式的日志管理模块实现

1. 业务场景

项目经理老王：小王，我看你实现的日志管理模块还需要频繁修改配置文件，有没有什么优化的方法？

程序员小王：是的，我已经想过这个问题了。我们可以使用 Spring AOP 中的注解方式来简化配置，只需要在代码中添加注解，而不需要修改配置文件就能实现对日志管理模块的配置。

项目经理老王：听起来很不错，你能给我具体讲一下如何使用注解方式实现吗？

程序员小王：当然。我们可以使用@AspectJ 注解来定义切面，然后使用@Before、@After、@Around 等注解来定义切点，进而实现对方法的增强。这样就可以在代码中灵活地添加日志功能了。

项目经理老王：听起来很简单，那你可以按照这个思路来优化我们的日志管理模块吗？

程序员小王：好的，我会把它做好，并且会尽量写出可读性高、易维护的代码。

2. 功能实现

（1）创建目标接口和目标类

创建目标接口TargetInterface.java和目标类Target.java，分别如代码清单8-24和代码清单8-25所示。

代码清单 8-24　TargetInterface.java

```
package com.bc.anno;
public interface TargetInterface {
    public void save();
}
```

代码清单 8-25　Target.java

```
package com.bc.anno;
import org.springframework.stereotype.Component;
@Component("target")
public class Target implements TargetInterface {
    public void save() {
        System.out.println("保存用户操作");
    }
}
```

（2）创建切面类

创建切面类 MyAspect.java，内部有增强方法，如代码清单 8-26 所示。

代码清单 8-26　MyAspect.java

```
package com.bc.anno;
import org.aspectj.lang.annotation.After;
import org.aspectj.lang.annotation.Aspect;
import org.aspectj.lang.annotation.Before;
import org.springframework.stereotype.Component;
import java.text.SimpleDateFormat;
import java.util.Date;

//将切面类的对象创建权限交给 Spring
```

```
@Component("myAspect")
//标注 MyAspect 类是一个切面类
@Aspect
public class MyAspect {
    SimpleDateFormat formatter= new SimpleDateFormat("yyyy-MM-dd HH:mm:ss");
    Date date = new Date(System.currentTimeMillis());

    //在切面类中使用注解配置织入关系，@Before 注解用于配置前置通知
    @Before("execution(* com.bc.anno.*.*(..))")
    public void before(){
        System.out.println("用户登录 IP："+"192.168.12.10");
    }
    //@After 注解用于配置后置通知
    @After("execution(* com.bc.anno.*.*(..))")
    public void after(){
        System.out.println("用户离开时间："+formatter.format(date));
    }
}
```

（3）在 Spring 配置文件中开启组件扫描和 Spring AOP 的自动代理

在配置文件 applicationContext.xml 中开启组件扫描和 Spring AOP 的自动代理，如代码清单 8-27 所示。

代码清单 8-27 applicationContext.xml

```
<!--组件扫描-->
<context:component-scan base-package="com.bc.anno"/>

<!--AOP 自动代理-->
<aop:aspectj-autoproxy/>
```

（4）创建测试类

创建测试类 AopTest.java，如代码清单 8-28 所示。

代码清单 8-28 AopTest.java

```
package com.bc.test;
import com.bc.anno.TargetInterface;
import org.junit.Test;
import org.junit.runner.RunWith;
import org.springframework.beans.factory.annotation.Autowired;
import org.springframework.test.context.ContextConfiguration;
import org.springframework.test.context.junit4.SpringJUnit4ClassRunner;
@RunWith(SpringJUnit4ClassRunner.class)
@ContextConfiguration("classpath:applicationContext-anno.xml")
public class AopTest {
    @Autowired
    private TargetInterface target;

    @Test
    public void test(){
        target.save();
    }
}
```

当执行保存用户操作的方法时，控制台会输出用户登录的 IP 地址和用户退出系统时间等日志信息，如图 8-12 所示。

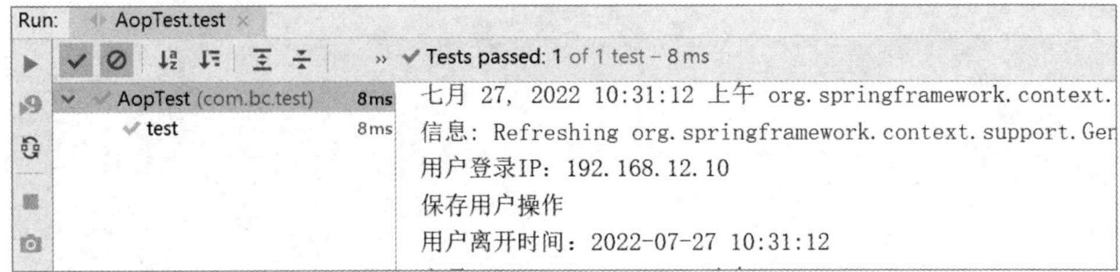

图 8-12　基于注解方式的日志管理模块输出结果

3. 通知类型

对于通知类型的声明也可以使用注解方式实现，而且这种方式不需要修改配置文件。注解方式的 5 种通知类型标签及其说明如表 8-3 所示。

表 8-3　注解方式的 5 种通知类型标签及其说明

通知类型标签	说明
@Before	在目标方法执行前执行通知
@After	在目标方法执行后执行通知
@AfterReturning	在目标方法返回结果后执行通知
@AfterThrowing	在目标方法抛出异常后执行通知
@Around	环绕目标方法执行通知

使用注解方式实现日志管理模块功能的具体代码如代码清单 8-29 所示。

代码清单 8-29　MyAspect.java

```
package com.bc.anno;
import org.aspectj.lang.ProceedingJoinPoint;
import org.aspectj.lang.annotation.*;
import org.springframework.stereotype.Component;
import java.text.SimpleDateFormat;
import java.util.Date;
@Component("myAspect")
@Aspect
public class MyAspect {
    SimpleDateFormat formatter= new SimpleDateFormat("yyyy-MM-dd HH:mm:ss");
    Date date = new Date(System.currentTimeMillis());

    //定义切点表达式
    @Pointcut("execution(* com.bc.anno.*.*(..))")
    public void pointcut(){}

    @Around("pointcut()")
    public Object around(ProceedingJoinPoint pjp) throws Throwable {
        System.out.println("用户登录 IP:"+"192.168.12.10");
        Object proceed = pjp.proceed();//切点方法
        System.out.println("用户离开时间:"+formatter.format(date));
        return proceed;
```

```
    }
    @Pointcut("execution(* com.bc.anno.*.*(..))")
    public void afterThrowing(){
        System.out.println("异常抛出增强……");
    }
}
```

创建测试类 AopTest.java，如代码清单 8-30 所示。

代码清单 8-30 AopTest.java

```
package com.bc.test;
import com.bc.anno.TargetInterface;
import org.junit.Test;
import org.junit.runner.RunWith;
import org.springframework.beans.factory.annotation.Autowired;
import org.springframework.test.context.ContextConfiguration;
import org.springframework.test.context.junit4.SpringJUnit4ClassRunner;
@RunWith(SpringJUnit4ClassRunner.class)
@ContextConfiguration("classpath:applicationContext-anno.xml")
public class AopTest {
    @Autowired
    private TargetInterface target;

    @Test
    public void test(){
        target.save();
    }
}
```

当执行保存用户操作的方法时，控制台会输出用户登录的 IP 地址和用户退出系统时间等日志信息，如图 8-13 所示。

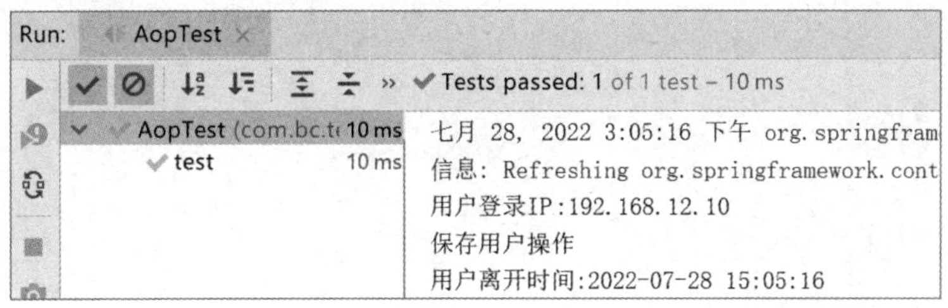

图 8-13 通知类型的输出结果

8.4 经典问题强化

问题 1：为什么要引入 AOP?

答：引入 AOP 的主要原因是在传统的面向对象编程（Object Oriented Programming，OOP）中，这些横切关注点通常被散布在整个代码中，并与主要业务逻辑混合在一起，使得代码难以理解、修改和扩展。通过将这些横切关注点提取到一个单独的模块中，可以更清晰地定义和实现它们，并将主要业务逻辑与这些关注点解耦，使得代码更易于扩展和维护。

问题 2：Spring 实现 AOP 的方式有几种？

答：在 Spring 框架中，实现 AOP 的方式主要有以下两种。

（1）基于代理的 AOP：Spring 使用 JDK 动态代理或 CGLIB 代理技术对目标对象进行代理来实现 AOP。其中，JDK 动态代理只能对实现了接口的类进行代理，而 CGLIB 则可以对普通类进行代理。这种方式也是 Spring AOP 默认采用的方式。

（2）基于 AspectJ 的 AOP：Spring 支持使用 AspectJ 注解来实现 AOP。AspectJ 是一种基于 Java 语言的 AOP 框架，它可以通过编译时、类加载时或运行时织入切面，并且支持更丰富的切点表达式、更灵活的通知类型，以及更多的切面语义。

问题 3：Spring AOP 在 CRM 系统中是如何使用的？

答：在 CRM 系统中，为了监控用户的登录信息，以及系统中调用的接口及接口性能，我们需要加入一个日志管理模块。由于记录用户的操作和系统调用的信息与 CRM 系统本身的业务无关，因此可以使用 Spring AOP 将日志管理功能利用代理来实现，从而与核心业务相分离，以降低模块之间的耦合度。通过这种方式，开发者也可以将更多精力集中在核心业务实现上。

8.5 本章小结

本章首先对 Spring AOP 的概念、作用和实现原理进行了介绍，然后围绕 CRM 系统中开发日志管理模块的实例深入讲解了基于 XML 配置和 AspectJ 注解两种 Spring AOP 的实现方式。

本章小结

通过本章的学习，读者可以了解 Spring AOP 相关的概念，掌握 Java 中两种动态代理方式的实现原理和区别，并能够使用 XML 配置和 AspectJ 注解两种方式完成 Spring 面向切面编程，最终为开发出高质量的应用程序打下坚实的基础。

第 9 章 Spring 数据库事务管理

本章目标：

- 掌握数据库事务的概念；
- 了解数据库事务的 ACID 特性；
- 了解脏读、不可重复读、幻读的概念；
- 掌握数据库事务的隔离级别；
- 掌握 Spring 数据库事务管理核心接口；
- 掌握 Spring 编程式事务；
- 掌握 Spring 声明式事务。

事务是数据库系统为保证数据操作的完整性和一致性而引入的重要概念。Spring 提供了专门用于事务处理的 API，可以简化传统事务管理流程，并在一定程度上减少开发者的工作量。

本章将以 CRM 系统中的日志管理模块为例，详细讲解 Spring 数据库事务管理的相关知识，包括数据库事务的概念、特性、隔离级别和利用 Spring 进行事务管理的方法与步骤。

9.1 项目需求

9.1.1 业务场景

项目经理老王：小王，你对事务了解吗？在开发中，我们经常需要对业务进行事务处理，如果处理不好会导致很多问题。

程序员小王：我以前在学习数据库时接触过事务，就是一个业务可能会涉及多张表，需要执行多条 SQL 语句，这些 SQL 应该被看成一个整体，全部执行成功后才可以提交给数据库；反之，只要有一条 SQL 语句执行失败了，那么之前执行的即使成功的修改也要撤销，返回到未执行 SQL 语句之前的状态。

项目经理老王：不错，看来你对事务还是有些了解的，但是你知道如果事务没有处理好会带来哪些问题吗？还有 Spring 是如何对事务进行管理的？

程序员小王：这个还不是很清楚，我马上就着手学习相关知识。

9.1.2 功能描述

根据用户需求，我们需要在 CRM 系统的用户管理模块中增加创建新用户功能，同时在日志管理模块中新增记录用户注册信息的日志功能，具体描述如下。

1. 创建新用户

在用户管理模块中增加创建新用户功能，用户通过这个功能可以填写相关信息，注册成功的用户激活状态默认为开启，用户在注册后可以直接登录系统。

2. 记录用户注册信息

当用户注册成功后，在日志表中会记录用户的操作信息及用户注册时间。

用户管理模块和日志管理模块的功能结构图如图 9-1 所示。

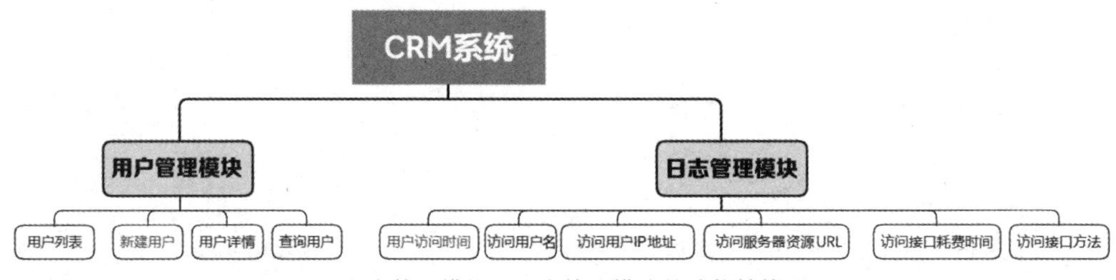

图 9-1 用户管理模块和日志管理模块的功能结构图

9.1.3 最终效果

新建用户页面包括用户名称、密码、邮箱、联系电话、用户状态等信息，页面如图 9-2 所示。

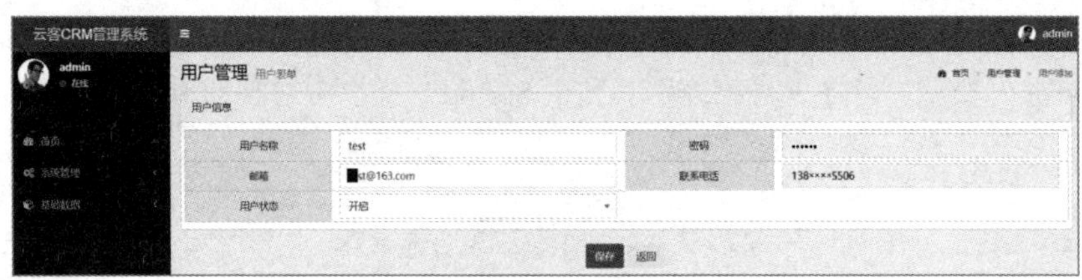

图 9-2 新建用户

注册用户的日志记录页面包括用户访问时间、访问用户、访问 IP、资源 URL 等信息，页面如图 9-3 所示。

图 9-3 注册用户的日志记录页面

9.2　背景知识

9.2.1　知识导图

本章知识导图如图 9-4 所示。

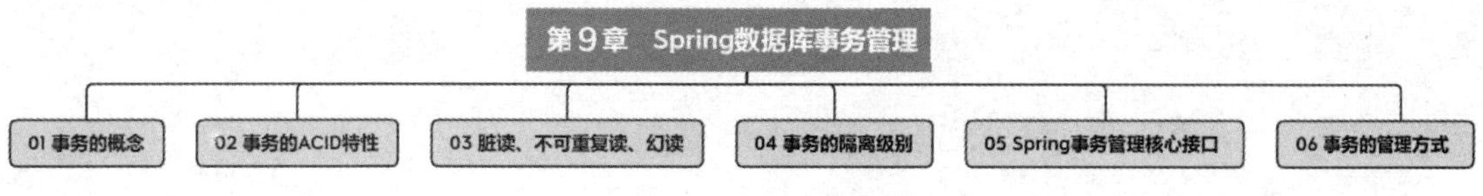

图 9-4　本章知识导图

9.2.2　事务的概念

事务就是将一组原子性的数据库操作作为一个独立的单元进行执行，其特点是要么全部执行，要么全部不执行。例如，一个事务是由一组SQL语句组成的，只有这些SQL语句全部执行成功，事务才算成功，否则只要有一个SQL语句执行错误，那么之前执行过的所有SQL指令均会被撤销。

Spring的事务支持是基于数据库事务的，MySQL数据库目前只有InnoDB或者NDB引擎才支持，MySQL 5.0之前的MyISAM引擎是不支持事务的。

9.2.3　事务的 ACID 特性

数据库事务具备 ACID 特性，即原子性（Atomicity）、一致性（Consistency）、隔离性（Isolation）和持久性（Durability）。

事务及其特性

- 原子性：事务是数据库的基本操作单位。它的操作要么全部完成，要么全部不执行，不会结束在某个中间环节。事务在执行过程中发生错误会被回滚（Rollback）到事务开始前的状态。
- 一致性：事务必须保证数据库状态从一个一致性状态转变为另一个一致性状态，即事务的执行不能破坏数据库数据的完整性和业务逻辑的一致性。
- 隔离性：数据库系统提供一定程度的隔离机制，保证事务的隔离性，使得并发运行的多个事务相互不干扰，每个事务有其独立的工作区域。
- 持久性：一旦事务提交，其所做的修改将会永久保存在数据库中。即使系统发生故障，事务执行的结果也不会丢失。

9.2.4　脏读、不可重复读、幻读

如果没有做好事务的隔离级别设置将会带来脏读（Dirty Read）、不可重复读及幻读等问题，其相关概念如下。

（1）脏读

在 *A* 事务修改数据，提交事务之前，另外一个 *B* 事务读取了 *A* 事务未提交事务之前的数据，这种情况称为脏读。

（2）不可重复读

一个事务在读取某行数据时，如果两次读出的结果不一致，则称为不可重复读，这是因为在两次数据读取期间，另外的事务对数据进行了更改。

（3）幻读

幻读与不可重复读有些类似，它指的是当一个事务 *A* 在两次读取数据之间，其他的事务对该数据集进行了删除或新增操作，导致事务 *A* 第二次读取数据出现了少读或多读的情况。

9.2.5　事务的隔离级别

事务的隔离级别定义了一个事务可能受其他并发事务影响的程度，它可以在不同程度上解决 9.2.4 小节所描述的脏读、不可重复读、幻读等问题。

Spring 遵照 SQL 规范将隔离级别定义为 4 级，分别为不可提交读、提交读、可重复读和序列化。除默认级别外，每种隔离级别的具体描述如表 9-1 所示。

表 9-1　事务的隔离级别

隔离级别	描述	脏读	不可重复读	幻读
不可提交读	允许一个事务读取另一个未提交的事务所做的修改	是	是	是
提交读	允许一个事务只读取已提交的数据，禁止读取其他未提交事务的数据。该级别也是 Spring 事务的默认隔离级别	否	是	是
可重复读	允许一个事务在开始时读取其他已提交事务的数据，并保持一致性直到事务结束	否	否	是
序列化	要求事务串行执行，确保一个事务的读取、写入不会受到其他事务的影响，避免脏读、不可重复读和幻读	否	否	否

表 9-1 中描述了 4 种常见的事务隔离级别：不可提交读、提交读、可重复读和序列化。对于每个隔离级别，列出了它们的描述，以及是否可能出现脏读、不可重复读和幻读的问题。“是”表示可能发生，“否”表示不会发生。

Spring 事务管理核心接口

9.2.6　Spring 事务管理核心接口

Spring 框架提供了 org. springframework. transaction 包用于事务管理，其中的核心接口文件为 PlatformTransactionManager、TransactionDefinition 和 TransactionStatus。详细介绍如下。

1. PlatformTransactionManager 接口

PlatformTransactionManager 接口是 Spring 提供的平台事务管理器，主要用于管理事务，该接口中提供了多个事务操作的方法，具体如表 9-2 所示。

表 9-2　PlatformTransactionManager 接口方法

方法	说明
beginTransaction()	开始一个新的事务。返回的事务对象可以用于提交或回滚事务
getTransaction()	获取当前事务对象。如果当前事务不存在，则返回 null

续表

方法	说明
commit()	提交当前事务，使其生效。如果事务已被标记为回滚，则会抛出异常
rollback()	回滚当前事务，撤销对数据库的所有修改。如果事务未激活或已提交，则会抛出异常

PlatformTransactionMangger 只是代表事务管理的接口，它并不知道底层是如何管理事务的，在具体实现时由其实现类进行具体事务的管理，对应的实现类如下。

- DataSourceTransactionManager：用于配置 JDBC 数据源的事务管理器。
- HibernateTransactionManager：用于配置 Hibernate 的事务管理器。
- JtaTransactionManager：用于配置全局事务管理器。

当底层采用不同的持久化技术时，系统只需使用不同的 PlatformTransactionManager 实现类即可。

2. TransactionDefinition 接口

TransactionDefinition 接口是事务定义的对象，该对象定义了事务规则，并提供了获取事务相关信息的方法，具体方法及其说明如表 9-3 所示。

表 9-3 TransactionDefinition 接口方法及其说明

方法	说明
getPropagationBehavior()	获取事务传播行为的类型，用于指定事务方法的执行方式如何与现有事务进行交互
getIsolationLevel()	获取事务隔离级别，用于指定事务方法在访问数据时使用的隔离级别，以控制并发读取和写入行为
getTimeout()	获取事务超时时间（以秒为单位）。事务方法在超过指定时间后如果仍未完成，就会自动回滚事务
isReadOnly()	检查事务是否为只读事务。如果是只读事务，则事务管理器可以进行一些优化操作

事务的传播行为是指当一个事务方法被另一个事务方法调用时，该事务方法会以何种状态运行。常见的事务传播行为及其说明如表 9-4 所示。

表 9-4 常见的事务传播行为及其说明

传播行为	说明
PROPAGATION_REQUIRED	如果当前存在事务，则加入该事务；如果当前没有事务，则创建一个新事务。这是绝大多数情况下的默认行为
PROPAGATION_SUPPORTS	如果当前存在事务，则加入该事务；如果当前没有事务，则以非事务方式执行
PROPAGATION_MANDATORY	如果当前存在事务，则加入该事务；如果当前没有事务，则抛出异常
PROPAGATION_REQUIRES_NEW	创建一个新事务，并挂起当前事务。新事务将独立于当前事务运行
PROPAGATION_NOT_SUPPORTED	以非事务方式执行，如果当前已经存在事务，则挂起该事务
PROPAGATION_NEVER	以非事务方式执行，如果当前已经存在事务，则抛出异常
PROPAGATION_NESTED	如果当前存在事务，则在嵌套事务中执行；如果当前没有事务，则创建一个新事务。嵌套事务是当前事务的子事务，可以独立提交或回滚

在事务管理过程中，传播行为可以控制是否需要创建事务及如何创建事务。通常情况下，数据的查询不会影响原数据的改变，所以不需要进行事务管理。而对于数据的插入、更新和删除操

作必须进行事务管理，如果没有指定事务的传播行为，则 Spring 默认传播行为是 PROPAGATION_REQUIRED。

3. TransactionStatus 接口

TransactionStatus 接口是事务的状态，它描述了某一时间点上事务的状态信息。该接口包含的方法及其说明具体如表 9-5 所示。

表 9-5 TransactionStatus 接口方法及其说明

方法	说明
hasSavepoint()	检查当前事务是否已创建保存点
isNewTransaction()	检查当前事务是否为新事务
isCompleted()	检查当前事务是否已完成，无论是提交还是回滚
isRollbackOnly()	检查当前事务是否已标记为回滚状态
setRollbackOnly()	标记当前事务为回滚状态。后续提交事务时，将执行回滚操作

9.2.7 事务的管理方式

在 Spring 中有两种方式实现事务管理：一种是传统的编程式事务管理；另一种是声明式事务管理。它们的特点如下。

（1）编程式事务管理

开发者通过编写代码实现事务的管理，包括定义事务的开始、正常执行后的事务提交和异常时的事务回滚。

（2）声明式事务管理

通过 AOP 技术实现事务的管理，其主要思想是将事务管理作为一个“切面”代码单独编写，然后通过 AOP 技术将事务管理的“切面”代码织入业务目标类中。

声明式事务管理的优点在于开发者无须通过编程的方式来管理事务，只需在配置文件中进行相关事务规则声明就可以将事务应用到业务逻辑中，使得开发者可以更加专注于核心业务逻辑代码的编写，在一定程度上减少了工作量，提高了开发效率，所以在实际开发中推荐使用声明式事务管理。Spring 的声明式事务管理可以通过 XML 或注解两种方式实现。

9.2.8 基于 XML 方式的声明式事务管理

基于 XML 方式的声明式事务管理是通过在配置文件中配置事务规则的相关声明来实现的。

基于 XML 方式的声明式事务管理

Spring 2.0 以后，提供了 tx 命名空间来实现声明式事务管理，其中<tx:advice>标签被用来配置事务的通知（增强处理）。当使用<tx:advice>标签配置了事务的增强处理后，就可以通过编写的 AOP 配置让 Spring 自动对目标对象生成代理。

在配置<tx:advice>标签时，通常需要指定id和transaction-manager属性，其中id属性是配置文件中的唯一标识，transaction-manager属性用于指定事务管理器。除此之外，还需要配置一个<tx:attributes>子标签，该子标签可以通过配置多个<tx:method>标签来执行事务的细节，可以用一个树状结构图来描述这些节点之间的关系，如图 9-5 所示。

其中，配置<tx:advice>标签的重点是配置<tx:method>子标签。表 9-6 中列出了<tx:method>标签的常用属性及其说明。

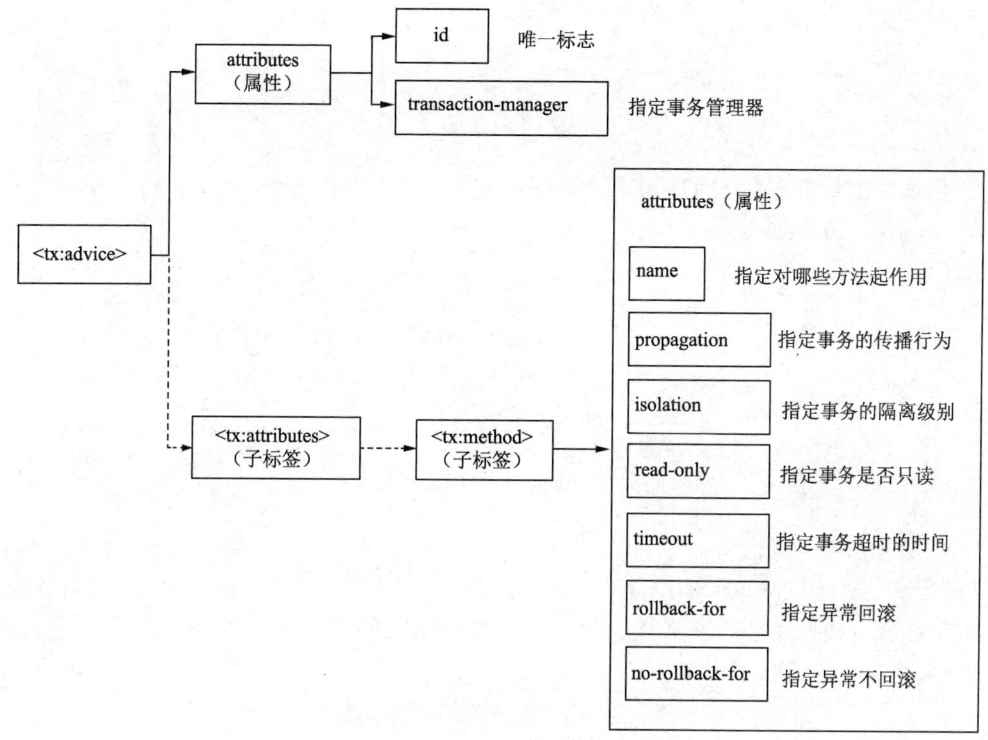

图 9-5　<tx:advice>节点关系图

表 9-6　<tx:method>标签的常用属性及其说明

属性	说明
name	指定目标方法的名称或通配符模式。可以使用通配符“*”匹配任意字符，或使用“..”表示匹配任意多个字符
propagation	指定事务的传播行为。可以使用预定义的传播行为常量，如 REQUIRED、REQUIRES_NEW 等
isolation	指定事务的隔离级别。可以使用预定义的隔离级别常量，如 DEFAULT、READ_COMMITTED 等
read-only	指定事务是否为只读事务。只读事务不会对数据库进行任何修改操作，可以优化事务的执行效率。默认值为 false
timeout	指定事务的超时时间（以 s 为单位）。如果事务在指定的时间内未完成，将自动回滚。默认值为-1，表示没有超时限制
rollback-for	指定触发事务回滚的异常类型。可以指定一个或多个异常类。当目标方法抛出指定类型的异常时，事务将回滚
no-rollback-for	指定不触发事务回滚的异常类型。可以指定一个或多个异常类。当目标方法抛出指定类型的异常时，事务将不会回滚

下面将通过一个模拟银行转账的实例来演示如何通过 XML 方式实现 Spring 的声明式事务管理。

1. 创建数据库和表

（1）依次创建 bank 数据库和 account 表，account 表中包含主键 id、用户名 name、金额 money 字段，如图 9-6 所示。

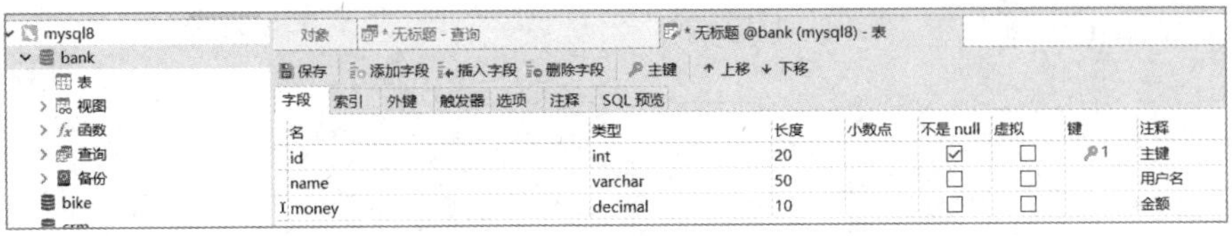

名	类型	长度	小数点	不是 null	虚拟	键	注释
id	int	20		☑	☐	1	主键
name	varchar	50		☐	☐		用户名
money	decimal	10		☐	☐		金额

图 9-6　account 表

（2）添加两条新数据，分别是 name 为 Tom、money 为 1000；name 为 Jerry、money 为 1000，如图 9-7 所示。

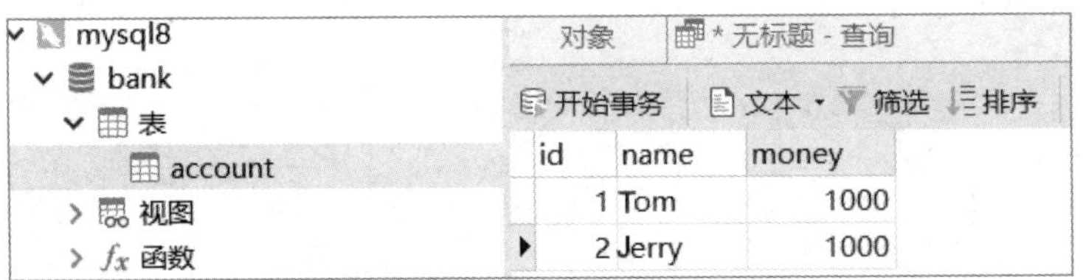

图 9-7　account 表的添加数据

2. 创建 Maven 项目

创建图 9-8 所示的 Maven 项目目录，也可以从本章提供的源代码（提供的源代码位置在“代码\第 9 章 Spring 数据库事务管理\代码\01 基于 XML 方式的声明式事务\spring_tx”）中直接导入。

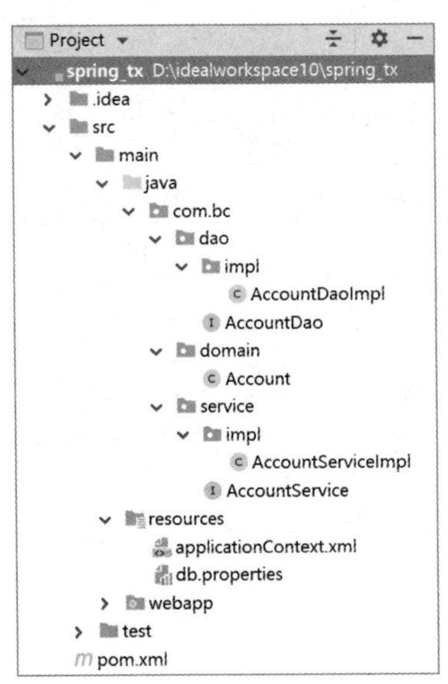

图 9-8　Maven 项目目录结构图

项目目录结构如下。

- dao：存放 DAO 层实现，包含 AccountDao 接口及对应的实现类 AccountDaoImpl。
- domain：存放账户实体类 Account。
- service：存放服务层接口及其实现类，分别为 AccountService 和 AccountServiceImpl。
- resources：存放 Spring 的配置文件 applicationContext.xml 和数据库配置文件 db.properties。

3. 导入项目依赖包

在 pom.xml 文件中导入项目所需要的依赖包，如代码清单 9-1 所示。

代码清单 9-1　pom.xml

```
<?xml version="1.0" encoding="UTF-8"?>
<project xmlns="http://maven.apache .org/POM/4.0.0" xmlns:xsi="http://www.w3.org/
2001/XMLSchema-instance"
  xsi:schemaLocation="http://maven.apache.org/POM/4.0.0 http://maven.apache.org/xsd/maven-4.0.0.xsd">
  <modelVersion>4.0.0</modelVersion>
  <groupId>com.bc</groupId>
  <artifactId>spring_tx</artifactId>
  <version>1.0-SNAPSHOT</version>
  <packaging>war</packaging>

    <dependencies>
        <dependency>
            <groupId>com.alibaba</groupId>
            <artifactId>druid</artifactId>
            <version>1.1.10</version>
        </dependency>
        <dependency>
            <groupId>org.springframework</groupId>
            <artifactId>spring-context</artifactId>
            <version>5.0.5.RELEASE</version>
        </dependency>
        <dependency>
            <groupId>org.aspectj</groupId>
            <artifactId>aspectjweaver</artifactId>
            <version>1.8.4</version>
        </dependency>
        <dependency>
            <groupId>org.springframework</groupId>
            <artifactId>spring-jdbc</artifactId>
            <version>5.0.5.RELEASE</version>
        </dependency>
        <dependency>
            <groupId>org.springframework</groupId>
            <artifactId>spring-tx</artifactId>
            <version>5.0.5.RELEASE</version>
        </dependency>
        <dependency>
            <groupId>org.springframework</groupId>
            <artifactId>spring-test</artifactId>
            <version>5.0.5.RELEASE</version>
        </dependency>
        <dependency>
            <groupId>mysql</groupId>
            <artifactId>mysql-connector-java</artifactId>
            <version>8.0.13</version>
        </dependency>
        <dependency>
            <groupId>junit</groupId>
            <artifactId>junit</artifactId>
            <version>4.12</version>
```

```
        </dependency>
    </dependencies>
</project>
```

4. 配置数据库连接信息

在 db.properties 文件中配置数据库连接信息，包括驱动程序 driver、链接地址 url、用户名称 username、密码 password 等信息，如代码清单 9-2 所示。

代码清单 9-2　db.properties

```
db.driver = com.mysql.cj.jdbc.Driver
db.url = jdbc:mysql://127.0.0.1:3306/bank?useUnicode=true&characterEncoding=utf8&use
SSL=false&serverTimezone=GMT
db.username = root
db.password = root
```

5. 创建 Spring 配置文件

在 applicationContext.xml 中添加命名空间和事务管理的配置代码。

首先启用 Spring 配置文件的 aop、tx 和 context 这 3 个命名空间，然后定义 id 为 transactionManager 的事务管理器，再编写声明事务通知，最后通过声明 AOP 的方式让 Spring 自动生成代理，如代码清单 9-3 所示。

代码清单 9-3　applicationContext.xml

```
<beans xmlns="http://www.springframework.org/schema/beans"
    xmlns:xsi="http://www.w3.org/2001/XMLSchema-instance"
    xmlns:context="http://www.springframework.org/schema/context"
    xmlns:aop="http://www.springframework.org/schema/aop"
    xmlns:tx="http://www.springframework.org/schema/tx"
    xsi:schemaLocation="http://www.springframework.org/schema/beans
   http://www.springframework.org/schema/beans/spring-beans-3.2.xsd
   http://www.springframework.org/schema/context
   http://www.springframework.org/schema/context/spring-context-3.2.xsd
   http://www.springframework.org/schema/aop
   http://www.springframework.org/schema/aop/spring-aop-3.2.xsd
   http://www.springframework.org/schema/tx
   http://www.springframework.org/schema/tx/spring-tx-3.2.xsd ">

  <!-- 加载数据库配置文件 -->
  <context:property-placeholder location="db.properties" />

  <!-- 创建数据源 -->
  <bean id="dataSource" class="com.alibaba.druid.pool.DruidDataSource">
     <property name="driverClassName" value="${db.driver}" />
     <property name="url" value="${db.url}" />
     <property name="username" value="${db.username}" />
     <property name="password" value="${db.password}" />
     <property name="maxActive" value="9" />
     <property name="maxIdle" value="5" />
  </bean>

  <bean id="jdbcTemplate" class="org.springframework.jdbc.core.JdbcTemplate">
     <property name="dataSource" ref="dataSource"/>
```

```
    </bean>

    <bean id="accountDao" class="com.bc.dao.impl.AccountDaoImpl">
        <property name="jdbcTemplate" ref="jdbcTemplate"/>
    </bean>

    <!--目标对象，内部的方法就是切点-->
    <bean id="accountService" class="com.bc.service.impl.AccountServiceImpl">
        <property name="accountDao" ref="accountDao"/>
    </bean>

    <!--配置平台事务管理器-->
    <bean id="transactionManager" class="org.springframework.jdbc.datasource.DataSource-
      TransactionManager">
        <property name="dataSource" ref="dataSource"/>
    </bean>

    <!--配置事务的通知-->
    <tx:advice id="txAdvice" transaction-manager="transactionManager">
        <!--设置事务的属性信息-->
        <tx:attributes>
            <tx:method name="transfer" isolation="REPEATABLE_READ" propagation="REQUIRED"
              read-only="false"/>
            <tx:method name="save" isolation="REPEATABLE_READ" propagation="REQUIRED"
              read-only="false"/>
            <tx:method name="findAll" isolation="REPEATABLE_READ" propagation="REQUIRED"
              read-only="true"/>
            <tx:method name="update*"isolation="REPEATABLE_READ" propagation="REQUIRED"
              read-only="true"/>
            <tx:method name="*"/>
        </tx:attributes>
    </tx:advice>

    <!--配置事务的 AOP 织入-->
    <aop:config>
        <aop:pointcut id="txPointcut" expression="execution(* com.bc.service.impl.*.*(..))"/>
        <aop:advisor advice-ref="txAdvice" pointcut-ref="txPointcut"/>
    </aop:config>
</beans>
```

6. 创建账户实体类

创建账户实体类包括用户名 name 和金额 money 属性，如代码清单 9-4 所示。

代码清单 9-4　Account.java

```
package com.bc.domain;
public class Account {
    private String name;
    private double money;

    /* 省略 setter/getter 方法 */
}
```

7. 创建用于转账处理的 DAO 层

在 AccountDao 接口中定义 in()和 out()两种方法，用于表示收款和付款操作，如代码清单 9-5 所示。

代码清单 9-5 AccountDao.java

```
package com.bc.dao;
public interface AccountDao {
    public void out(String outMan,double money);
    public void in(String inMan,double money);
}
```

在接口实现类 AccountDaoImpl 中，分别实现 in()和 out()方法，如代码清单 9-6 所示。

代码清单 9-6 AccountDaoImpl.java

```
package com.bc.dao.impl;
import com.bc.dao.AccountDao;
import org.springframework.jdbc.core.JdbcTemplate;
public class AccountDaoImpl implements AccountDao {
    private JdbcTemplate jdbcTemplate;
    public void setJdbcTemplate(JdbcTemplate jdbcTemplate) {
        this.jdbcTemplate = jdbcTemplate;
    }

    public void out(String outMan, double money) {
        jdbcTemplate.update("update account set money=money-? where name=?",money,outMan);
    }

    public void in(String inMan, double money) {
        jdbcTemplate.update("update account set money=money+? where name=?",money,inMan);
    }
}
```

8. 创建用于转账处理的 Service 层

在转账处理 AccountService 类中提供转账方法，其中 3 个参数分别表示付款账号 OutMan、收款账号 inMan、转账金额 money，如代码清单 9-7 所示。

代码清单 9-7 AccountService.java

```
package com.bc.service;
public interface AccountService {
    public void transfer(String outMan,String inMan,double money);
}
```

AccountServiceImpl 类（见代码清单 9-8）是 AccountService 接口的实现类，其在收、付款两个方法中间，添加了一行代码“int i = 1/0;”，它是用来模拟系统运行时的突发情况的。此时如果没有做事务控制，在转账操作执行后，收款用户的余额会增加，而汇款用户的余额会因为系统出现问题（int i = 1/0）而保持不变，这显然不符合业务需求。但如果做了事务控制，在系统出现问题时会触发事务回滚，这样收款用户和汇款用户的账户余额会恢复到事务执行之前的状态。

代码清单 9-8 AccountServiceImpl.java

```
package com.bc.service.impl;
import com.bc.dao.AccountDao;
```

```
import com.bc.service.AccountService;
public class AccountServiceImpl implements AccountService {
    private AccountDao accountDao;
    public void setAccountDao(AccountDao accountDao) {
        this.accountDao = accountDao;
    }

    public void transfer(String outMan, String inMan, double money) {
        accountDao.out(outMan,money);
        //int i = 1/0;
        accountDao.in(inMan,money);
    }
}
```

9. 创建测试类

创建测试类 TestAccount.java，用于模拟两个账户的转账操作，即 Tom 账户给 Jerry 账户转账 500 元，如代码清单 9-9 所示。

代码清单 9-9　TestAccount.java

```
package com.bc;
import com.bc.service.AccountService;
import org.junit.Test;
import org.springframework.context.ApplicationContext;
import org.springframework.context.support.ClassPathXmlApplicationContext;
public class TestAccount {
    @Test
    public void accountTest(){
        ApplicationContext app=new ClassPathXmlApplicationContext("applicationContext.xml");
        AccountService accountService = app.getBean(AccountService.class);
        accountService.transfer("Tom","Jerry",500);
        //输出提示信息
        System.out.println("转账成功！");
    }
}
```

当事务操作运行正常时，控制台输出"转账成功！"，如图 9-9 所示。

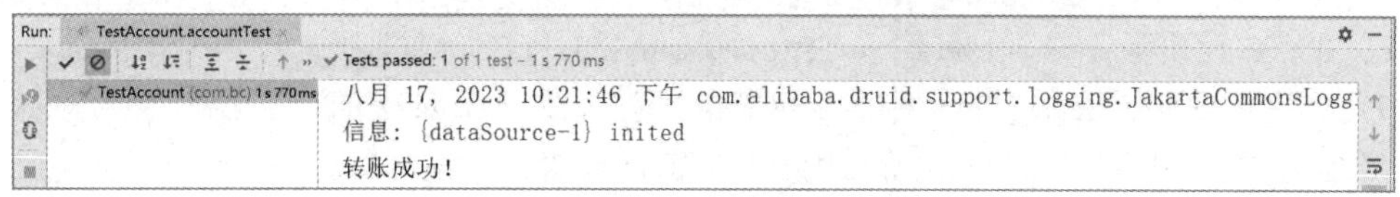

图 9-9　事务操作正常

查看 account 表，Tom 账户转账 500 元后，账户余额还有 500 元，而 Jerry 账户余额增加到 1500 元，如图 9-10 所示。

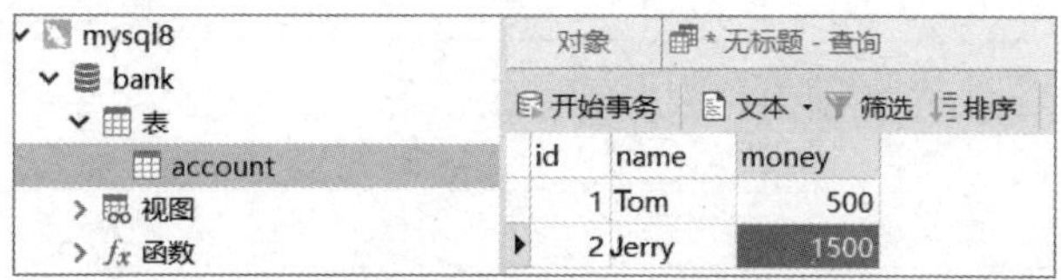

图 9-10　查看 account 表数据

现在模拟事务操作异常的情况，在 AccountServiceImpl 类的 transfer()方法中加入“int i=1/0;”，如代码清单 9-10 所示。

代码清单 9-10　AccountServiceImpl.java

```java
public void transfer(String outMan, String inMan, double money) {
    accountDao.out(outMan,money);
    int i = 1/0;
    accountDao.in(inMan,money);
}
```

当事务操作运行异常时，控制台输出“/by zero”算术异常，如图 9-11 所示。

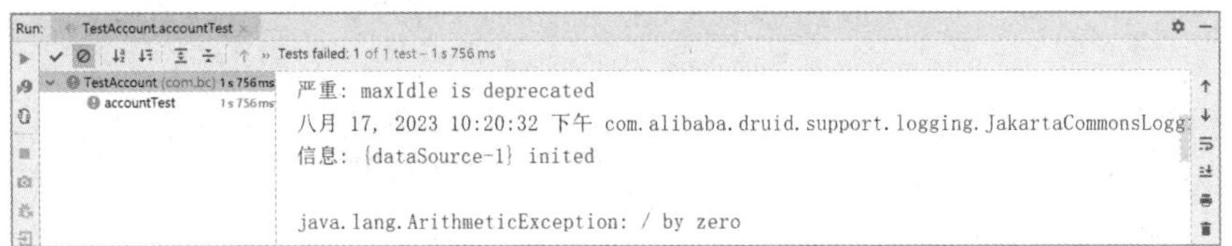

图 9-11　事务操作异常

此时再次查看 account 表中的 Tom 和 Jerry 账户，发现金额并没有发生变化，说明数据在事务操作前后保持了一致，如图 9-12 所示。

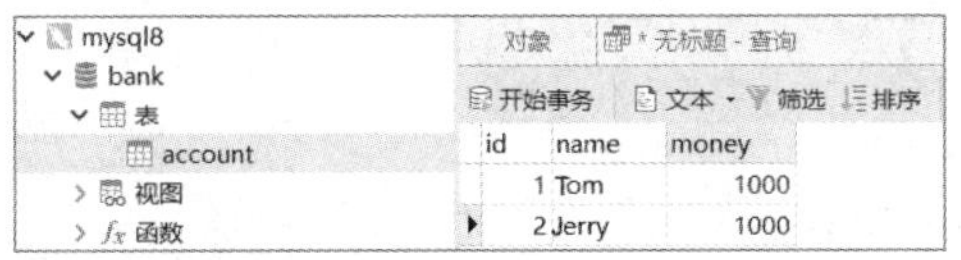

图 9-12　再次查看 account 表数据

9.2.9　基于 Annotation 方式的声明式事务

Spring 的声明式事务管理还可以通过 Annotation 的方式来实现。这种方式的使用非常简单，只需以下两个步骤即可实现。

（1）在 Spring 容器中注册事务注解驱动。

```xml
<tx:annotation-driven transaction-manager="transactionManager"/>
```

（2）在需要使用事务的 Spring Bean 类或者 Bean 类的方法上添加注解@Transactional。

如果将注解添加在 Bean 类上，则表示事务的设置对整个 Bean 类的所有方法都起作用。如果将注解添加在 Bean 类中的某个方法上，则表示事务的设置只对该方法有效。

使用@Transactional 注解时，可以通过其参数配置事务详情。TransactionStatus()方法的参数及说明如表 9-7 所示。

表 9-7　TransactionStatus()方法的参数及说明

参数名	说明
propagation	指定事务的传播行为
isolation	指定事务的隔离级别
timeout	指定事务的超时时间（以 s 为单位）
readOnly	指定事务是否为只读事务

接下来对 9.2.8 小节的实例进行修改，以 Annotation 方式实现事务管理，实现步骤如下。

本实例可以从本章提供的源代码（提供的源代码位置在“代码\第 9 章 Spring 数据库事务管理\代码\02 基于 Annotation 方式的声明式事务\spring_tx_anno”）中直接导入。

1. 创建 Spring 配置文件

在 applicationContext.xml 中声明事务管理器的配置信息，如代码清单 9-11 所示。

代码清单 9-11　applicationContext.xml

```
<?xml version="1.0" encoding="UTF-8"?>
<beans xmlns="http://www.springframework.org/schema/beans"
      xmlns:xsi="http://www.w3.org/2001/XMLSchema-instance"
      xmlns:aop="http://www.springframework.org/schema/aop"
      xmlns:context="http://www.springframework.org/schema/context"
      xmlns:tx="http://www.springframework.org/schema/tx"
      xsi:schemaLocation="
      http://www.springframework.org/schema/beans
      http://www.springframework.org/schema/
      beans/spring-beans.xsd
      http://www.springframework.org/schema/aop
      http://www.springframework.org/schema/
      aop/spring-aop.xsd
      http://www.springframework.org/schema/tx
      http://www.springframework.org/schema/
      tx/spring-tx.xsd
      http://www.springframework.org/schema/context
      http://www.springframework.org/
      schema/context/spring-context.xsd
">
    <!--配置组件扫描的包路径-->
    <context:component-scan base-package="com.bc"/>

    <!--加载数据库配置文件-->
    <context:property-placeholder location="db.properties" />

    <!-- 创建数据源 -->
    <bean id="dataSource" class="com.alibaba.druid.pool.DruidDataSource">
       <property name="driverClassName" value="${db.driver}" />
       <property name="url" value="${db.url}" />
       <property name="username" value="${db.username}" />
       <property name="password" value="${db.password}" />
       <property name="maxActive" value="9" />
       <property name="maxIdle" value="5" />
    </bean>

    <bean id="jdbcTemplate" class="org.springframework.jdbc.core.JdbcTemplate">
       <property name="dataSource" ref="dataSource"/>
    </bean>

    <bean id="transactionManager" class="org.springframework.jdbc.datasource.DataSource-
      TransactionManager">
       <property name="dataSource" ref="dataSource"/>
```

```
    </bean>

    <!--加载事务的注解驱动-->
    <tx:annotation-driven transaction-manager="transactionManager"/>
</beans>
```

2. 修改 Service 层实现类

通常，事务的配置信息是在Spring的配置文件中完成的，而使用注解方式只需在AccountServiceImpl类上用@Transactional注解标注即可，如代码清单 9-12 所示。

代码清单 9-12　AccountServiceImpl.java

```
package com.bc.service.impl;
import com.bc.dao.AccountDao;
import com.bc.service.AccountService;
import org.springframework.beans.factory.annotation.Autowired;
import org.springframework.stereotype.Service;
import org.springframework.transaction.annotation.Isolation;
import org.springframework.transaction.annotation.Propagation;
import org.springframework.transaction.annotation.Transactional;
@Service("accountService")
@Transactional(isolation = Isolation.REPEATABLE_READ)
public class AccountServiceImpl implements AccountService {
    @Autowired
    private AccountDao accountDao;

    @Transactional(isolation = Isolation.READ_COMMITTED,propagation = Propagation.REQUIRED)
    public void transfer(String outMan, String inMan, double money) {
        accountDao.out(outMan,money);
        //int i = 1/0;
        accountDao.in(inMan,money);
    }
}
```

3. 执行测试

执行 9.2.8 小节中的测试类 TestAccount.java，当事务操作运行正常时，控制台输出“转账成功!”，如图 9-13 所示。

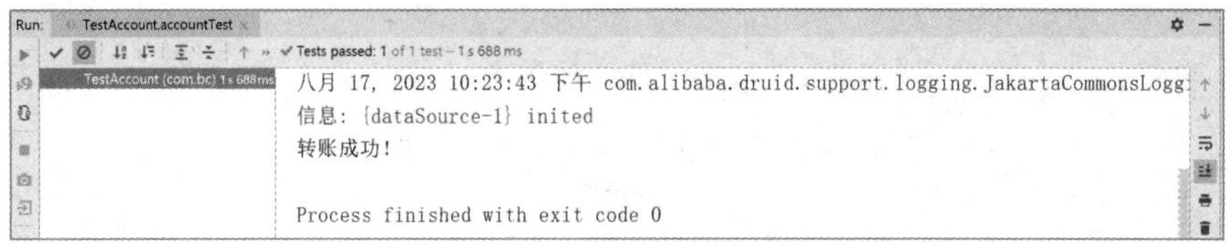

图 9-13　事务操作正常

9.3　项目实现

1. 业务场景

项目经理老王：小王，通过这几天的学习，对 Spring 管理事务的原理掌握了吗？

程序员小王：我现在对 Spring 的事务管理基本掌握了，使用声明式事务处理中的基于注解方式对事务进行管理就非常方便。

项目经理老王：好的。现在有一个需求要你完成，就是当用户管理模块中新增加用户时，需要在日志表中同时添加一条新记录，记录用户新增操作是否成功，以及新增用户的时间。这个需要使用 Spring 事务完成，你抓紧时间实现。

程序员小王：好的。我觉得这个需求不是很难，我这就去做。

2. 项目整体结构

本实例可以从本章提供的源代码（提供的源代码位置在“代码\第 9 章 Spring 数据库事务管理\代码\03 用户日志事务处理\bccrm”）中直接导入，本项目结构图如图 9-14 所示。

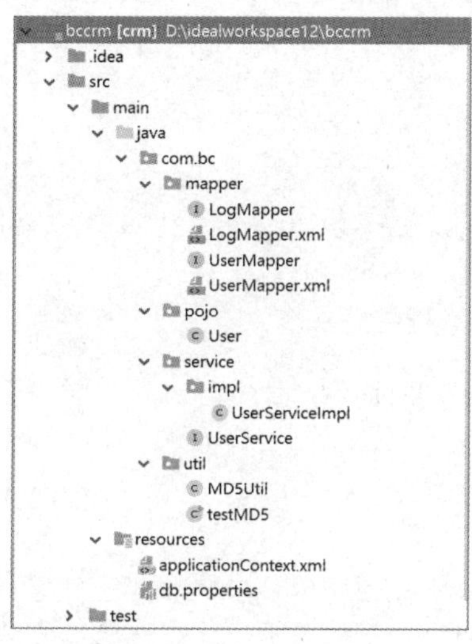

图 9-14　本项目结构图

- mapper：存放 DAO 层实现，包含 UserMapper 和 LogMapper 接口，以及对应的 XML 映射文件。
- pojo：存放实体类 User。
- service：存放服务层接口 UserService 及其实现类 UserServiceImpl。
- util：存放工具类，包括用于加密的 MD5Util 工具类和其测试类 testMD5。
- resources：存放配置文件，包含 Spring 的配置文件 applicationContext.xml 和数据库配置文件 db.properties。

3. 导入项目依赖

在 pom.xml 中导入项目所需要的依赖包，如代码清单 9-13 所示。

代码清单 9-13　pom.xml

```
<?xml version="1.0" encoding="UTF-8"?>
<project xmlns="http://maven.apache.org/POM/4.0.0"
       xmlns:xsi="http://www.w3.org/2001/XMLSchema-instance"
       xsi:schemaLocation="http://maven.apache.org/POM/4.0.0
       http://maven.apache.org/xsd/maven-4.0.0.xsd">
    <modelVersion>4.0.0</modelVersion>

    <groupId>com.bc</groupId>
```

```
    <artifactId>crm</artifactId>
    <version>1.0-SNAPSHOT</version>
    <dependencies>
        <dependency>
            <groupId>com.alibaba</groupId>
            <artifactId>druid</artifactId>
            <version>1.1.9</version>
        </dependency>

        <dependency>
            <groupId>junit</groupId>
            <artifactId>junit</artifactId>
            <version>4.13</version>
            <scope>test</scope>
        </dependency>
        <dependency>
            <groupId>org.mybatis</groupId>
            <artifactId>mybatis</artifactId>
            <version>3.5.5</version>
        </dependency>
        <dependency>
            <groupId>mysql</groupId>
            <artifactId>mysql-connector-java</artifactId>
            <version>8.0.13</version>
        </dependency>
        <dependency>
            <groupId>org.springframework</groupId>
            <artifactId>spring-webmvc</artifactId>
            <version>5.2.8.RELEASE</version>
        </dependency>
        <dependency>
            <groupId>org.springframework</groupId>
            <artifactId>spring-jdbc</artifactId>
            <version>5.1.3.RELEASE</version>
        </dependency>
        <dependency>
            <groupId>org.aspectj</groupId>
            <artifactId>aspectjweaver</artifactId>
            <version>1.9.4</version>
        </dependency>
        <dependency>
            <groupId>org.mybatis</groupId>
            <artifactId>mybatis-spring</artifactId>
            <version>2.0.5</version>
        </dependency>
        <dependency>
            <groupId>org.projectlombok</groupId>
            <artifactId>lombok</artifactId>
            <version>1.18.12</version>
        </dependency>

        <dependency>
```

```
            <groupId>org.springframework</groupId>
            <artifactId>spring-test</artifactId>
            <version>5.2.8.RELEASE</version>
             <scope>test</scope>
        </dependency>
    </dependencies>
</project>
```

4. 配置数据库连接信息

使用 db.properties 配置连接数据库的信息，如代码清单 9-14 所示。

代码清单 9-14 db.properties

```
db.driver = com.mysql.cj.jdbc.Driver
db.url = jdbc:mysql://127.0.0.1:3306/ssm?useUnicode=true&characterEncoding=utf8&useSSL=
false&serverTimezone=GMT
db.username = root
db.password = root
```

5. 创建 Spring 配置文件

在 applicationContext.xml 中添加管理数据源并使用注解方式实现事务的配置代码，如代码清单 9-15 所示。

代码清单 9-15 applicationContext.xml

```
<beans xmlns="http://www.springframework.org/schema/beans"
    xmlns:xsi="http://www.w3.org/2001/XMLSchema-instance" xmlns:mvc="http://www.
    springframework.org/schema/mvc"
    xmlns:context="http://www.springframework.org/schema/context"
    xmlns:aop="http://www.springframework.org/schema/aop"
    xmlns:tx="http://www.springframework.org/schema/tx"
    xsi:schemaLocation="http://www.springframework.org/schema/beans
      http://www.springframework.org/schema/beans/spring-beans-3.2.xsd
      http://www.springframework.org/schema/mvc
      http://www.springframework.org/schema/mvc/spring-mvc-3.2.xsd
      http://www.springframework.org/schema/context
      http://www.springframework.org/schema/context/spring-context-3.2.xsd
      http://www.springframework.org/schema/aop
      http://www.springframework.org/schema/aop/spring-aop-3.2.xsd
      http://www.springframework.org/schema/tx
      http://www.springframework.org/schema/tx/spring-tx-3.2.xsd ">
  <context:property-placeholder location="db.properties" />

  <bean id="dataSource" class="com.alibaba.druid.pool.DruidDataSource">
      <property name="driverClassName" value="${db.driver}" />
      <property name="url" value="${db.url}" />
      <property name="username" value="${db.username}" />
      <property name="password" value="${db.password}" />
      <property name="maxActive" value="9" />
      <property name="maxIdle" value="5" />
  </bean>

  <bean id="sqlSessionFactory" class="org.mybatis.spring.SqlSessionFactoryBean">
      <property name="dataSource" ref="dataSource"></property>
```

```
        <!--<property name="mapperLocations" value="com/bc/mapper/*.xml"/>-->
    </bean>

    <!-- 批量配置多个 mapper 代理类，Bean 默认的 id 值为类名，首字母小写-->
    <bean class="org.mybatis.spring.mapper.MapperScannerConfigurer">
        <!-- 配置扫描的包 -->
        <property name="basePackage" value="com.bc.mapper"></property>
    </bean>

    <!-- 配置组件扫描的包路径 -->
    <context:component-scan base-package="com.bc.service" />

    <beanid="txManager" class="org.springframework.jdbc.datasource.DataSourceTransaction-
Manager">
        <property name="dataSource" ref="dataSource" />
    </bean>
    <tx:annotation-driven transaction-manager="txManager" proxy-target-class="true"/>
</beans>
```

6. 创建 MD5 工具类

在新增用户时，考虑数据库数据的安全性，用户的密码在数据库中需要使用 MD5 进行加密。此时可以先创建一个 MD5 的工具类对用户的密码进行加密处理，如代码清单 9-16 所示。

代码清单 9-16　MD5Util.java

```
package com.bc.util;
import java.security.MessageDigest;
import java.security.NoSuchAlgorithmException;
public class MD5Util {
  public static String getMD5(String password) {
    try {
      //获取 MD5 的信息摘要器
      MessageDigest digest = MessageDigest.getInstance("md5");
      byte[] result = digest.digest(password.getBytes());
      StringBuffer buffer = new StringBuffer();
      //把密码的每一字节都与 0xff 做与运算
      for (byte b : result) {
        int number = b & 0xff;
        String str = Integer.toHexString(number);
        if (str.length() == 1) {
          buffer.append("0");
        }
        buffer.append(str);
      }
      //返回 MD5 加密后的结果
      return buffer.toString();
    } catch (NoSuchAlgorithmException e) {
      e.printStackTrace();
      return "";
    }
  }
}
```

创建 MD5 测试类 testMD5.java，对一个用户密码进行加密，如代码清单 9-17 所示。

代码清单 9-17　testMD5.java

```
package com.bc.util;
public class testMD5 {
    public static void main(String args[]){
        String md5Str=MD5Util.getMD5("123");
        System.out.println(md5Str);
    }
}
```

通过调用 MD5Util 工具类的 getMD5()方法，将用户的密码“123”进行加密处理后输出一个随机字符串，如图 9-15 所示。

```
Run: testMD5
"C:\Program Files\Java\jdk1.8.0_131\bin\java.exe" ...
202cb962ac59075b964b07152d234b70
```

图 9-15　MD5 对字符进行加密处理

7. 创建用户实体类

创建用户实体类 User.java，类属性与 users 表中的字段对应，如代码清单 9-18 所示。

代码清单 9-18　User.java

```
package com.bc.pojo;
public class User {
    private int id;
    private String username;
    private String password;
    private String email;
    private String phoneNum;
    private int status;

    /* 省略 setter/getter 方法 */
}
```

8. 创建 User Mapper 接口及其对应的 XML 映射文件

在 UserMapper.java 中添加 insertUser(User user)方法以完成增加用户功能，如代码清单 9-19 所示。

代码清单 9-19　UserMapper.java

```
package com.bc.mapper;
import com.bc.pojo.User;
public interface UserMapper {
    public void insertUser(User user);
}
```

创建 UserMapper.xml，在其中加入“<insert id="insertUser">”节点，完成新增用户的 SQL 语句，如代码清单 9-20 所示。

代码清单 9-20　UserMapper.xml

```
<?xml version="1.0" encoding="UTF-8" ?>
<!DOCTYPE mapper
```

```
        PUBLIC "-//mybatis.org//DTD Mapper 3.0//EN"
        "http://mybatis.org/dtd/mybatis-3-mapper.dtd">
          <mapper namespace="com.bc.mapper.UserMapper">

    <insert id="insertUser" parameterType="com.bc.pojo.User">
        insert into users (username,password,email,phoneNum,status) value (#{username},
          #{password},#{email},#{phoneNum},#{status})
    </insert>
</mapper>
```

9. 创建 LogMapper 接口及其对应的 XML 映射文件

在LogMapper.java中添加insertLog(String info)方法以完成增加日志信息功能，如代码清单 9-21 所示。

代码清单 9-21 LogMapper.java

```
package com.bc.mapper;
public interface LogMapper {
    public void insertLog(String info);
}
```

在 LogMapper.xml 中加入“<insert id="insertLog">”节点，完成增加日志信息的 SQL 语句，如代码清单 9-22 所示。

代码清单 9-22 LogMapper.xml

```
<?xml version="1.0" encoding="UTF-8" ?>
<!DOCTYPE mapper
        PUBLIC "-//mybatis.org//DTD Config 3.0//EN"
        "http://mybatis.org/dtd/mybatis-3-mapper.dtd">
          <mapper namespace="com.bc.mapper.LogMapper">

    <insert id="insertLog" >
        <!--向日志表中插入新增用户成功的信息和时间-->
        insert into logs(info,datetime) values(#{info},now())
    </insert>
</mapper>
```

10. 用户服务层接口及实现

在用户服务层接口中定义添加用户的方法 addUser(User user)，如代码清单 9-23 所示。

代码清单 9-23 UserService.java

```
package com.bc.service;
import com.bc.pojo.User;
public interface UserService {
    public void addUser(User user);
}
```

当用户表添加用户数据成功后，同时也会向日志表中插入一条数据，记录新增用户成功的信息及时间。该业务操作会涉及两张表，因此需要使用事务来保证数据的一致性，即只有当两张表同时添加对应的记录时，才认为这个业务是成功的，否则需要回滚数据返回到未执行方法之前的状态，如代码清单 9-24 所示。

代码清单 9-24　UserServiceImpl.java

```
package com.bc.service.impl;
import com.bc.mapper.LogMapper;
import com.bc.mapper.UserMapper;
import com.bc.pojo.User;
import com.bc.service.UserService;
import org.springframework.beans.factory.annotation.Autowired;
import org.springframework.stereotype.Service;
import org.springframework.transaction.annotation.Propagation;
import org.springframework.transaction.annotation.Transactional;
@Service
public class UserServiceImpl implements UserService {
    @Autowired
    UserMapper userMapper;

    @Autowired
    LogMapper logMapper;

    @Transactional(propagation= Propagation.REQUIRED)
    public void addUser(User user) {
        userMapper.insertUser(user);
        logMapper.insertLog("插入数据成功");
    }
}
```

11. 测试事务

下面将分别测试事务执行成功时，以及事务执行失败时数据表中数据的变化情况。

（1）编写测试类UserServiceTest.java，它用于测试事务成功时数据表的变化情况，如代码清单9-25所示。

代码清单 9-25　UserServiceTest.java

```
package com.bc.service;
import com.bc.BaseTest;
import com.bc.pojo.User;
import com.bc.util.MD5Util;
import org.junit.Test;
import org.springframework.beans.factory.annotation.Autowired;
public class UserServiceTest extends BaseTest {
    @Autowired
    private UserService userService;
    @Test
    public void addUserTest(){
        User user = new User();
        user.setUsername("Tom");
        user.setPassword(MD5Util.getMD5("ls"));
        user.setEmail("×××@163.com");
        user.setPhoneNum("138××××8899");
        user.setStatus(0);
        userService.addUser(user);
    }
}
```

当事务执行成功后，查看数据库中的用户表和日志表可以发现，分别添加了新用户和新记录，结果如图 9-16 和图 9-17 所示。

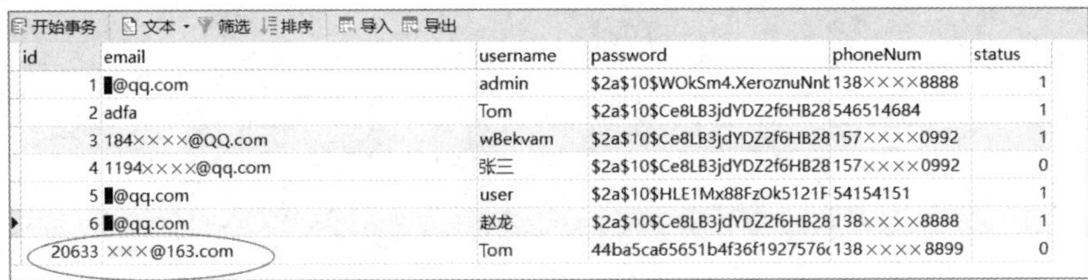

id	email	username	password	phoneNum	status
1	█@qq.com	admin	$2a$10$WOkSm4.XeroznuNnt	138××××8888	1
2	adfa	Tom	$2a$10$Ce8LB3jdYDZ2f6HB28	546514684	1
3	184××××@QQ.com	wBekvam	$2a$10$Ce8LB3jdYDZ2f6HB28	157××××0992	1
4	1194××××@qq.com	张三	$2a$10$Ce8LB3jdYDZ2f6HB28	157××××0992	0
5	█@qq.com	user	$2a$10$HLE1Mx88FzOk5121F	54154151	1
6	█@qq.com	赵龙	$2a$10$Ce8LB3jdYDZ2f6HB28	138××××8888	1
20633	×××@163.com	Tom	44ba5ca65651b4f36f1927576	138××××8899	0

图 9-16　用户表中添加了新用户

id	info	datetime
5	插入数据成功	2022-08-29 17:15:48

图 9-17　日志表中添加了新记录

（2）修改业务实现类 UserServiceImpl.java，添加模拟业务失败的代码，以测试事务执行失败时的情况，如代码清单 9-26 所示。

代码清单 9-26　UserServiceImpl.java

```
@Transactional(propagation = Propagation.REQUIRED)
public void addUser(User user) {
    userMapper.insertUser(user);
    //模拟业务出现异常
    int i = 1 / 0;
    logMapper.insertLog("插入数据成功");
}
```

如图 9-18 所示，程序运行时抛出算术异常 java.lang.ArithmeticException: / by zero。此时，查看用户表和日志表可以发现均没有添加新数据，说明事务遇到异常时会将数据表回滚到初始状态。

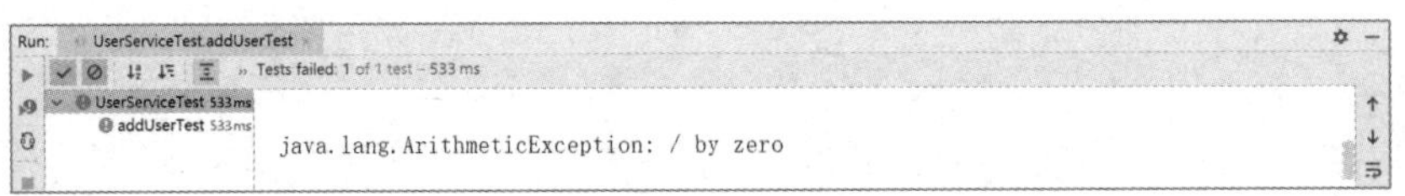

图 9-18　模拟业务异常的运行结果

9.4　经典问题强化

问题 1：Spring 编程式事务与声明式事务的区别有哪些?

答：

（1）编程式事务管理

开发者可以通过编写程序实现事务管理，这种方式灵活性强，但很难维护。

（2）声明式事务管理

我们可以从业务代码中分离事务管理，只要使用注解或 XML 配置来管理事务即可。声明式事务管理比编程式事务管理更具优势，尽管它不如编程式事务管理灵活，但声明式事务管理可以使用 Spring AOP 提供的方法将事务从业务代码中剥离，从而使得维护程序变得更加容易。

问题 2：局部事务与全局事务的区别有哪些？

答：局部事务是特定于一个单一的事务资源，如一个 JDBC 连接，而全局事务可以跨多个事务资源，如在一个分布式系统中的事务。

局部事务管理在一个集中的计算环境中是有用的，该计算环境中应用程序组件和资源位于一个单位点，而事务管理只涉及一个运行在单一机器中的本地数据管理器。全局事务管理主要用于分布式计算环境，其所有资源都分布在多个系统中，在这种情况下事务管理需要同时在局部和全局范围内进行。

问题 3：结合 CRM 系统描述 Spring 是如何处理事务的？

答：CRM 系统中使用了基于注解的声明式事务管理来实现记录新增用户操作的功能，主要分为以下两步。

（1）在 Spring 容器中注册事务注解驱动。

（2）在需要使用事务的 Spring Bean 的方法上添加@Transactional 注解。

9.5　本章小结

本章首先介绍了事务的概念、特性、事务隔离级别，以及隔离未处理所导致的问题，然后介绍了 Spring 事务管理所涉及的核心接口和 Spring 对事务的管理方式，同时重点介绍了利用注解实现声明式事务管理的方法，最后通过实现 CRM 系统中新增用户的日志记录功能，让读者更好地掌握实际开发中 Spring 对事务的管理。

本章小结

第 10 章 Spring MVC 基础

本章目标：

- 掌握 MVC 设计模式的基本原理；
- 掌握 Spring MVC 的相关概念；
- 掌握 Spring MVC 的工作流程；
- 掌握 Spring MVC 的入门实例。

Spring MVC 是 Spring 框架扩展出的一种基于 MVC（Model-View-Controller）设计模式的轻量级 Web 应用框架，它将 Web 应用架构分为模型层、视图层、控制器层这 3 部分，以便更好地组织和管理代码，提高程序的可读性、可维护性和可测试性。

本章将以 CRM 系统中的用户登录功能为例，结合具体场景和代码实现，详细讲解 MVC 设计模式、Spring MVC 核心组件及工作流程、Spring MVC 的入门程序等内容。

10.1 项目需求

项目需求

10.1.1 业务场景

项目经理老王：小王，你现在熟练掌握 Spring 和 MyBatis 框架了吧？

程序员小王：是的。通过之前的学习和项目实践，我已经掌握了这两个框架，但是现在有个问题是如何接收、处理前端页面提交的数据，并在业务处理完后将结果返回给对应的页面呢？

项目经理老王：你需要了解一下 Spring MVC 框架，它是 Spring 内置的 MVC 框架，可以解决 Web 开发中常见的功能需求，例如，参数接收、文件上传、表单验证和国际化等，而且 Spring MVC 框架使用起来简单，可以与 Spring 无缝集成，并支持 RESTful 风格的 URL 请求。

程序员小王：好的，我会抓紧时间学习 Spring MVC 框架，以便在项目中使用。

10.1.2 功能描述

下面需要为 CRM 系统开发用户登录功能。当用户登录时需要对多个条件进行验证，例如，登录的 IP 地址是否受限制、用户名和密码是否正确、账号是否过期、用户状态是否被锁定等，只有当这些条件都满足时，用户才能进入后台管理系统，否则系统会返回至登录页面并提示用户相应的错误信息，登录功能需求如图 10-1 所示。

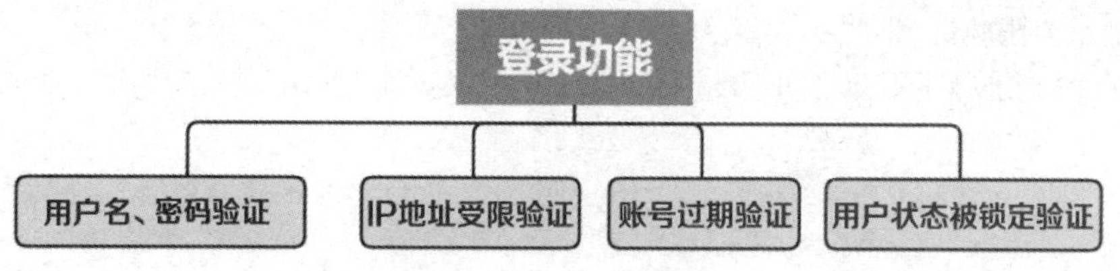

图 10-1 登录功能需求

10.1.3 最终效果

系统登录页面包括用户名和密码，以及免登录选框，如图 10-2 所示。

图 10-2 系统登录页面

用户登录成功后进入后台管理页面，如图 10-3 所示。

图 10-3 登录成功页面

登录失败要显示失败原因并提示给用户，在登录时可能出现的错误情况有以下几种。

1. 用户名、密码验证

当用户名或密码填写错误时，会在登录页面提示用户"用户名或者密码错误"，如图 10-4 所示。

图 10-4 提示"用户名或者密码错误"

2. IP 地址受限验证

当用户的 IP 地址属于不允许访问的网段时，会在登录页面提示用户“IP 受限”，如图 10-5 所示。

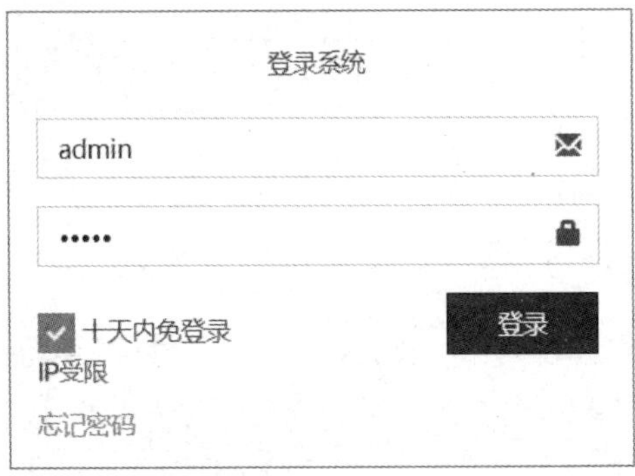

图 10-5 提示“IP 受限”

3. 账号过期验证

当用户的账号已经过期时，会在登录页面提示用户“账号已经过期”，如图 10-6 所示。

图 10-6 提示“账号已经过期”

4. 用户状态被锁定验证

当用户的状态被锁定时，会在登录页面提示用户“状态被锁定”，如图 10-7 所示。

图 10-7 提示用户“状态被锁定”

10.2　背景知识

10.2.1　知识导图

本章知识导图如图 10-8 所示。

图 10-8　本章知识导图

10.2.2　MVC 设计模式

MVC 是一种广泛存在于各类语言中的软件设计理念，它将应用程序拆分为模型（Model）、视图（View）、控制器（Controller）这 3 部分，以便将程序的业务逻辑、页面及数据访问处理相分离，从而降低各模块之间的耦合度，提升系统的可维护性和可扩展性。

MVC 设计模式

MVC 各部分之间的关系如图 10-9 所示。

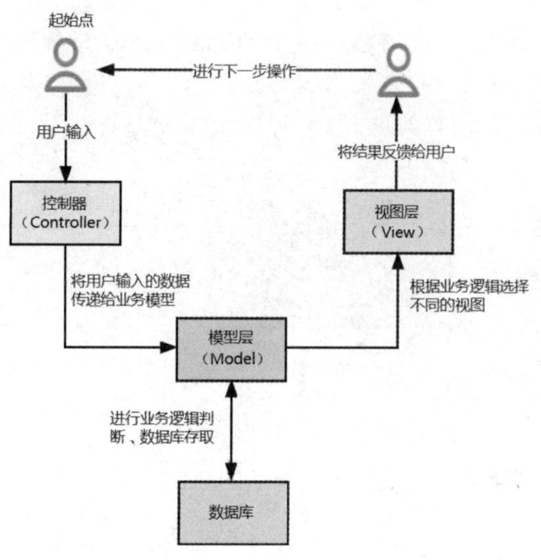

图 10-9　MVC 各部分之间的关系

（1）模型

模型封装了应用程序的业务逻辑处理和数据库访问操作。

（2）视图

视图是应用程序的用户页面部分，它负责将用户输入传递给控制器，并呈现模型返回的数据。

（3）控制器

控制器是模型与视图之间的协调器，它负责接收视图中的用户输入并更新模型，同时它还会将模型返回的数据更新到视图中，以确保模型和视图始终同步。

MVC的优点在于它使应用程序的不同部分分离，每部分都可以单独修改和测试（如更改视图不会影响模型或控制器，同时更改模型也不会影响视图或控制器），从而保持整个应用程序的一致性和可维护性。

10.2.3 Spring MVC 的核心组件及工作流程

Spring MVC是一个基于Java的MVC框架，它是Spring框架的扩展，其提供了一种用于构建Web应用程序的模型—视图—控制器架构，并带有许多有用的功能，如国际化支持、文件上传、数据验证、异常处理等。

Spring MVC 的核心组件及工作流程

1. Spring MVC 的核心组件

Spring MVC 的核心组件包括以下几个方面。

（1）DispatcherServlet

DispatcherServlet 为 Spring MVC 的中央控制器，它负责接收所有的客户端请求并将其分发给对应的处理器。

（2）HandlerMapping

HandlerMapping 为处理器映射器，用于将 URL 映射到对应处理器的组件。

（3）Controller

Controller为控制处理器，其包含控制器的内容和其他增强的功能，主要针对客户端请求完成业务逻辑处理。

（4）ViewResolver

ViewResolver为视图解析器，用于接收、解析DispatcherServlet传来的模型和视图信息，并将模型数据渲染到视图中，响应用户的请求。

Spring MVC 各组件的工作流程如图 10-10 所示。

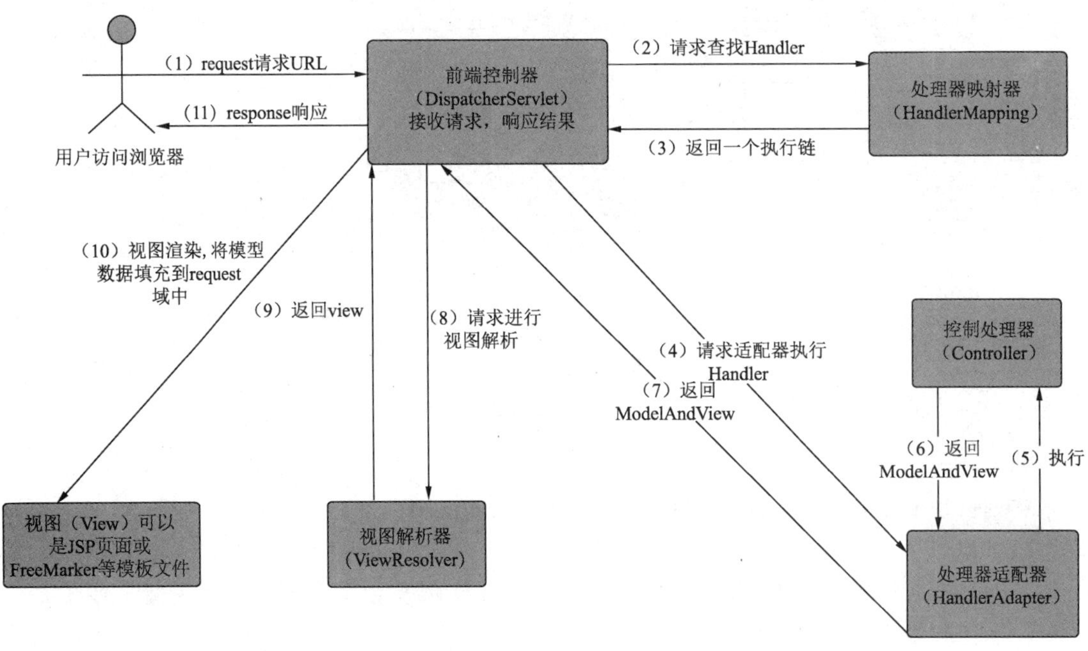

图 10-10 Spring MVC 各组件的工作流程

2. Spring MVC 的工作流程

Spring MVC 的工作流程如下。

（1）用户向服务端发送请求，请求到达前端控制器 DispatcherServlet。

（2）DispatcherServlet 使用 HandlerMapping 将请求的 URL 映射到对应的 Controller 类处理方法中。

（3）在执行 Controller 方法前，DispatcherServlet 会先将请求交给拦截器链进行处理。拦截器链是一个由多个拦截器组成的链式结构，每个拦截器都可以在请求被发送到 Controller 之前或之后进行某些处理，例如，日志记录、安全验证、性能监测等。

（4）Controller 负责处理请求并返回 ModelAndView 对象至 DispatcherServlet，其中，包含模型数据和视图信息。

（5）DispatcherServlet 会将 ModelAndView 对象转交给 ViewResolver，ViewResolver 会根据返回的视图逻辑名解析出真正的视图。

（6）ViewResolver 完成视图渲染，并将模型数据填充到视图中。

（7）DispatcherServlet 将渲染后的视图返回给客户端。

Spring MVC 的入门程序

10.2.4　Spring MVC 的入门程序

在掌握了Spring MVC的基本概念及工作流程之后，接下来围绕一个简单的入门程序进行实践，这样将帮助读者更好地理解Spring MVC的核心概念与基础架构。

1. 需求分析

本实例将使用Spring MVC模拟向后端请求所有商品信息数据，并以列表形式展示每个商品的商品名称、商品价格和商品描述等信息，如图 10-11 所示。

查询条件：

查询

商品列表：

商品名称	商品价格	商品描述	操作
联想笔记本电脑	6000.0	ThinkPad T430 联想笔记本电脑！	修改
苹果手机	5000.0	iPhone6苹果手机！	修改

图 10-11　显示所有商品信息

2. 创建 Maven 项目

创建图 10-12 所示的 Maven 项目目录结构，本实例也可以从本章提供的源代码（提供的源代码位置在“代码\第 10 章 Spring MVC 基础\代码\01 Spring MVC 入门程序\springmvc”）中直接导入。

- controller：该目录用于存放控制器类，其中 ItemsController 是商品列表的控制器类。
- pojo：该目录用于存放实体类，包括商品信息的实体类 Items。
- resources：该目录包含Spring MVC的配置文件springmvc.xml。
- WEB-INF：该目录包含所有的 JSP 文件及项目的配置文件 web.xml。

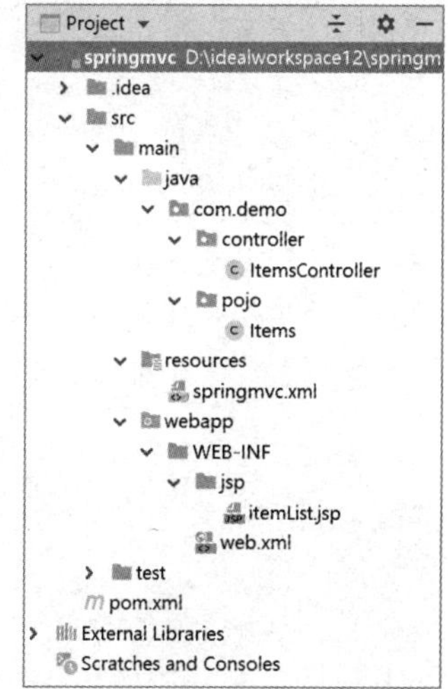

图 10-12　Maven 项目目录结构

3. 导入项目依赖包

配置 pom.xml，导入项目所需要的依赖包，如代码清单 10-1 所示。

代码清单 10-1　pom.xml

```
<project xmlns="http://maven.apache.org/POM/4.0.0" xmlns:xsi="http://www.w3.org/2001/
XMLSchema-instance"
        xsi:schemaLocation="http://maven.apache.org/POM/4.0.0 http://maven.apache.
        org/maven-v4_0_0.xsd">
    <modelVersion>4.0.0</modelVersion>
    <groupId>com.demo</groupId>
    <artifactId>springmvc</artifactId>
    <packaging>war</packaging>
    <version>1.0-SNAPSHOT</version>
    <name>springmvc</name>
    <url>http://maven.apache.org</url>
    <properties>
        <spring.version>5.0.2.RELEASE</spring.version>
    </properties>
    <dependencies>
        <dependency>
            <groupId>org.springframework</groupId>
            <artifactId>spring-context</artifactId>
            <version>${spring.version}</version>
        </dependency>
        <dependency>
            <groupId>org.springframework</groupId>
            <artifactId>spring-web</artifactId>
            <version>${spring.version}</version>
        </dependency>
        <dependency>
            <groupId>org.springframework</groupId>
            <artifactId>spring-webmvc</artifactId>
            <version>${spring.version}</version>
        </dependency>
        <dependency>
            <groupId>javax.servlet</groupId>
            <artifactId>servlet-api</artifactId>
            <version>2.5</version>
            <scope>provided</scope>
        </dependency>
        <dependency>
            <groupId>javax.servlet.jsp.jstl</groupId>
            <artifactId>jstl-api</artifactId>
            <version>1.2</version>
        </dependency>
        <dependency>
            <groupId>org.apache.taglibs</groupId>
            <artifactId>taglibs-standard-spec</artifactId>
            <version>1.2.1</version>
        </dependency>
        <dependency>
            <groupId>org.apache.taglibs</groupId>
            <artifactId>taglibs-standard-impl</artifactId>
            <version>1.2.1</version>
```

```
        </dependency>
    </dependencies>
</project>
```

4. 创建商品实体类

根据业务需求创建商品实体类 Items.java，如代码清单 10-2 所示。

代码清单 10-2　Items.java

```
package com.demo.pojo;
public class Items {
    private Integer id;
    private String name;
    private Float price;
    private String detail;

    /* 省略 setter/getter 方法 */
}
```

5. 创建控制器类

在com.demo.controller包下创建控制器类ItemsController.java，添加如代码清单 10-3 所示的内容。该控制器用于处理前端发来的URL为“/list”的GET请求，当控制器收到请求后，它会创建两个商品对象并将它们添加到商品列表itemList中，接下来控制器会将itemList存储到ModelAndView对象中，并将视图名称设置为“itemList”后传递给视图解析器ViewResolver，该解析器会依据视图名称来查找名为“itemList.jsp”的JSP文件，并将ModelAndView中的数据渲染到该文件中，从而将结果响应到浏览器中以完成商品列表的显示。

代码清单 10-3　ItemsController.java

```
package com.demo.controller;
import com.demo.pojo.Items;
import org.springframework.stereotype.Controller;
import org.springframework.web.bind.annotation.RequestMapping;
import org.springframework.web.servlet.ModelAndView;
import java.util.ArrayList;
import java.util.List;
@Controller
public class ItemsController {
    //将 URL 为“/list”的请求映射到当前方法进行处理
    @RequestMapping("/list")
    public ModelAndView  itemsList() throws Exception{
        List<Items> itemList = new ArrayList<Items>();
        //添加模拟商品
        Items items_1 = new Items();
        items_1.setName("联想笔记本电脑");
        items_1.setPrice(6000f);
        items_1.setDetail("ThinkPad T430 联想笔记本电脑！");
        Items items_2 = new Items();
        items_2.setName("苹果手机");
        items_2.setPrice(5000f);
        items_2.setDetail("iPhone6 苹果手机！");
        itemList.add(items_1);
        itemList.add(items_2);
```

```
        //定义模型和视图对象
        //模型：模型对象中存放了返回给页面的数据
        //视图：视图对象中指定了返回页面的位置
        ModelAndView modelAndView = new ModelAndView();
        //将返回给页面的数据放入模型和视图对象中
        modelAndView.addObject("itemList", itemList);
        //指定返回的页面位置
        modelAndView.setViewName("itemList");
        return modelAndView;
    }
}
```

6. 创建 Spring MVC 配置文件

在 resources 下创建 Spring MVC 的配置文件 springmvc.xml，在文件中配置控制器和视图解析器信息，如代码清单 10-4 所示。

代码清单 10-4　springmvc.xml

```
<?xml version="1.0" encoding="UTF-8"?>
<beans xmlns="http://www.springframework.org/schema/beans"
      xmlns:xsi="http://www.w3.org/2001/XMLSchema-instance"
      xmlns:context="http://www.springframework.org/schema/context"
      xmlns:mvc="http://www.springframework.org/schema/mvc"
      xsi:schemaLocation="http://www.springframework.org/schema/beans
       http://www.springframework.org/schema/beans/spring-beans-4.0.xsd
       http://www.springframework.org/schema/mvc
       http://www.springframework.org/schema/mvc/spring-mvc-4.0.xsd
       http://www.springframework.org/schema/context
       http://www.springframework.org/schema/context/spring-context-4.0.xsd">

    <!-- 配置@Controller 注解扫描路径 -->
    <context:component-scan base-package="com.demo.controller"></context:component-scan>

    <!--开启注解驱动:完成对注解处理器、映射器和适配器的配置-->
    <mvc:annotation-driven></mvc:annotation-driven>

    <!-- 配置视图解析器-->
    <bean class="org.springframework.web.servlet.view.InternalResourceViewResolver">
        <!--Controller 返回的页面路径 = 前缀 + 页面名称 + 后缀 -->
        <!-- 前缀 -->
        <property name="prefix" value="/WEB-INF/jsp/"></property>
        <!-- 后缀 -->
        <property name="suffix" value=".jsp"></property>
    </bean>
</beans>
```

该配置文件首先使用<context:component-scan>标签将 com.demo.controller 包配置为包扫描路径，Spring 容器在启动时会将该路径下所有标注有@Controller 注解的类自动装配到 Spring IoC 容器中，然后使用<mvc:annotation-driven>标签来配置注解的处理器、映射器和适配器，最后配置视图解析器 InternalResourceViewResolver 来解析返回的视图，并将结果呈现给用户。

7. 配置前端控制器

在 web.xml 中配置 Spring MVC 的前端控制器，如代码清单 10-5 所示。

代码清单 10-5 web.xml

```
<?xml version="1.0" encoding="UTF-8"?>
<web-app version="2.5"
        xmlns="http://java.sun.com/xml/ns/javaee"
        xmlns:xsi="http://www.w3.org/2001/XMLSchema-instance"
        xsi:schemaLocation="http://java.sun.com/xml/ns/javaee
        http://java.sun.com/xml/ns/javaee/web-app_2_5.xsd">

  <display-name>Archetype Created Web Application</display-name>
    <!-- 配置 Spring MVC 编码过滤器 -->
    <filter>
        <filter-name>characterEncodingFilter</filter-name>
        <filter-clases>org.springframework.web.filter.CharacterEncodingFilter</filter-class>
        <!-- 设置过滤器中的属性值 -->
        <init-param>
            <param-name>encoding</param-name>
            <param-value>UTF-8</param-value>
        </init-param>
        <!-- 启动过滤器 -->
        <init-param>
            <param-name>forceEncoding</param-name>
            <param-value>true</param-value>
        </init-param>
    </filter>
    <!-- 过滤所有请求 -->
    <filter-mapping>
        <filter-name>characterEncodingFilter</filter-name>
        <url-pattern>/*</url-pattern>
    </filter-mapping>
    <!–Spring MVC 的核心控制器 -->
    <servlet>
        <servlet-name>dispatcherServlet</servlet-name>
        <servlet-class>org.springframework.web.servlet.DispatcherServlet</servlet-class>
      <!-- 配置 Servlet 的初始化参数，读取 Spring MVC 的配置文件，创建 Spring 容器 -->
        <init-param>
            <param-name>contextConfigLocation</param-name>
            <param-value>classpath:springmvc.xml</param-value>
        </init-param>
        <!-- 配置 servlet 启动时加载对象 -->
        <load-on-startup>1</load-on-startup>
    </servlet>
    <servlet-mapping>
        <servlet-name>dispatcherServlet</servlet-name>
        <url-pattern>/</url-pattern>
    </servlet-mapping>
</web-app>
```

该配置文件首先在<servlet>标签中配置了Spring MVC的前端控制器DispatcherServlet，并使用子标签<init-param>指定Spring MVC配置文件的位置，然后在<servlet-mapping>标签中，使用

<url-pattern>标签的“*.action”将所有带有“.action”后缀的URL请求都交给DispatcherServlet处理。

此外，配置文件还通过<load-on-startup>标签中的“1”指示在容器启动时就立即加载 DispatcherServlet，以确保 DispatcherServlet 可以及时处理所有请求。

8. 创建视图页面

在 WEB-INF 目录下创建一个“jsp”目录，并在目录中创建一个商品信息页面文件 itemList.jsp，添加如代码清单 10-6 所示的内容，用于在页面中展示所有商品的信息。

代码清单 10-6　itemList.jsp

```
<%@ page language="java" contentType="text/html; charset=UTF-8"
    pageEncoding="UTF-8"%>
<%@ taglib uri="http://java.sun.com/jsp/jstl/core" prefix="c" %>
<%@ taglib uri="http://java.sun.com/jsp/jstl/fmt"  prefix="fmt"%>
<!DOCTYPE html PUBLIC "-//W3C//DTD HTML 4.01 Transitional//EN" "http://www.w3.org/TR/html4/loose.dtd">
<html>
<head>
<meta http-equiv="Content-Type" content="text/html; charset=UTF-8">
<title>查询商品列表</title>
</head>
<body>
<form action="${pageContext.request.contextPath}/item/queryitem.action" method="post">
查询条件:
<table width="100%" border=1>
<tr>
<td><input type="submit" value="查询"/></td>
</tr>
</table>
商品列表:
<table width="100%" border=1>
<tr>
      <td>商品名称</td>
      <td>商品价格</td>
      <td>商品描述</td>
      <td>操作</td>
</tr>
<c:forEach items="${itemList}" var="item">
<tr>
      <td>${item.name}</td>
      <td>${item.price}</td>
      <td>${item.detail}</td>
      <td><a href="${pageContext.request.contextPath}/itemEdit.action?id=${item.
      id}">修改</a></td>
</tr>
</c:forEach>
</table>
</form>
</body>
</html>
```

打开浏览器访问 http://localhost:8080/springmvc/list，可以查询到所有商品的信息，如图 10-13

所示。

localhost:8080/springmvc/list

查询条件：

查询

商品列表：

商品名称	商品价格	商品描述	操作
联想笔记本电脑	6000.0	ThinkPad T430 联想笔记本电脑！	修改
苹果手机	5000.0	iPhone6苹果手机！	修改

图 10-13　查询所有商品的信息

10.2.5　Spring MVC 的优点

Spring MVC 的优点

Spring MVC 作为一款 Web 框架，具有以下优点。

- 轻量级：Spring MVC 是一种轻量级 Web 框架，它不依赖于其他任何一种 Web 框架或应用服务器，同时它还使用了 Spring 的 IoC（控制反转）和 AOP（面向切面编程）技术，使开发者易于开发出灵活的、可定制的、易于维护的 Web 应用程序。
- 易于使用：Spring MVC 提供了众多的注解和 API，使得开发者可以快速完成 Controller 创建、映射请求、绑定数据、异常处理等操作，从而使 Web 应用程序的开发变得更加容易。
- 易于集成：Spring MVC 可以很容易地集成其他 Spring 组件，例如 Spring Security、Spring Data 等，使开发者可以快速创建高度可定制的 Web 应用程序。
- 灵活性：Spring MVC 提供了很多可扩展的组件和插件，使得开发者可以根据应用程序的需要进行定制。例如，开发者可以自定义 ViewResolver 来实现自己的视图解析器。
- 易于测试：由于 Spring MVC 采用了 MVC 设计模式，控制层与视图层是分离的，这样开发者可以很容易地对各层进行单元测试，从而提高应用程序的质量和可维护性。

10.3　项目实现

项目实现

10.3.1　业务场景

项目经理老王：小王，用户登录功能由你来实现。你现在已经熟悉了 Spring MVC 的工作原理和开发方法，但对于整合 Spring 和 MyBatis 还不了解。不过不用担心，我们可以先在控制层写一些模拟数据来调试，但是登录功能需要对多个条件进行验证，例如，用户 IP 地址、用户名和密码、账户是否过期、用户是否锁定等，在实现时你需要考虑如何处理这些验证。

程序员小王：好的，我明白了。这个安全要求比较高，我会认真考虑。还有，我需要自己创建项目吗？

项目经理老王：不用。我们已经搭建好了项目框架，你可以使用 Git 工具从公司版本服务器导入初始架构，然后在此基础上开发。

程序员小王：好的，我会尽快开始工作。

10.3.2　实现用户登录

1. Maven 父子项目

当开发一个大型项目时，通常会使用多个模块分离不同的功能。这些模块之间可能存在一些共同依赖关系，例如，共同依赖于某个框架的核心库。如果采用传统的方式将所有代码都放在一个项目中，这些依赖关系可能会变得非常复杂，导致代码难以维护。而使用 Maven 父子项目可以将这些模块分离出来，形成一个层次结构，使每个模块都可独立地编译、测试和部署。

父子项目有以下优点。

（1）父子项目能够更高效地分离每个模块，使得修改某个模块时，不会影响到其他模块。在父项目中声明依赖，而在子项目中继承这些依赖，可以有效避免重复依赖的问题。这样当我们需要升级或者更换某个依赖时，只需要在父项目中做修改，就可以自动地更新所有子项目的依赖。

（2）父子项目可以使代码更加清晰，并提高代码的重用性。通过在父项目中声明依赖，可以避免了多个子项目重复引入相同的依赖。这样就可以将这些公共的依赖关系放在一个地方，方便维护。另外，父项目中也可以定义一些公共配置，如插件配置、编译器配置等，使得所有子项目都可以继承这些配置，避免出现重复配置的问题。

2. 项目整体结构

源代码位置位于“代码\第 10 章 Spring MVC 基础\代码\02 实现用户登录\crm”。

项目整体结构如图 10-14 所示。

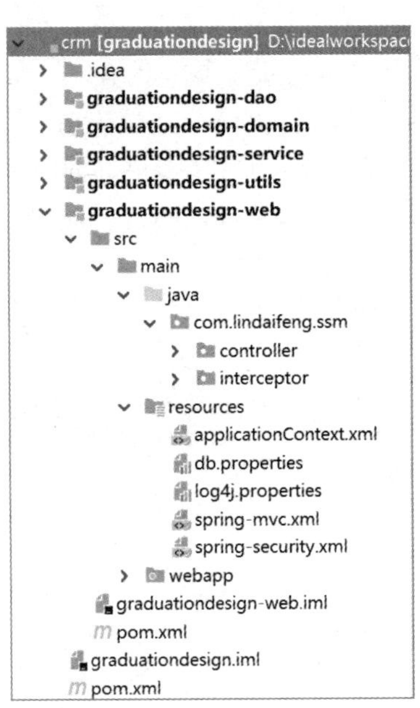

图 10-14　项目整体结构

主要分为以下几部分。

- graduationdesign-dao：数据访问对象层，负责与数据库进行交互。
- graduationdesign-domain：领域层，负责维护面向对象的领域模型。该层主要由 POJO 类构成，是数据表在面向对象世界中的映射。
- graduationdesign-service：服务层，负责实现具体业务逻辑。
- graduationdesign-utils：包含项目所需的各种工具类。
- graduationdesign-web：控制层，接受用户输入并调用模型和视图完成用户需求。

3. 导入项目基本架构

选择“File->Open”，找到 crm 项目，如图 10-15 所示。

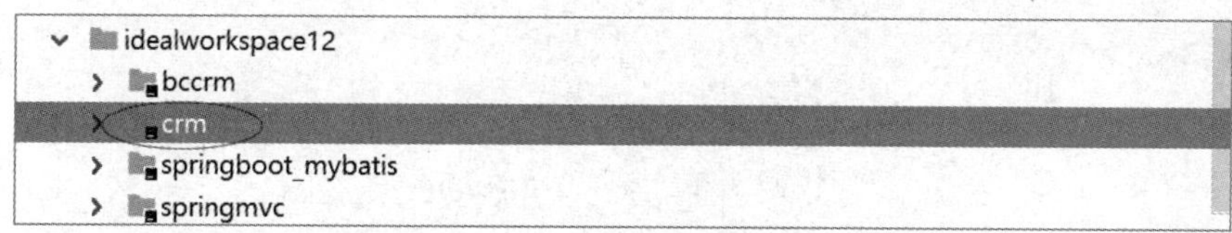

图 10-15 导入 CRM 项目

选择“File->Settings”，配置项目所需要的 Maven 仓库，请读者根据自己的 Maven 的安装位置自行配置，如图 10-16 所示。

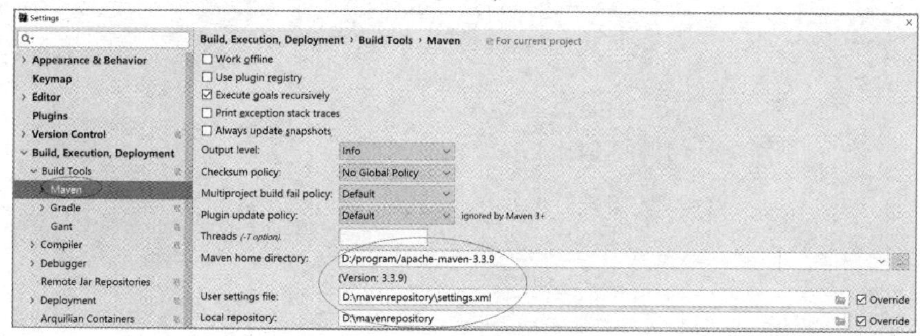

图 10-16 配置 Maven

更新 Maven，导入项目所需要的依赖包。

crm 是父项目，查看 crm 项目下的 pom 文件，其打包方式为<packaging>pom</packaging>，如图 10-17 所示。

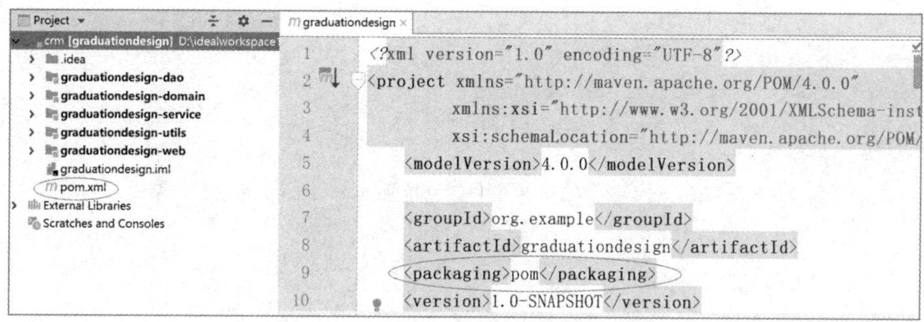

图 10-17 父项目 graduationdesign

graduationdesign-web是子项目，查看graduationdesign-web下的pom文件，其父项目是crm [graduationdesign]，其打包方式为<packaging>war</packaging>，如图 10-18 所示。

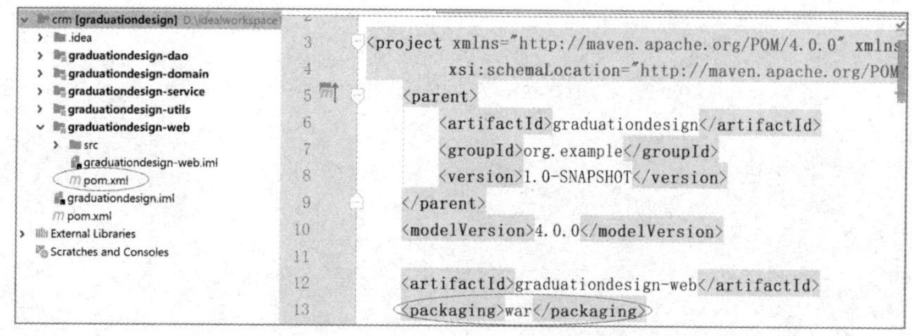

图 10-18 子项目 graduationdesign-web

4. 配置 web.xml

首先在 web.xml 中配置 Spring MVC 框架，如代码清单 10-7 所示。

代码清单 10-7 web.xml

```
<servlet>
    <servlet-name>dispatcherServlet</servlet-name>
<servlet-class>org.springframework.web.servlet.DispatcherServlet</servlet-class>
    <!-- 配置初始化参数，创建完 DispatcherServlet 对象，加载 springmvc.xml 配置文件 -->
    <init-param>
        <param-name>contextConfigLocation</param-name>
        <param-value>classpath:spring-mvc.xml</param-value>
    </init-param>
    <!-- 服务器启动的时候，让 DispatcherServlet 对象创建 -->
    <load-on-startup>1</load-on-startup>
</servlet>
<servlet-mapping>
    <servlet-name>dispatcherServlet</servlet-name>
    <url-pattern>*.do</url-pattern>
</servlet-mapping>
```

5. 配置 Spring MVC 核心配置文件

编辑 Spring MVC 核心配置文件，添加如代码清单 10-8 所示的内容。

代码清单 10-8 spring-mvc.xml

```
<?xml version="1.0" encoding="UTF-8"?>
<beans xmlns="http://www.springframework.org/schema/beans"
      xmlns:mvc="http://www.springframework.org/schema/mvc"
      xmlns:context="http://www.springframework.org/schema/context"
      xmlns:xsi="http://www.w3.org/2001/XMLSchema-instance"
      xmlns:aop="http://www.springframework.org/schema/aop"
      xsi:schemaLocation="
         http://www.springframework.org/schema/beans
         http://www.springframework.org/schema/beans/spring-beans.xsd
         http://www.springframework.org/schema/mvc
         http://www.springframework.org/schema/mvc/spring-mvc.xsd
         http://www.springframework.org/schema/context
         http://www.springframework.org/schema/context/spring-context.xsd
         http://www.springframework.org/schema/aop
         http://www.springframework.org/schema/aop/spring-aop.xsd
         ">
    <!--配置 DispatcherServlet 以截获所有 URL 请求 -->
    <mvc:default-servlet-handler />

    <!--配置 Controller 注解的包扫描路径 -->
    <context:component-scan base-package="com.lindaifeng.ssm.controller">
    </context:component-scan>

    <!-- 配置视图解析器 -->
    <bean id="viewResolver" class="org.springframework.web.servlet.view.InternalResource
       ViewResolver">
       <!--配置 JSP 文件所在的目录 -->
       <property name="prefix" value="/pages/" />
```

```
        <!--配置文件后缀名 -->
        <property name="suffix" value=".jsp" />
    </bean>

    <!--放行静态资源 -->
    <mvc:resources location="/css/" mapping="/css/**" />
    <mvc:resourcese location="/img/" mapping="/img/**" />
    <mvc:resources location="/js/" mapping="/js/**" />
    <mvc:resources location="/plugins/" mapping="/plugins/**" />

    <!-- 开启对 Spring MVC 注解的支持 -->
    <mvc:annotation-driven />
</beans>
```

- <mvc:default-servlet-handler>标签：用于配置 DispatcherServlet 以截获所有 URL 请求。
- <context:component-scan>标签：用于配置注解的包扫描路径。
  <bean>标签：该标签配置了一个视图解析器，用于解析 JSP 文件的路径和后缀。
- <mvc:resources>标签：该标签配置了静态资源的位置和映射路径。
- <mvc:annotation-driven>标签：该标签开启了对 Spring MVC 注解的支持。

6. 编写用户登录控制类

创建用户登录控制类 LoginController.java，添加如代码清单 10-9 所示的内容，用于模拟一个用户完成登录的流程。

代码清单 10-9　LoginController.java

```
    @RequestMapping("/login.do")
    public @ResponseBody
    Object login(String username, String password, String isRemPwd, HttpServletRequest
request, HttpServletResponse response, HttpSession session) {
        //模拟用户信息
        UserInfo userInfo=new UserInfo();
        userInfo.setUsername(username);
        userInfo.setPassword(MD5Util.getMD5(password));
        userInfo.setAllowIps("127.0.0.1");
        userInfo.setExpireTime("2023-09-09");
        userInfo.setStatus(1);
        //根据查询结果，生成响应信息
        ReturnObject returnObject = new ReturnObject();
        if (userInfo == null) {
            //检验用户名或者密码错误，登录失败后，返回结果为{code=0,message="用户名或者密码错误"}
            returnObject.setCode(Contants.RETURN_OBJECT_CODE_FAIL);
            returnObject.setMessage("用户名或者密码错误");
        } else {
            if (DateUtils.formatDateTime(new Date()).compareTo(userInfo.getExpireTime()) > 0) {
                //账号已经过期，登录失败，返回结果为{code=0,message="账号已经过期"}
                returnObject.setCode(Contants.RETURN_OBJECT_CODE_FAIL);
                returnObject.setMessage("账号已经过期");
            } else if ("0".equals(Integer.toString(userInfo.getStatus()))) {
                //状态被锁定，登录失败，返回结果为{code=0,message="状态被锁定"}
                returnObject.setCode(Contants.RETURN_OBJECT_CODE_FAIL);
                returnObject.setMessage("状态被锁定");
```

```
        } else if (!userInfo.getAllowIps().contains(request.getRemoteAddr())) {
            //IP 受限，登录失败
            //{code=0,message="IP 受限"}
            returnObject.setCode(Contants.RETURN_OBJECT_CODE_FAIL);
            returnObject.setMessage("IP 受限");
        } else {
            //登录成功
            //{code=1}
            returnObject.setCode(Contants.RETURN_OBJECT_CODE_SUCCESS);

            //把用户的信息保存到 session 中
            session.setAttribute(Contants.SESSION_USER, userInfo);
        }
    }
    return returnObject;
}
```

当用户提交登录信息时，会调用 login()方法，该方法会进行用户信息的校验，包括用户名、密码、账号是否过期、账号是否被锁定、IP 是否受限等。如果校验通过，会将用户信息存入 session，并返回一个状态码表示登录成功；如果校验失败，会返回一个状态码和失败信息。

7. 编写登录页面

编写用户登录页面 login.jsp，添加如代码清单 10-10 所示的内容。

代码清单 10-10　login.jsp

```
<%@ page language="java" contentType="text/html; charset=UTF-8" pageEncoding="UTF-8"%>
<!DOCTYPE html PUBLIC "-//W3C//DTD HTML 4.01 Transitional//EN" "http://www.w3.org/
TR/html4/loose.dtd">
<html>
<head>
<meta charset="utf-8">
<meta http-equiv="X-UA-Compatible" content="IE=edge">

<title>云客 CRM 后台管理系统</title>

<meta content="width=device-width,initial-scale=1,maximum-scale=1,user-scalable=no"
name="viewport">

<link rel="stylesheet" href="${pageContext.request.contextPath}/plugins/bootstrap/css/
bootstrap. min.css">
<link rel="stylesheet" href="${pageContext.request.contextPath}/plugins/font-awesome/
css/font-awesome.min.css">
<link rel="stylesheet" href="${pageContext.request.contextPath}/plugins/ionicons/css/
ionicons .min.css">
<link rel="stylesheet" href="${pageContext.request.contextPath}/plugins/adminLTE/
css/AdminLTE.css">
<link rel="stylesheet" href="${pageContext.request.contextPath}/plugins/iCheck/
square/blue.css">
</head>
<!-- iCheck -->
<script src="${pageContext.request.contextPath}/plugins/jQuery/jquery-2.2.3.min.
js"></script>
```

```
    <script src="${pageContext.request.contextPath}/plugins/bootstrap/js/bootstrap.
min.js"></script>
    <script src="${pageContext.request.contextPath}/plugins/iCheck/icheck.min.js"></script>
    <script type="text/javascript">

      $(function() {
        $('input').iCheck({
          checkboxClass : 'icheckbox_square-blue',
          radioClass : 'iradio_square-blue',
          increaseArea : '20%' // optional
        });
      });

      $(function () {
        //给页面添加键盘按下的事件
        $(window).keydown(function (e) {
          //如果按的是 Enter 键，则发送请求
          if(e.keyCode==13){
            $("#loginBtn").click();
          }
        });
        //给“登录”按钮添加单击事件
        $("#loginBtn").click(function () {
          //收集参数
          var username=$.trim($("#username").val());
          var password=$.trim($("#password").val());
          var isRemPwd=$("#isRemPwd").prop("checked");

          //表单验证
          if(username==""){
            alert("用户名不能为空");
            return;
          }
          if(password==""){
            alert("密码不能为空");
            return;
          }

          //发送请求
          $.ajax({
            url:'login.do',
            data:{
              username:username,
              password:password,
              isRemPwd:isRemPwd
            },
            type:'post',
            dataType:'json',
            success:function (data) {

              if(data.code=="1"){
                alert(data.code)
```

```
                //跳转到业务主页面
                window.location.href="pages/main.jsp";
            }else{
                $("#msg").text(data.message);
            }
        },
        beforeSend:function(){//在 Ajax 发送异步请求之前执行本函数，函数返回值是 true 或者
        //false；当返回 true 时，Ajax 会真正向后台发送请求，否则，Ajax 放弃向后台发送请求
            //显示提示信息
            $("#msg").text("正在验证……");
            return true;
        }
    });
  });
});
</script>

<body class="hold-transition login-page">
  <div class="login-box">
    <div class="login-logo">
      <a href="all-admin-index.html">云客 CRM 后台管理系统</a>
    </div>
    <!-- /.login-logo -->
    <div class="login-box-body">
      <p class="login-box-msg">登录系统</p>

      <form action="" method="post">
        <div class="form-group has-feedback">
          <input type="text" name="username" id="username"value="${cookie.username.
          value}"  class="form-control" placeholder="用户名">
          <span class="glyphicon glyphicon-envelope form-control-feedback"></span>
        </div>
        <div class="form-group has-feedback">
          <input type="password" name="password" id="password" value="${cookie.password.
          value}" class="form-control" placeholder="密码">
          <span class="glyphicon glyphicon-lock form-control-feedback"></span>
        </div>
        <div class="row">
          <div class="col-xs-8">
            <div class="checkbox icheck">
              <label>
                <input type="checkbox" id="isRemPwd" checked="true">
                十天内免登录
              </label>
              <br>
              <span id="msg" style="color: red"></span>
            </div>
          </div>
          <div class="col-xs-4">
            <button type="button" id="loginBtn" class="btn btn-primary btn-block
            btn-flat">登录</button>
          </div>
```

```
            </div>
          </form>
          <a href="#">忘记密码</a><br>
        </div>
      </div>
    </body>
</html>
```

打开浏览器访问“http://localhost:8080/crm/login.jsp”，在登录页面中输入用户名 admin 和密码 admin，如图 10-19 所示。

图 10-19　登录系统页面

登录成功后会进入系统后台管理页面，如图 10-20 所示。

图 10-20　后台管理页面

10.4　经典问题强化

问题 1：简述 Spring MVC 框架的工作流程。

答：Spring MVC 的工作流程可以概括为接收请求、调用处理器、处理请求、返回响应。其中，前端控制器 DispatcherServlet 作为核心调度器，协调各组件完成请求处理。处理器 Handler 则负责具体业务处理，拦截器 Interceptor 用于拦截请求，HandlerAdapter 负责适配不同类型的 Handler。视图解析器 ViewResolver 负责将处理结果封装成视图返回给客户端。

问题 2：在 Spring MVC 中如何将请求映射到控制器？

答：在 Spring MVC 中，可以使用注解@RequestMapping 将请求映射到对应的控制器方法上。该注解可以添加在类或方法上，用于指定请求路径与控制器方法之间的映射关系。

问题 3：在日常开发工作中该如何保证代码开发的质量？

答：

（1）代码规范。遵循团队内部的代码规范，如命名规范、代码风格等，可以通过代码审查工具进行检查。

（2）单元测试。编写单元测试代码并进行测试，确保每个单元的正确性。

（3）代码复审。通过代码复审工具或者人工复审来发现代码中可能存在的问题，如潜在的性能问题、代码重复等。同时，也可以通过代码评审来发现潜在的逻辑问题和设计缺陷。

10.5　本章小结

在本章中，首先介绍了Spring MVC框架的核心原理及优点，为读者揭示了该框架如何优雅地解耦Web应用程序的各部分，然后逐步深入讲解了Spring MVC的内部机制，阐明了其请求处理流程的各环节，最后通过开发一个CRM系统的用户登录功能，读者能够通过实际操作理解Spring MVC的运作机制和强大功能。

本章小结

第 11 章 Spring MVC 开发详解

本章目标：

- 掌握 Spring MVC 请求映射与参数处理的使用方法；
- 掌握 Spring MVC 数据传递的方法；
- 掌握 Spring MVC 静态资源处理的方法；
- 掌握 Spring MVC 转发与重定向的方法；
- 了解适配器模式在 Spring MVC 中的应用。

在第10章中，读者已经掌握了Spring MVC框架的工作流程及优点。本章将继续深入探讨Spring框架中其他核心组件的工作原理和使用方法。

11.1 项目需求

项目需求

11.1.1 业务场景

项目经理老王：小王，你已经对 Spring MVC 框架的工作流程有了初步理解。接下来，你还需要学习如何接收前端页面提交的数据、将数据传递给服务层，以及在业务处理完成后如何实现页面之间的跳转。

程序员小王：是的。接下来，我将继续深入学习 Spring MVC 框架的其他核心内容，包括请求映射、参数处理、视图层数据传递和页面跳转等。

项目经理老王：很好。在完成用户管理模块后，就可以继续完成角色管理和权限管理模块了。

程序员小王：明白，我会按时保质完成任务。

11.1.2 功能描述

由于篇幅有限，本章将重点实现 CRM 系统中的用户管理模块，而角色管理和资源权限管理两个模块请读者按照用户管理模块的实现思路，参考源代码自行完成。本章涉及的各模块功能的结构图如图 11-1 所示。

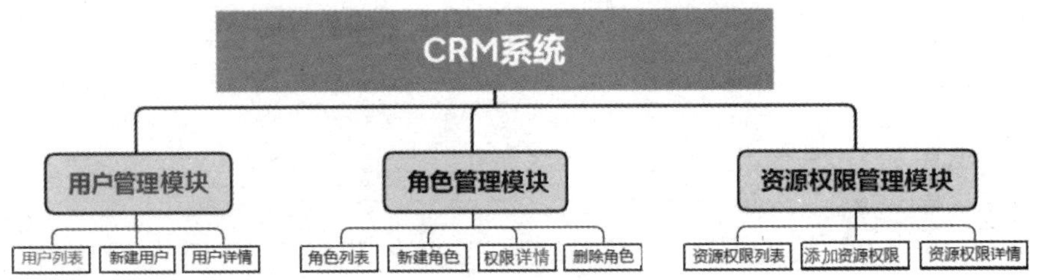

图 11-1　用户管理、角色管理、资源权限管理各模块的功能结构图

11.1.3　最终效果

1. 用户管理

（1）用户列表

用户列表功能可以分页显示所有的用户信息，并提供模糊查询功能，以方便用户快速查询目标用户。功能效果如图 11-2 所示。

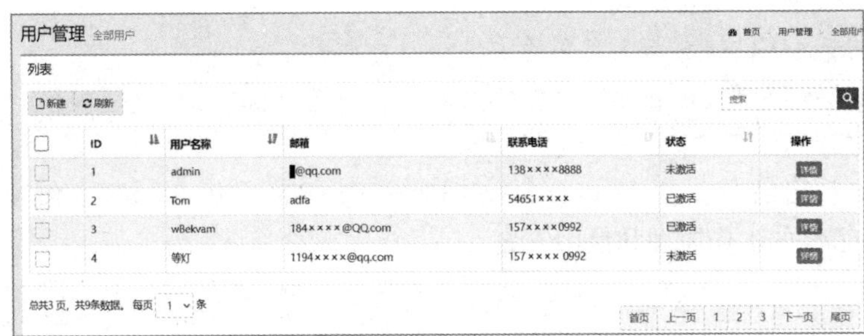

图 11-2　用户管理-用户列表页面

（2）新建用户

新建用户功能允许在用户添加页面中输入各项信息以完成用户新建操作。功能效果如图 11-3 所示。

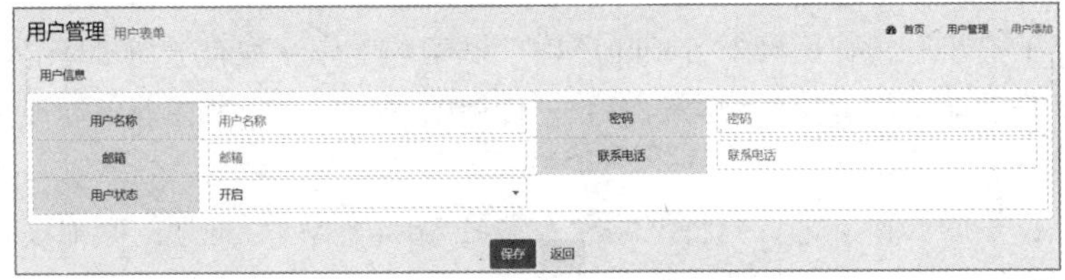

图 11-3　用户管理-新建用户页面

（3）用户详情

单击“详情”按钮（见图 11-2）可以查看用户的角色信息。功能效果如图 11-4 所示。

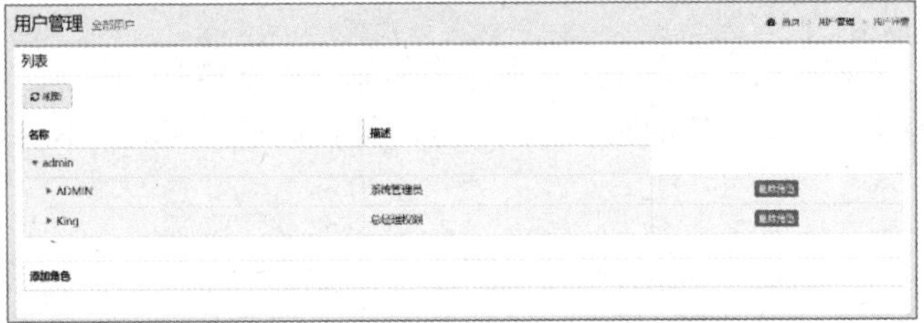

图 11-4　用户管理-用户详情页面

2. 角色管理

（1）角色列表

角色列表功能可以显示系统当前已有的角色列表，包括角色名称及角色描述，同时提供了权限详情、删除角色、添加权限等操作按钮。功能效果如图 11-5 所示。

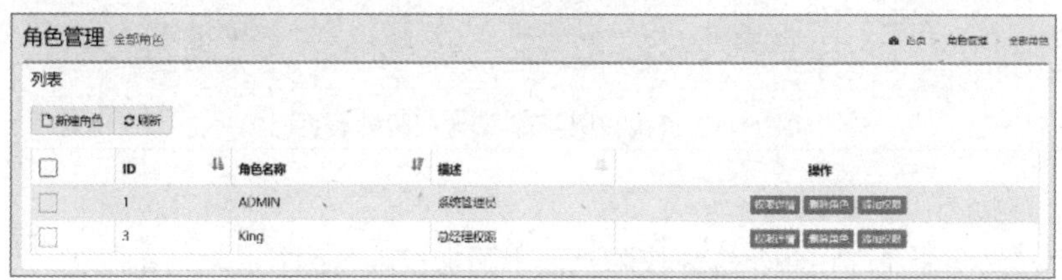

图 11-5　角色管理-角色列表页面

（2）新建角色

新建角色功能允许在角色添加页面中填写角色名称和角色描述。功能效果如图 11-6 所示。

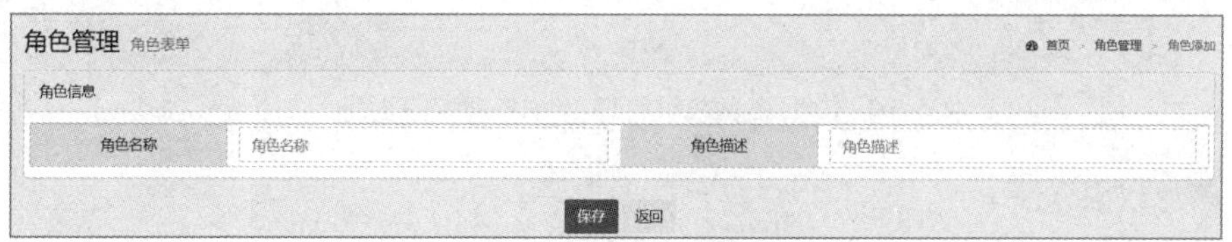

图 11-6　角色管理-新建角色页面

（3）权限详情

权限详情可以显示某一个角色所拥有的权限列表。一个角色可以拥有多个权限，例如，系统管理员可以拥有角色管理权限、资源权限管理、用户管理权限、商品管理权限、日志管理权限等。功能效果如图 11-7 所示。

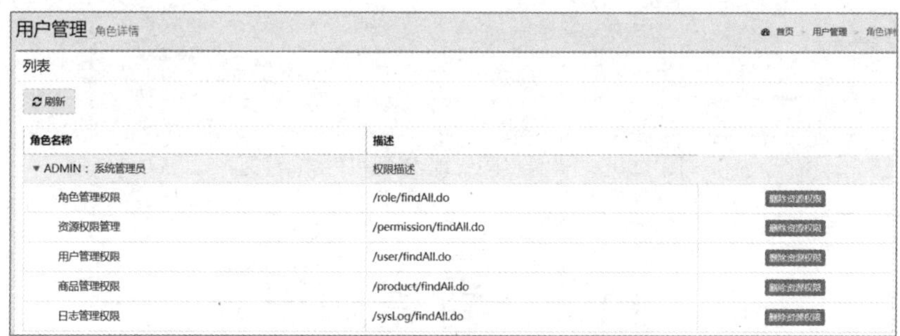

图 11-7　用户管理-权限详情页面

（4）删除角色

当某个角色发生离职等工作变动不再具有角色属性时，由管理员进行角色删除。

3. 资源权限管理

（1）资源权限列表

资源权限列表功能可以显示所有资源权限列表，每个资源权限都对应一个 URL 资源地址，例如，角色管理权限对应的 URL 资源地址是/role/findAll.do。功能效果如图 11-8 所示。

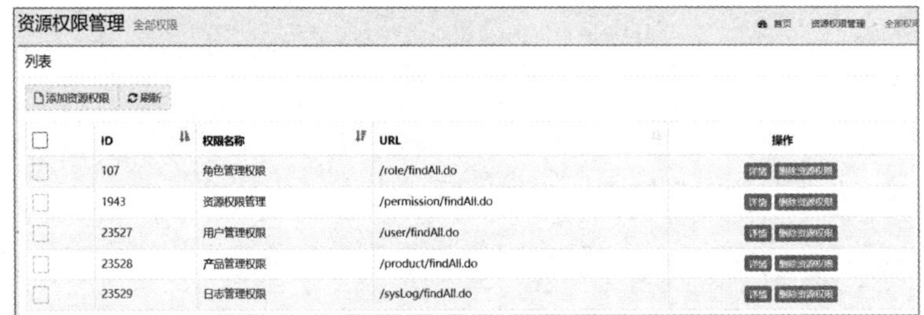

图 11-8　资源权限管理-资源权限列表页面

（2）添加资源权限

添加资源权限功能允许在新建资源权限页面中添加权限名称及其对应的 URL 地址。功能效果如图 11-9 所示。

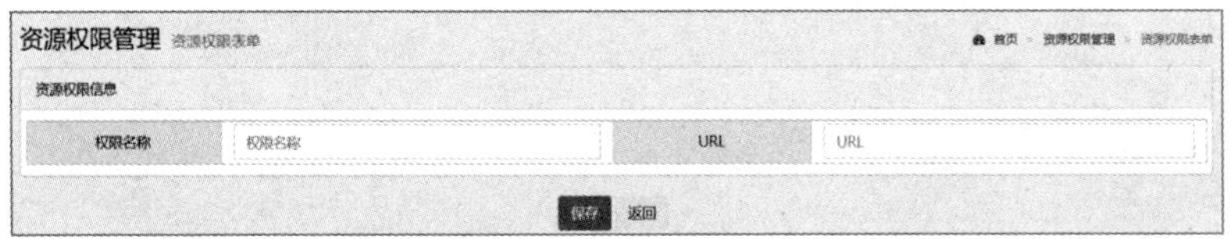

图 11-9　资源权限管理-添加资源权限页面

（3）资源权限详情

资源权限详情功能允许查看系统资源归属于哪些角色。不同的角色可以访问的系统资源不同，例如，开发者可以对日志和商品模块进行管理，而销售人员则只能对商品模块进行管理。功能效果如图 11-10 所示。

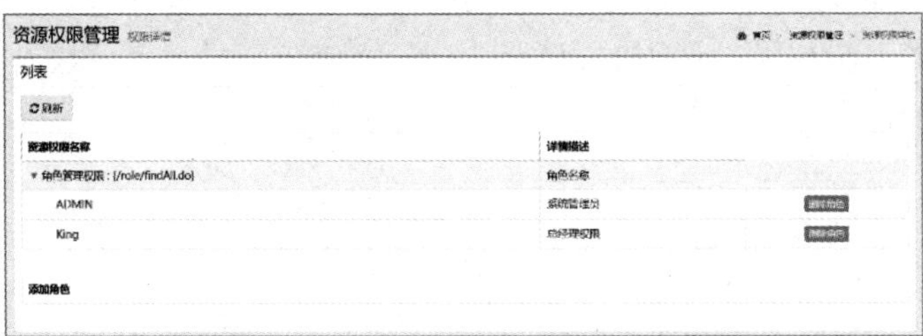

图 11-10　资源权限管理-资源权限详情页面

11.2　背景知识

11.2.1　知识导图

本章知识导图如图 11-11 所示。

第 11 章　Spring MVC开发详解

01 Spring MVC请求映射
02 Spring MVC请求参数处理
03 Spring MVC的数据传递
04 Spring MVC的转发与重定向
05利用Spring MVC处理静态资源
06 适配器模式
07 Spring MVC应用适配器模式

图 11-11　本章知识导图

11.2.2 Spring MVC 的请求映射

在第 10 章的实例实现中，我们已经掌握了页面请求如何通过@RequestMapping 注解转发到对应的 Controller 类的方法中。为了进一步提高项目代码的模块化管理效率，有必要将请求路径进行规范化和分层化处理。下面将通过一个对学生信息进行增、删、改、查的实例（如代码清单 11-1 和代码清单 11-2 所示）来详细讲解 Spring MVC 请求映射的用法。

代码清单 11-1 中的控制器 StudentController 类利用@RequestMapping 注解设定请求的映射地址，其中，类注解@RequestMapping("/student")表明所有有关学生的请求都会以“/student”作为前缀，而其他的方法注解@RequestMapping 则进一步指定了映射子路径，例如，@RequestMapping("/queryAll")就用来映射 url 为“/student/queryAll”的请求。这种分层路径的管理方法不仅提升了路径的组织效率，也增强了代码的可读性和易维护性。

代码清单 11-2 中的 index.jsp 构成了学生信息管理页面，它提供了增加、删除、修改、查询学生信息的链接，每个链接都指向了一个请求路径，该路径与 StudentController 类中相应方法上的@RequestMapping 注解定义的路径保持一致。例如，当用户单击“查询学生信息”的链接时，浏览器会向服务器发送“/student/queryAll”请求，该请求会被 StudentController 类中的 queryAllStu()方法处理。此外，还需要创建一个 success.jsp 页面，该页面用于操作成功后的跳转页面。

代码清单 11-1 StudentController.java

```
package com.demo.controller;
@Controller
@RequestMapping("/student")
public class StudentController {
    @RequestMapping("/queryAll")
    public String queryAllStu(){
        System.out.println("这里是查询学生信息方法");
        return "success";
    }
    @RequestMapping("/insert")
    public String instertStu(){
        System.out.println("这里是增加学生信息方法");
        return "success";
    }
    @RequestMapping("/update")
    public String updateStu(){
        System.out.println("这里是修改学生信息方法");
        return "success";
    }
    @RequestMapping("/del")
    public String deleteStu(){
        System.out.println("这里是删除学生信息方法");
        return "success";
    }
}
```

代码清单 11-2 index.jsp

```
<%@ page contentType="text/html;charset=UTF-8" language="java" %>
<html>
```

```
<head>
    <title>Title</title>
</head>
<body>
<a href="student/queryAll">查询学生信息</a><br/><br/>
<a href="student/insert">增加学生信息</a><br/><br/>
<a href="student/update">修改学生信息</a><br/><br/>
<a href="student/del">删除学生信息</a><br/><br/>
</body>
</html>
```

单击对应的链接，如查询学生信息，可以跳转到成功页面 success.jsp，如图 11-12 和图 11-13 所示。

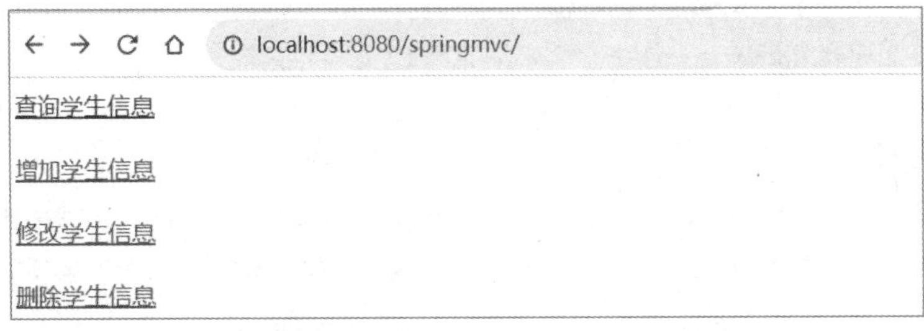

图 11-12　index.jsp 页面效果

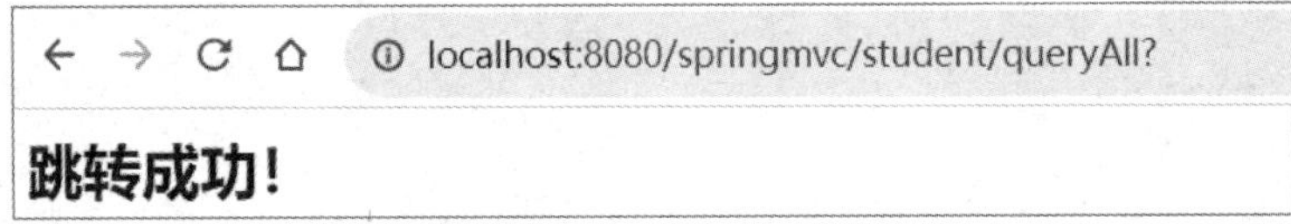

图 11-13　success.jsp 页面效果

11.2.3　Spring MVC 的请求参数处理

本小节将详细讲解 Spring MVC 的请求中参数传递的方法，以及 Spring MVC 的 Controller 类如何接收这些参数。我们将以 11.2.2 小节的学生信息管理实例为基础，介绍不同场景下的参数接收方式。

1. 接收基本类型或 String 类型的参数

在 11.2.2 小节的实例中，如果查询学生信息的请求需要附加一个名为 userId 的参数（如代码清单 11-3 所示），那么 queryAllStu()方法中也需要定义一个与 userId 类型、名称完全一致的参数用于接收，如代码清单 11-4 所示。

代码清单 11-3　index.jsp

```
<a href="student/queryAll?userId=GS1421669">查询学生信息</a><br/><br/>
```

代码清单 11-4　StudentController.java

```
@RequestMapping("/queryAll")
    public String queryAllStu(String userId){
        System.out.println("这里是查询学生信息方法");
        System.out.println("传过来的参数是" + userId);
        return "success";
    }
```

如果请求中需要传递多个参数，那么控制器的方法中也需要添加对应的参数来接收数据。

2. 接收 POJO 类型参数

在上述实例中，如果需要传递的学生信息有很多（见代码清单11-5），可以将这些信息映射封装成一个POJO对象进行接收。例如，创建一个POJO类Student.java（见代码清单11-6），用来映射insertStu.jsp表单中的学生信息，其各个成员变量的名称和类型必须要与form表单各组件的name值和类型一致。接下来控制器StudentController类中insertStud()方法的参数就可以定义为Student的POJO对象（见代码清单11-7），这样当form表单数据传递过来时就会被Spring MVC映射封装到参数student对象中。

代码清单 11-5　insertStu.jsp

```
<%@ page contentType="text/html;charset=UTF-8" language="java" %>
<html>
<head>
    <title>Title</title>
</head>
<body>
    <form action="student/insert" method="post">
        学号：<input type="text" name="stuId"/><br/>
        姓名：<input type="text" name="stuName"/><br/>
        年龄：<input type="text" name="age"/><br/>
        体重：<input type="text" name="weight"/><br/>
        <input type="submit" value="单击提交"/><br/>
    </form>
</body>
</html>
```

代码清单 11-6　Student.java

```
package com.demo.pojo;
public class Student {
    private Integer stuId;
    private String stuName;
    private Integer age;
    private Double weight;

    /*省略 setter/getter 方法*/
}
```

代码清单 11-7　StudentController.java

```
    @RequestMapping("/insert")
    public String instertStu(Student student){
        System.out.println(student.getStuId());
        System.out.println(student.getStuName());
        System.out.println(student.getAge());
        System.out.println(student.getWeight());
        return "success";
    }
```

3. 解决请求参数乱码问题

如果前端传输的数据含有中文，后端在接收时就会出现中文乱码的问题，如图 11-14 所示。

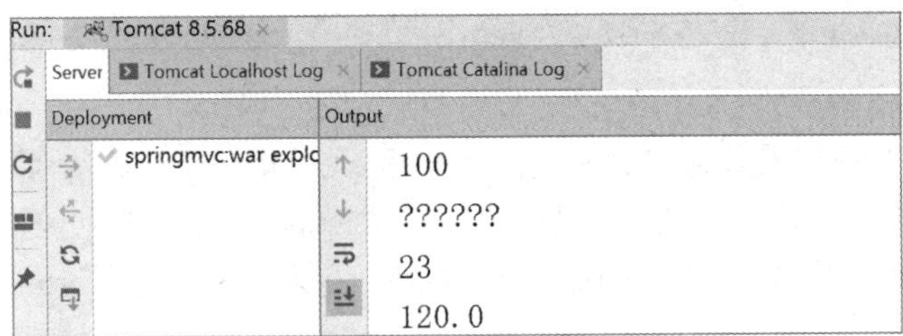

图 11-14　接收的中文数据输出为乱码

为了解决该问题，可以在 web.xml 中配置 Spring MVC 的编码过滤器。该编码过滤器可以将请求中的数据重新编码为 UTF-8 格式，具体配置方式如代码清单 11-8 所示。

代码清单 11-8　web.xml（配置 Spring MVC 的编码过滤器）

```
<!-- 配置 Spring MVC 编码过滤器 -->
    <filter>
        <filter-name>characterEncodingFilter</filter-name>
        <filter-class>org.springframework.web.filter.CharacterEncodingFilter</filter-class>
        <!-- 设置编码过滤器中的属性值 -->
        <init-param>
            <param-name>encoding</param-name>
            <param-value>UTF-8</param-value>
        </init-param>
        <!-- 启动编码过滤器 -->
        <init-param>
            <param-name>forceEncoding</param-name>
            <param-value>true</param-value>
        </init-param>
    </filter>
    <!-- 过滤所有请求 -->
    <filter-mapping>
        <filter-name>characterEncodingFilter</filter-name>
        <url-pattern>/*</url-pattern>
    </filter-mapping>
```

11.2.4　Spring MVC 的数据传递

在控制器处理请求后，可以使用 ModelAndView 对象将结果数据传递给对应的视图页面。该对象允许将所需传递的数据和目标视图的名称同时作为参数，从而可以在一个操作中实现数据传递与视图跳转。

接下来，我们将在 11.2.3 小节实例的 queryAllStu()方法中创建一个 ModelAndView 类的对象 mv，将需要传递的学生信息封装到该对象中，并在跳转过程中一并传递给目标视图。具体实现过程如下。

（1）修改queryAllStu()方法，通过mv对象的addObject()方法和setViewName()方法完成Student类的对象s的封装和目标视图的设置，然后将mv对象返回给Spring MVC的视图解析器。修改后的queryAllStu()方法如代码清单 11-9 所示。

代码清单 11-9　StudentController.java

```
@RequestMapping("/queryAll")
public ModelAndView queryAllStu() {
```

```
        Student s = new Student();
        s.setStuId(1);
        s.setAge(20);
        s.setStuName("李四");
        s.setWeight(90.0);
        ModelAndView mv = new ModelAndView();
        mv.addObject("student", s);
        mv.setViewName("listStu");
        return mv;
    }
```

（2）在 springmvc.xml 文件中配置视图解析器（见代码清单 11-10），以便将 ModelAndView 类的对象转发到对应的视图文件。

代码清单 11-10　springmvc.xml（配置视图解析器）

```
<!-- 配置视图解析器 -->
    <bean id="viewResolver"
        class="org.springframework.web.servlet.view.InternalResourceViewResolver">
        <property name="prefix" value="/WEB-INF/pages/"></property>
        <property name="suffix" value=".jsp"></property>
    </bean>
```

（3）创建视图文件 listStu.jsp 页面，可以通过 EL 表达式解析出 ModelAndView 类的对象中封装的学生信息，如代码清单 11-11 所示。

代码清单 11-11　listStu.jsp

```
<%@ page contentType="text/html;charset=UTF-8" language="java" isELIgnored="false" %>
<html>
<head>
    <title>Title</title>
</head>
<body>
 ${student.stuId}<br/>
 ${student.stuName}<br/>
 ${student.age}<br/>
 ${student.weight}<br/>
</body>
</html>
```

单击 index.jsp 文件中的“查询学生信息”链接，页面会跳转到 listStu.jsp，并输出传递的学生信息，如图 11-15 所示。

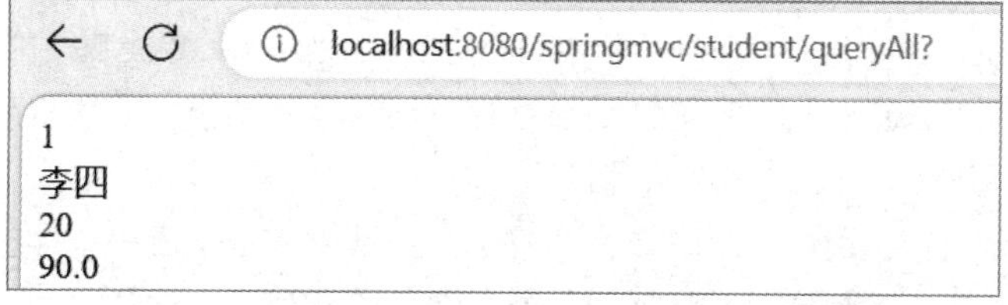

图 11-15　listStu.jsp 显示结果

11.2.5 Spring MVC 的转发与重定向

1. Spring MVC 的转发

在Spring MVC框架中，控制器（Controller）类的方法能够返回一个包含“forward:路径”前缀的字符串，表示请求将被转发到指定的路径。这里的路径类似于传统Servlet编程中使用request.getRequestDispatcher(url).forward(request, response)方法所实现的请求转发路径。通过这种方式，HTTP请求可以被Spring MVC转发到另一个JSP页面或者是控制器的其他处理方法。

例如，以下代码可将请求转发至 stuInfo.jsp 页面。

```
return "forward:/WEB-INF/pages/stuInfo.jsp";
```

2. Spring MVC 的重定向

除了转发，控制器类的方法也可以返回一个包含“redirect:路径”前缀的字符串，表示对请求进行重定向，其作用类似于 Servlet 编程中使用 response.sendRedirect(url)方法。

例如，以下代码可将请求重定向至 stuInfo.jsp。

```
return "redirect:/WEB-INF/pages/stuInfo.jsp";
```

11.2.6 利用 Spring MVC 处理静态资源

在 Web 项目开发中，通常需要引入图片、样式、脚本等静态资源。在使用 Spring MVC 框架时，由于 web.xml 中配置的前端控制器（DispatcherServlet）拦截了所有请求，这样会出现对静态资源的访问请求被阻止的问题。为了解决这一问题，可以在 Spring MVC 配置文件中通过<mvc:resources>标签实现对静态资源的放行，如代码清单 11-12 所示的内容。

代码清单 11-12　web.xml

```
<!-- 设置需放行的静态资源 -->
<mvc:resources location="/css/" mapping="/css/**" />
<mvc:resources location="/img/" mapping="/img/**" />
<mvc:resources location="/js/" mapping="/js/**" />
<mvc:resources location="/plugins/" mapping="/plugins/**" />
```

11.2.7 适配器模式

适配器模式是一种结构型设计模式，它用于解决两个接口间不匹配的问题，即通过引入一个中介类（适配器类）来适配两个不兼容的接口，从而实现不兼容对象间的协作。

适配器模式在 Spring MVC 中的应用

适配器模式在 Spring MVC 中有着重要的应用，它主要包括以下角色。

- 目标接口（Target）：它为当前业务所期望的接口，可以是一个抽象类或接口。
- 需要适配的类（Adaptee）：它通常是已存在、运行良好的类，已经具有一些实用的行为，但其接口与目标接口不兼容。
- 适配器（Adapter）：它是一个中介类，通过在内部封装一个需要适配的对象实例，将目标接口转换为适配者接口，使得原本不兼容的两个类可以进行交互。

适配器模式的类图结构如图11-16所示，在该结构中客户端Client期望使用的服务为serviceA()，而待适配类Adaptee提供的服务为serviceB()。此时，可以创建适配器类Adapter来实现Target接口，并继承Adaptee类，在Adapter类的serviceA()方法中通过代码“DataB db = serviceB()”将Adaptee的

serviceB()方法转换为serviceA()方法，这样就可以在不修改Client与Adaptee类的代码的情况下完成两个类的协作。

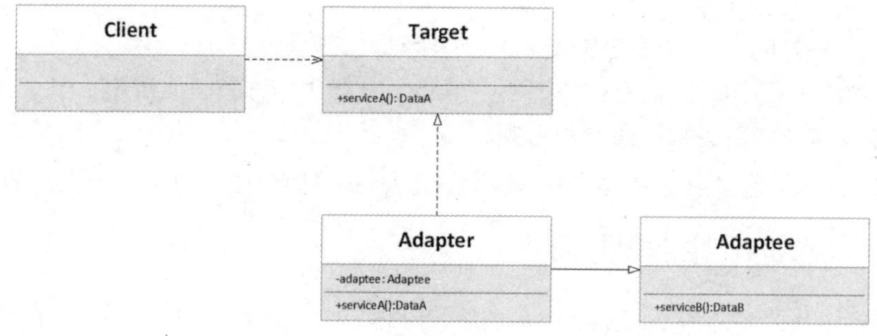

图 11-16　适配器模式的类图结构

11.2.8　Spring MVC 应用适配器模式

在Spring MVC框架中，适配器模式主要体现在如何基于请求来调用正确的控制器类方法，其主要作用是将前端控制器DispatcherServlet与多种类型的控制器进行解耦。Spring MVC在工作时，DispatcherServlet负责接收所有的请求，并通过HandlerAdapter将这些请求分发到对应的控制器类。HandlerAdapter接口就是一个适配器模式的具体实现，它用于定义一个适配器可以完成什么工作，该接口的具体内容如代码清单 11-13 所示，其中包含以下 3 种方法。

- supports()方法：用于判断该适配器是否支持对应的控制器。
- handle()方法：用于处理请求并返回 ModelAndView 对象，即模型数据与视图名称。
- getLastModified()方法：用于获取最后的修改时间。

代码清单 11-13　HandlerAdapter.java

```
public interface HandlerAdapter {
    boolean supports(Object handler);
    ModelAndView handle(HttpServletRequest request, HttpServletResponse response,
Object handler) throws Exception;
    long getLastModified(HttpServletRequest request, Object handler);
}
```

Spring MVC 提供了多种 HandlerAdapter 接口的实现，每种适配器都能处理特定类型的控制器。当 DispatcherServlet 接收到一个请求后，会查询已注册的 HandlerMapping 来确定处理该请求的控制器。找到控制器后，它会再次查询 HandlerAdapter 以确定哪个适配器能够调用该控制器。然后 DispatcherServlet 会使用该 HandlerAdapter 来执行控制器方法，在处理完 ModelAndView 对象后，最终将结果写入响应并渲染视图。

11.3　项目实现

11.3.1　业务场景

项目经理老王：小王，现在需要完成用户管理模块的实现，这个任务你能接下来吗？

程序员小王：可以的。不过我对整合 SSM 框架还不太熟悉，可能要花时间学习一下。

项目经理老王：你可以先用模拟数据做控制层的调试。用户管理功能只需实现基本的增、删、改、查和用户信息展示即可。

程序员小王：好的，项目框架需要我自己搭建吗？

项目经理老王：不用。我们有初始框架，用 GIT 从版本服务器导入即可。对了，你还需要把角色管理模块和资源权限管理模块一起实现。

程序员小王：好的。我在完成用户管理模块后，会继续完成角色管理模块和资源权限管理模块。

11.3.2 实现用户管理模块

本章将在第 10 章实例的基础上继续实现用户管理、角色管理、资源权限管理等模块。

1. 创建用户实体类

创建用来存储用户信息的类 UserInfo.java，如代码清单 11-14 所示。

代码清单 11-14 UserInfo.java

```
//与数据库中 users 表的字段一一对应
public class UserInfo implements Serializable {
    private String id;
    private String username;
    private String email;
    private String password;
    private String phoneNum;
    private int status;
    private String statusStr;
    //过期时间
    private String expireTime;
    //允许访问 IP 地址
    private String allowIps;
    /* 省略 setter/getter 方法 */
}
```

2. 创建用户管理控制器类

在用户管理控制层创建用户管理控制器类 UserControlle.java（见代码清单 11-15），用于接收前端请求并模拟完成用户信息的增、删、改、查操作，其主要方法如下。

代码清单 11-15 UserController.java

```
@Controller
@RequestMapping("/user")
public class UserController {
    private ModelAndView mv;
    private String[] ids = new String[]{"1", "2", "3", "4"};
    private String[] names = new String[]{"admin", "Tom", "小王", "小张"};
    private String[] emails = new String[]{"184×××@qq.com", "184××××@qq.com", "184
××××@qq.com", "184××××@qq.com"};
    private String[] phones = new String[]{"138××××8888", "138××××8886", "138
××××8885", "138××××8882"};
    private int[] status = new int[]{1, 1, 1, 0};
    @RequestMapping("/findAll.do")
    public ModelAndView findAll() {
```

```
        List<UserInfo> userList = new ArrayList<UserInfo>();
        for (int i = 0; i < 4; i++) {
            UserInfo u = new UserInfo();
            u.setId(ids[i]);
            u.setUsername(names[i]);
            u.setEmail(emails[i]);
            u.setPhoneNum(phones[i]);
            u.setStatus(status[i]);
            u.setPassword("113456");
            userList.add(u);
        }
        mv = new ModelAndView();
        mv.addObject("userList", userList);
        mv.setViewName("user-list");
        return mv;
    }
    @RequestMapping("/findById.do")
    public ModelAndView findById(String id) throws Exception {
        mv = new ModelAndView();
        UserInfo user = new UserInfo();
        user.setId("2");
        user.setUsername("Tom");
        user.setEmail("adfa");
        user.setPhoneNum("138××××8886");
        user.setStatus(1);
        user.setPassword("113456");
        mv.addObject("user", user);
        mv.setViewName("user-show");
        return mv;
    }
    @RequestMapping("/save.do")
    public String save(UserInfo userInfo) throws Exception {
        System.out.println(userInfo.getUsername());
        return "redirect:findAll.do";
    }
}
```

（1）findAll()方法

findAll()方法用于接收处理“/user/findAll.do”请求，它首先创建一个用户列表 userList，在模拟查询 4 个用户信息后，将 userList 封装到 ModelAndView 对象后跳转到 user-list.jsp，用于展示所有用户的信息。

（2）findById(String id)方法

findById(String id)方法用于接收处理“findById.do”请求，它可以根据前端传来的用户 id 模拟查询用户信息，在将查询结果封装到 ModelAndView 对象后跳转到 user-show.jsp 页面进行展示。

（3）save(UserInfo userInfo)方法

save(UserInfo userInfo)方法用于接收处理“/user/save.do”请求，在模拟完成用户保存后通过“redirect”将请求重定向至 findAll()方法。

3. 创建用户列表页面

创建视图文件 user-list.jsp，用于展示所有用户的信息，其核心内容如代码清单 11-16 所示。

代码清单 11-16　user-list.jsp

```
<table id="dataList" class="table table-bordered table-striped table-hover dataTable">
    <thead>
      <tr>
      <th class="" style="padding-right: 0px">
        <input id="selall" type="checkbox" class="icheckbox_square-blue">
      </th>
      <th class="sorting_asc">ID</th>
      <th class="sorting_desc">用户名称</th>
      <th class="sorting_asc sorting_asc_disabled">邮箱</th>
      <th class="sorting_desc sorting_desc_disabled">联系电话</th>
      <th class="sorting">状态</th>
      <th class="text-center">操作</th>
     </tr>
    </thead>
    <tbody>
      <c:forEach items="${userList}" var="user">
        <tr>
          <td><input value="${user.id}" name="ids" type="checkbox"></td>
          <td>${user.id}</td>
          <td>${user.username}</td>
          <td>${user.email}</td>
          <td>${user.phoneNum}</td>
          <td>${user.statusStr}</td>
          <td class="text-center">
          <a href="${pageContext.request.contextPath}/user/findById.do?id=${user.id}"
          class="btnbg-olive btn-xs">详情</a></td>
         </tr>
      </c:forEach>
    </tbody>
</table>
```

在浏览器中输入“http://localhost:8080/crm/user/findAll.do”，可以跳转至 user-list.jsp，并展示所有用户的信息，如图 11-17 所示。

图 11-17　user-list.jsp 运行效果

角色管理模块与资源权限管理模块的实现思路和步骤与用户管理模块类似，请读者在学习完

第 12 章的 SSM 整合后，参考本书提供的源代码自行完成。

11.4　经典问题强化

问题 1：Spring MVC 框架的工作流程是什么？

答：Spring MVC 框架的核心组件是前端控制器 DispatcherServlet，其工作流程如下。

（1）DispatcherServlet 负责接收请求，并将其转发至不同的控制器。

（2）控制器负责进行业务逻辑处理，返回数据和视图名给 DispatcherServlet。

（3）DispatcherServlet调用视图解析器ViewResolver找到对应的View，并将数据渲染到View。

问题 2：如何在 Spring MVC 中处理静态资源？

答：可以在Spring MVC的配置文件中通过<mvc:resources>标签来映射静态资源的路径。这个标签指示Spring MVC框架将哪些URL请求直接映射到文件系统的静态资源上，而不是通过DispatcherServlet进行处理。

11.5　本章小结

本章深入探讨了 Spring MVC 框架的开发要点，覆盖了核心组件、请求映射机制、参数处理、视图解析、静态资源映射，以及乱码问题解决等内容。最后通过用户管理模块功能的实现来提升读者的应用实践能力。

第 12 章 深入使用 Spring MVC

本章目标：

- 掌握 Spring MVC 实现文件上传与下载的方法；
- 掌握 Spring MVC 进行异常处理的方法；
- 掌握 Spring MVC 拦截器的使用方法；
- 了解 Spring MVC 中责任链模式的应用。

现在我们已经掌握了Spring MVC核心组件的应用方法。为了更有效地利用SSM框架进行企业级项目的开发，还需要掌握Spring MVC的其他关键功能，如文件上传与下载、异常处理、拦截器等内容。

12.1 项目需求

12.1.1 业务场景

项目经理老王：小王，你已经对Spring MVC框架有了基本的认识。但是对于框架的某些高级特性，如文件上传与下载、异常处理、拦截器等功能，你是否也有所了解？

程序员小王：对这些高级特性我还不太了解，看来我还需要继续深入学习。

项目经理老王：是的，这些功能是非常重要的。例如，异常处理机制可以在不影响用户体验的情况下，优雅地处理程序运行时的意外情况。拦截器可以在处理复杂的业务逻辑时用于请求的预处理和后处理。

程序员小王：这些功能听起来非常强大，我希望能够尽快掌握它们。此外，我还想了解更多关于设计模式在 Spring MVC 框架中的应用，例如责任链模式，以及如何将 SSM 的 3 个框架整合起来一起协同工作。

项目经理老王：是的，责任链模式在Spring MVC的设计中确实扮演了重要角色，它允许多个对象处理同一个请求，从而实现请求的发送者与接收者的解耦。关于SSM框架整合，我建议你通过实际操作来学习，例如，可以完成项目中的产品管理和订单管理这两个模块。

程序员小王：明白了，我立即开始行动。

12.1.2　功能描述

本章将要实现的模块为 CRM 系统中的两大核心功能，分别为产品管理和订单管理，具体功能的结构图如图 12-1 所示。

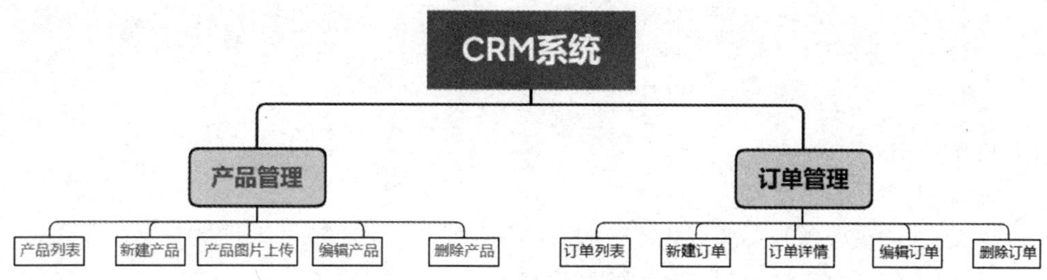

图 12-1　CRM 系统的功能结构图

12.1.3　最终效果

1. 产品管理

（1）产品列表

产品列表功能可以以列表形式显示所有的产品信息，包括产品的编号、产品名称、生产城市、生产时间、产品价格、产品图片、状态等，产品列表功能效果如图 12-2 所示。

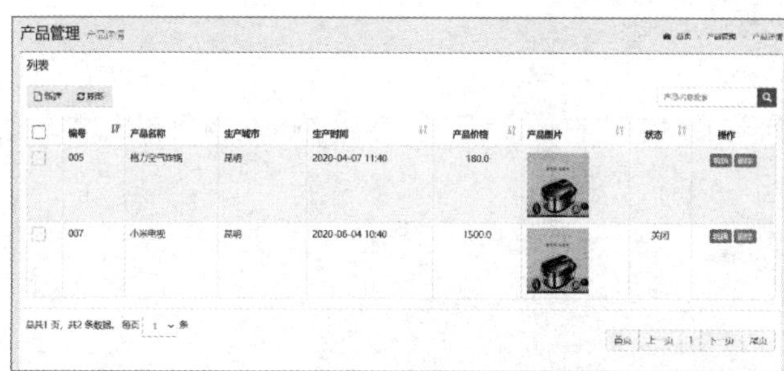

图 12-2　产品管理-产品列表页面

（2）新建产品

新建产品功能向用户提供新建产品信息的表单，用户可以输入产品的相关信息，新建产品功能效果如图 12-3 所示。

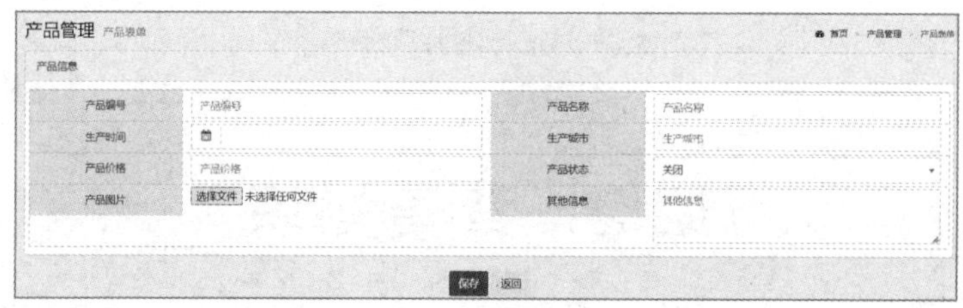

图 12-3　产品管理-新建产品页面

（3）编辑产品

用户可以选中某一件产品，然后通过编辑产品功能修改其信息，编辑产品功能效果如图 12-4 所示。

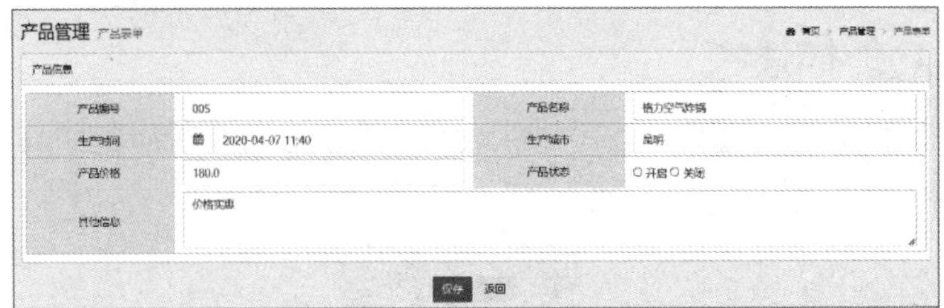

图 12-4　产品管理-编辑产品页面

2. 订单管理

（1）订单列表

订单列表功能可以以列表的形式展示所有订单信息，包括订单编号、产品名称、金额、下单时间、订单状态等信息，订单列表功能效果如图 12-5 所示。

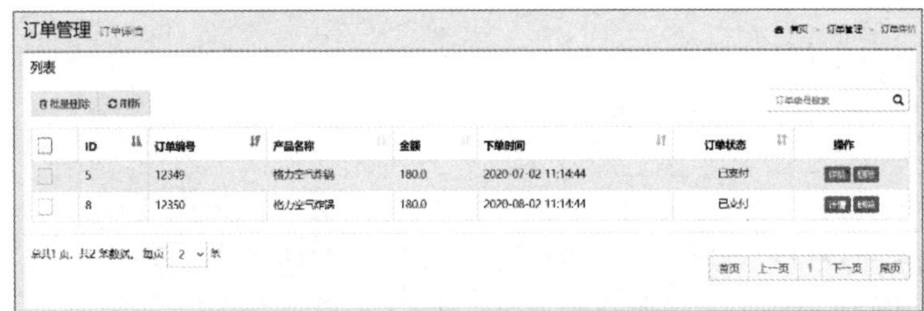

图 12-5　订单管理-订单列表页面

（2）订单详情

用户可以在订单列表页面中选中一个订单，然后查询这个订单的详细信息，订单详情功能效果如图 12-6 所示。

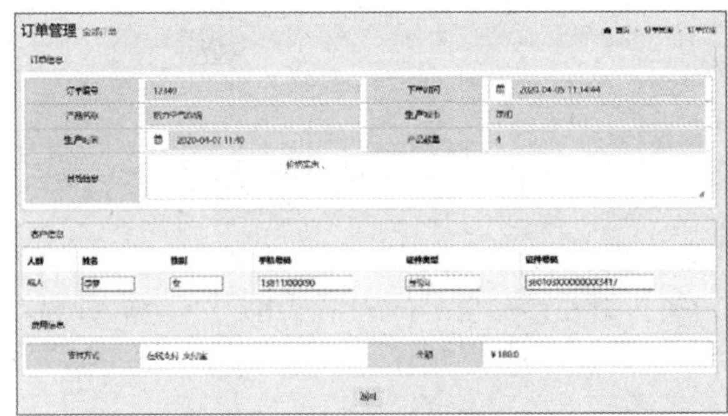

图 12-6　订单管理-订单详情页面

12.2　背景知识

12.2.1　知识导图

本章知识导图如图 12-7 所示。

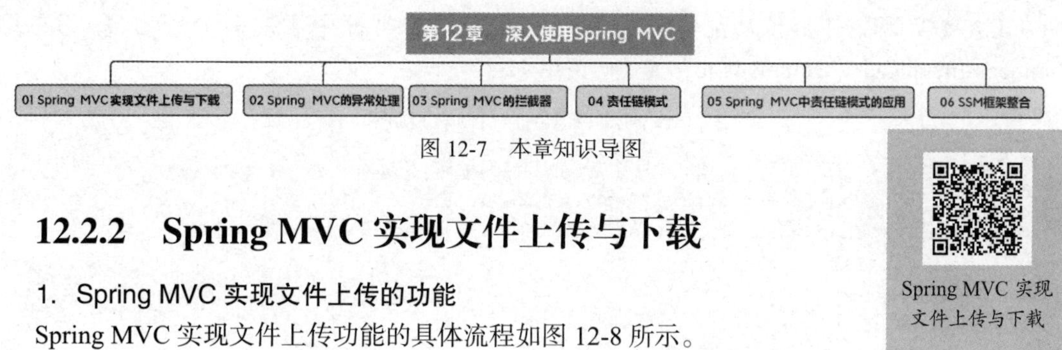

图 12-7　本章知识导图

12.2.2　Spring MVC 实现文件上传与下载

1. Spring MVC 实现文件上传的功能

Spring MVC 实现文件上传功能的具体流程如图 12-8 所示。

（1）页面向服务器发出包含文件内容的请求，此请求会先被前端控制器拦截。

（2）前端控制器将请求转发给文件解析器（文件解析器需要在Spring MVC的配置文件中进行配置）。

（3）文件解析器解析完请求内容后，会将处理结果返回给前端控制器。

（4）前端控制器最后将这个解析后的请求传递给控制器类的对应方法（该方法必须包含一个 MultipartFile 类型的参数，用于接收文件内容）。

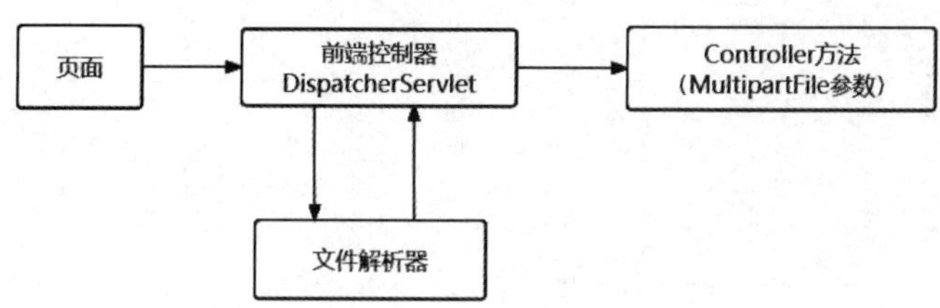

图 12-8　Spring MVC 实现文件上传功能的具体流程

下面将通过一个名为“upload”的实例来展示Spring MVC实现文件上传的过程（源代码位置在“代码\第 12 章 深入使用Spring MVC\代码\01 文件上传下载”）。upload项目结构如图 12-9 所示。

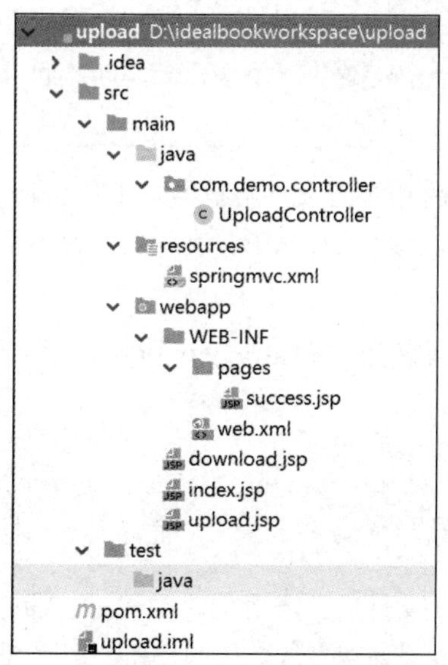

图 12-9　upload 项目结构

（1）要实现文件上传功能，首先需要在 pom.xml 文件中添加两个依赖包，分别为 commons-fileupload 和 commons-io，如代码清单 12-1 所示。

代码清单 12-1　pom.xml

```
<dependency>
    <groupId>commons-fileupload</groupId>
    <artifactId>commons-fileupload</artifactId>
    <version>1.3.1</version>
</dependency>
<dependency>
    <groupId>commons-io</groupId>
    <artifactId>commons-io</artifactId>
    <version>2.4</version>
</dependency>
```

（2）在 webapp 下创建文件上传页面 upload.jsp，如代码清单 12-2 所示。

代码清单 12-2　upload.jsp

```
<%@ page contentType="text/html;charset=UTF-8" language="java" %>
<html>
<head>
    <title>Title</title>
</head>
<body>
<h3>文件上传</h3>
<form action="fileupload" method="post" enctype="multipart/form-data">
    选择文件：<input type="file" name="upload"/><br/>
    <input type="submit" value="上传文件"/>
</form>
</body>
</html>
```

文件上传表单的提交方式必须是post，并且enctype属性值为"multipart/form-data"。

（3）需要在springmvc.xml文件中配置文件解析器。其中，maxUploadSize属性表示上传文件的上限，单位为字节。在本例中将其设置为10MB，表示文件大小不可以超过10MB，具体的配置内容如代码清单12-3所示。

代码清单 12-3　springmvc.xml

```
<!-- 配置文件解析器 -->
    <bean id="multipartResolver"
      class="org.springframework.web.multipart.commons.CommonsMultipartResolver">
        <property name="maxUploadSize" value="10485760"/>
    </bean>
```

（4）在配置完 springmvc.xml 文件后，需要创建 UploadController 类。在这个类中，定义了一个名为 fileUpload 的方法，用于负责处理文件上传的操作。注意：请求页面中文件输入标签的 name 属性值必须与控制器中 fileUpload()方法的 MultipartFile 类型参数名称完全匹配。在本例中，参数名设置为 upload，若两者不一致，fileUpload()方法将无法接收上传的文件内容，如代码清单 12-4 所示。

代码清单 12-4　UploadController.java

```
    @RequestMapping("/fileupload")
        public String fileUpload(HttpServletRequest request, MultipartFile upload) throws
Exception {
            //首先获取要上传的文件目录
            String path = request.getSession().getServletContext().getRealPath("/uploads");
            //创建 File 类的对象，然后向该路径下上传文件
            File file = new File(path);
            //判断路径是否存在，如果不存在，则创建该路径
            if (!file.exists()) {
                file.mkdirs();
            }
            //获取上传文件的名称
            String filename = upload.getOriginalFilename();
            String uuid = UUID.randomUUID().toString().replaceAll("-", "").toUpperCase();
            //把文件的名称唯一化
            filename = uuid + "_" + filename;
            //上传文件
            upload.transferTo(new File(file, filename));
            return "success";
        }
```

上述的 fileUpload() 方法需要类型为 HttpServletRequest 和 MultipartFile 的两个参数，其中 HttpServletRequest对象用于获取请求的一些信息，MultipartFile对象用于保存上传的文件内容。fileUpload()方法在执行时首先通过HttpServletRequest对象获取上传文件的存储路径，并创建File 对象表示该路径。然后判断该路径是否存在，如果不存在，则创建该路径。接下来通过MultipartFile 对象获取上传文件的名称，并生成唯一的文件名，最后将上传文件保存到指定的路径下。在 fileUpload()方法执行结束后，会返回一个字符串"success"，表示上传文件成功后将跳转到页面 success.jsp，如代码清单 12-5 所示。

代码清单 12-5　success.jsp

```
<body>
    <h2>文件上传成功</h2>
</body>
```

2. Spring MVC 实现文件下载的功能

Spring MVC 文件实现文件下载的功能与 Servlet 方式的功能类似，都需要设置 response 对象的 Header 和 ContentType 属性，并使用输入输出流完成文件下载。

（1）创建文件下载页面download.jsp，并添加一个超链接，用于触发文件下载操作，如代码清单12-6所示。为保证图片可以正常下载，需要在上传文件的目录下提前存放要下载的图片文件 test.jpg。

代码清单 12-6　download.jsp

```
<body>
  <h1>文件下载</h1>
  <a href="fileDownload?fileName=test.jpg">下载图片</a>
```

```
</body>
```

（2）在UploadController类中添加下载方法fileDownload()，该方法需要接收request和response两个参数，用来设置下载相关的内容。此外，还需要一个fileName参数，用于接收要下载的文件名，如代码清单 12-7 所示。

代码清单 12-7　UploadController.java

```
@RequestMapping("/fileDownload")
    publicStringfileDownload(StringfileName,HttpServletRequest request,HttpServlet-
Response response) throws Exception {
        //1. 获取"/uploads"目录在服务器上的绝对路径
        String realPath=request.getSession().getServletContext() .getRealPath("/uploads");
        //2. 通过文件输入流读取文件内容
        FileInputStream is = new FileInputStream(new File(realPath, fileName));
        //3. 设置响应头的 ContentType 值
        response.setContentType("application/x-msdownload;charset=UTF-8");
        //4. 设置响应头的 Content-disposition 值
        response.setHeader("content-disposition", "attachment;fileName=" + fileName);
        //5. 获取响应输出流
        OutputStream os = response.getOutputStream();
        int len;
        byte[] b = new byte[1024];
        while (true) {
            len = is.read(b);
            if (len == -1) break;
            os.write(b, 0, len);
        }
        //释放资源
        os.close();
        is.close();
        return "success";
    }
```

上述文件下载的具体实现过程如下。

① 使用 HttpServletRequest 对象获取应用程序上下文中"/uploads"目录的绝对路径，该路径用于确定待下载文件的位置。

② 利用 FileInputStream 读取目标下载文件。

③ 设置响应头的 ContentType 为"application/x-msdownload;charset=UTF-8"，通知浏览器将下载的内容转换为二进制数据。

④ 设置响应头的 Content-Disposition 为"attachment; filename=xxx"，指示浏览器以附件的形式下载文件，并提供文件名。

⑤ 通过输入输出流的复制操作，将文件内容写入响应输出流中。

⑥ 关闭输入输出流以释放系统资源。

⑦ 跳转到 success.jsp 页面，提示用户下载过程已完成。

Spring MVC 的异常处理

12.2.3　Spring MVC 的异常处理

在 Web 项目运行时，有时由于各种情况的存在可能会出现异常错误。为了不让用户直接看到错误代码，提高用户体验，Spring MVC 提供了异常处理机制，允许系统在出现异常时向用户展示一个友好的错误页面，如图 12-10 所示。开发者可以使用 Spring MVC 框架提供的异常处理器或自定义处理器来处理异常，以确保错误信息页面与业务需求相符。

404

糟糕，您访问的页面飞到外太空了……

图 12-10　异常提示页面

开发者可以在 springmvc.xml 配置文件中定义异常处理器，当有异常抛出并被前端控制器捕获时，配置的异常处理器会根据异常类型进行判断并引导用户跳转到一个友好的提示页面，而不是在用户页面上直接显示代码的异常信息。

下面我们将通过一个实例来演示Spring MVC的异常处理。该实例会模拟用户向后端Controller类发送请求并触发异常，在异常发生后，异常处理器会介入并跳转至一个友好的提示页面。本实例的具体实现过程如下。

（1）创建 index.jsp 页面，向后端 Controller 类发出请求，如代码清单 12-8 所示。

代码清单 12-8　index.jsp

```
<body>
    <a href="testException">异常处理测试</a>
</body>
```

（2）创建一个自定义异常类 SysException.java，该类负责处理请求过程中可能遇到的各类异常情况，如代码清单 12-9 所示。

代码清单 12-9　SysException.java

```
package com.demo.exception;
public class SysException extends Exception{
    //错误提示信息
    private String message;

    public SysException(String message) {
        super(message);
        this.message = message;
    }

    @Override
    public String getMessage() {
        return message;
    }

    public void setMessage(String message) {
        this.message = message;
```

```
    }
}
```

（3）创建 TestController.java 类，其中的 testException()方法用于模拟异常情况，在执行时抛出 SysException 对象，如代码清单 12-10 所示。

代码清单 12-10　TestController.java

```
@Controller
public class TestController {
    @RequestMapping("/testException")
    public String testException() throws Exception{
        throw new SysException("系统正在维护，请稍后访问……");
    }
}
```

（4）创建异常处理类SysExceptionResolver.java，由于此类继承自HandlerExceptionResolver接口，因此可以被Spring MVC框架识别为一个异常处理器。该方法将负责拦截并处理控制器类TestController抛出的SysException异常对象，如代码清单 12-11 所示。

代码清单 12-11　SysExceptionResolver.java

```
public ModelAndView resolveException(HttpServletRequest request, HttpServletResponse
        response, Object handler, Exception ex) {
        ModelAndView mv = new ModelAndView();
        //存入错误提示信息
        mv.addObject("message", ex.getMessage());
        //跳转的 JSP 页面
        mv.setViewName("error");
        return mv;
    }
```

根据以上代码可知，调用 resolveException()方法后，程序会跳转到 error.jsp 页面。但是要使其生效，还需要在 springmvc.xml 中添加有关异常处理器的配置，如代码清单 12-12 所示。

代码清单 12-12　springmvc.xml

```
<!-- 配置异常处理器 -->
<bean id="sysExceptionResolver" class="com.demo.exception.SysExceptionResolver"/>
```

（5）创建 error.jsp 页面，用于显示后端封装好的异常提示信息，如代码清单 12-13 所示。

代码清单 12-13　error.jsp

```
<body>
    <h1>${message}</h1>
</body>
```

访问 index.jsp 页面，然后单击“异常处理测试”链接，如图 12-11 所示。

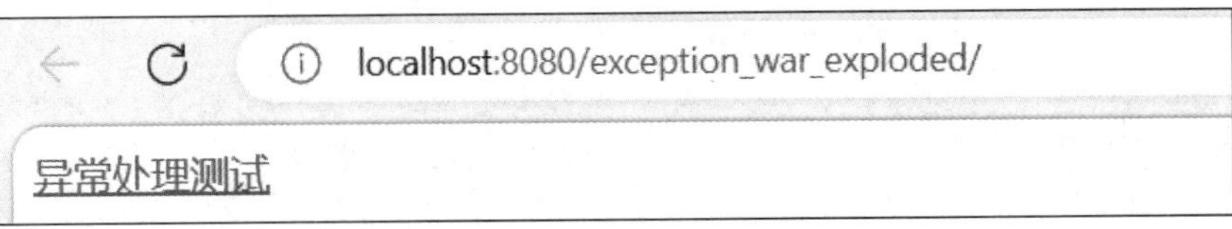

图 12-11　异常处理测试页面

若程序能够跳转到异常处理页面（见图 12-12），则表明测试成功。

图 12-12　异常处理测试结果

12.2.4　Spring MVC 的拦截器

Spring MVC的拦截器用于在控制器处理请求之前和之后执行自定义的业务逻辑，它们与Servlet中的过滤器类似，但只针对控制器的方法生效。拦截器是Spring AOP的一种实现，它可以将自定义的多种拦截方法连接成一条链。下面将通过一个实例展示如何创建自定义拦截器。

1．创建自定义拦截器类 MyInterceptor

首先，我们需要创建一个自定义拦截器类 MyInterceptor 并实现 HandlerInterceptor 接口。依据编写拦截器的实际需求，可以选择重写以下 3 个方法。

（1）public boolean preHandle(HttpServletRequest request, HttpServletResponse response, Object handler)方法：在要拦截的方法执行前执行，返回值为布尔类型。如果执行完 preHandle()方法后，还要继续执行拦截的内容，可以返回 true，否则返回 false。

（2）public boolean postHandle(HttpServletRequest request, HttpServletResponse response, Object handler, ModelAndView modelAndView)方法：在要拦截的方法执行后执行。

（3）public void afterHandle(HttpServletRequest request, HttpServletResponse response,Object handler, Exception ex)方法：在要拦截的方法执行完成并跳转至结果页面后再执行。

MyInterceptor.java 的代码内容如代码清单 12-14 所示。

代码清单 12-14　MyInterceptor.java

```
public class MyInterceptor implements HandlerInterceptor {
    /**
     * 在 TestController 的 test()方法执行前进行拦截
     * return true 放行
     * return false 拦截
     * 可以使用转发或者重定向直接跳转到指定页面
     */
    public boolean preHandle(HttpServletRequest request, HttpServletResponse response,
        Object handler) throws Exception {
         System.out.println("执行到 preHandle()方法");
         return true;
    }

    public void postHandle(HttpServletRequest request, HttpServletResponse response,
        Object handler, ModelAndView modelAndView) throws Exception {
         System.out.println("执行到 postHandle()方法");
    }

    public void afterCompletion(HttpServletRequest request, HttpServletResponse
        response, Object handler, Exception ex) throws Exception {
         System.out.println("执行到 afterHandle()方法");
    }
}
```

2. 创建 TestController 类

创建 TestController 类，在其中编写 test 测试方法，以便让自定义拦截器类对该方法进行拦截测试，如代码清单 12-15 所示。

代码清单 12-15 TestController.java

```
@Controller
public class TestController {
    @RequestMapping("/test")
    public String test(){
        System.out.println("执行到 test()方法");
        return "success";
    }
}
```

3. 配置拦截器

在创建完自定义拦截器类后，还需要将其添加到 springmvc.xml 中才能生效，如代码清单 12-16 所示。

代码清单 12-16 springmvc.xml

```
<mvc:interceptor>
    <mvc:mapping path="/test"/>
    <mvc:exclude-mapping path=""/>
    <bean class="com.demo.interceptor.MyInterceptor"/>
</mvc:interceptor>
```

上述的<mvc:mapping path="/test"/>表示要拦截的是test()方法。

<bean class="com.demo.interceptor.MyInterceptor"/> 表示拦截 test() 方法的拦截器类为 MyInterceptor。

4. 创建 index.jsp 页面

在index.jsp页面中添加一个超链接用于请求TestController类中的test()方法，如代码清单 12-17 所示。

代码清单 12-17 index.jsp

```
<body>
    <a href="test">测试拦截器</a>
</body>
```

5. 创建 success.jsp 页面

在 test()方法执行后跳转到 success.jsp 页面，并输出跳转成功的信息，如代码清单 12-18 所示。

代码清单 12-18 success.jsp

```
<body>
    <h2>跳转成功</h2>
    <% System.out.println("执行到 success.jsp"); %>
</body>
```

访问 index.jsp，单击“测试拦截器”超链接，如图 12-13 所示。

图 12-13　index.jsp 运行结果

在控制台查看输出结果，会看到拦截器在执行过程中各方法的执行顺序，如图 12-14 所示。

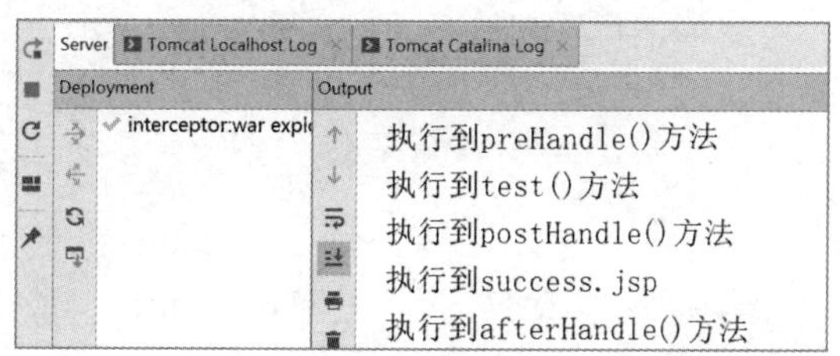

图 12-14　测试结果

在使用 Spring MVC 框架进行 Web 项目开发时，可以根据实际业务需求选择是否使用拦截器。例如，当用户访问登录页面时，可以使用拦截器对其进行拦截，以判断该用户是否已经登录过系统，如果没有登录，则返回登录页面要求用户重新登录。

12.2.5　责任链模式

责任链模式（Chain of Responsibility Pattern）是一种行为设计模式，它以构建对象链的形式来处理请求。在这个模式中，每个对象都包含对下一个处理器的引用。当一个请求从链的一端发起时，它会沿着链进行传递，直到找到适合处理该请求的对象。

责任链模式的主要作用如下。

（1）降低请求发送者与接收者之间的耦合度：请求发送者只需要知道请求链是否存在，不必关心请求链的具体结构或处理细节。

（2）方便增加新的处理方法：可以随时增加或修改处理逻辑，只需修改请求链的构成。

（3）分散请求处理：每个处理器处理它所负责的部分，这样可以把复杂的逻辑分解成简单的个体，以便管理和维护。

下面我们将以请假申请为例来学习责任链模式。假设现有 3 个级别的审批者，分别为直接主管（最多能批准 3 天的假期）、部门经理（最多能批准 10 天的假期）和人事部（处理超过 10 天的假期请求），请用责任链模式来处理不同级别的请假请求。

（1）定义一个抽象的处理者（Handler）类，该类将包含处理请求的方法及设置下一个处理者的方法，如代码清单 12-19 所示。

代码清单 12-19　Handler.java

```
package com.bc.chaindesign;
public abstract class Handler {
   protected Handler successor;

   public void setSuccessor(Handler successor) {
      this.successor = successor;
   }
```

```
    public abstract void handleRequest(int days);
}
```

（2）创建 3 个具体的处理者类，分别为 DirectManager（直接主管类，见代码清单 12-20）、DepartmentManager（部门经理类，见代码清单 12-21）、HR（人事部类，见代码清单 12-22），每个类都继承自处理者类，并实现其处理请求的具体方法。

代码清单 12-20　DirectManager.java

```
package com.bc.chaindesign;
public class DirectManager extends Handler {
    public void handleRequest(int days) {
        if (days <= 3) {
            System.out.println("直接主管批准了 " + days + " 天的假期");
        } else if (successor != null) {
            successor.handleRequest(days);
        }
    }
}
```

代码清单 12-21　DepartmentManager.java

```
package com.bc.chaindesign;
public class DepartmentManager extends Handler {
    public void handleRequest(int days) {
        if (days <= 10) {
            System.out.println("部门经理批准了 " + days + " 天的假期");
        } else if (successor != null) {
            successor.handleRequest(days);
        }
    }
}
```

代码清单 12-22　HR.java

```
package com.bc.chaindesign;
public class HR extends Handler {
    public void handleRequest(int days) {
        if (days > 10) {
            System.out.println("人事部批准了 " + days + " 天的假期");
        } else if (successor != null) {
            successor.handleRequest(days);
        }
    }
}
```

（3）创建测试类 ChainOfResponsibilityDemo.java，在 main()方法中应用责任链模式，如代码清单 12-23 所示。

代码清单 12-23　ChainOfResponsibilityDemo.java

```
package com.bc.chaindesign;
public class ChainOfResponsibilityDemo {
    public static void main(String[] args) {
        Handler directManager = new DirectManager();
```

```
        Handler departmentManager = new DepartmentManager();
        Handler hr = new HR();
        directManager.setSuccessor(departmentManager);
        departmentManager.setSuccessor(hr);

        //示例：处理不同天数的请假请求
        directManager.handleRequest(2); //被直接主管处理
        directManager.handleRequest(5); //被部门经理处理
        directManager.handleRequest(12); //被人事部处理
    }
}
```

根据请假天数的不同，由相应的处理者（直接主管、部门经理或人事部）进行处理，并输出相应的中文提示，如图 12-15 所示。

```
Run:  ChainOfResponsibilityDemo
"C:\Program Files\Java\jdk1.8.0_131\bin\java.exe" ...
直接主管批准了 2 天的假期
部门经理批准了 5 天的假期
人事部批准了 12 天的假期
```

图 12-15　责任链模式的运行结果

12.2.6　Spring MVC 中责任链模式的应用

Spring MVC 中责任链模式的应用

在 Spring MVC 中，责任链模式的应用主要体现在请求处理流程中，尤其是在处理 HTTP 请求的多个阶段上。责任链模式允许将多个处理对象连接成一条链，每个对象处理请求的一部分，然后将请求传递给链中的下一个对象。

具体来看，Spring MVC 中的 DispatcherServlet 是一个关键组件，它负责将接收到的 HTTP 请求分发给相应的控制器。在这个过程中，DispatcherServlet 使用责任链模式处理一系列的拦截器（Interceptor）和处理器适配器（HandlerAdapter）。相应的概念如下。

1. 拦截器链

每个拦截器可以决定是否将请求传递给链中的下一个拦截器，或是直接结束请求处理。例如，一个身份验证拦截器可以检查用户是否登录，如果未登录，则不再继续调用后续的拦截器或控制器。

2. 处理器适配器链

DispatcherServlet配置有多个HandlerAdapter，每个适配器负责调用特定类型的控制器。在Spring MVC的源代码中，DispatcherServlet的doDispatch()方法展示了责任链模式的应用。该方法首先通过拦截器链对请求进行预处理，然后找到合适的控制器处理请求，并在处理完成后再次通过拦截器链进行后处理。doDispatch()方法如代码清单 12-24 所示。

代码清单 12-24　DispatcherServlet.java

```
    //Spring MVC DispatcherServlet doDispatch()方法的简化伪代码
    protected void doDispatch(HttpServletRequest request, HttpServletResponse response)
throws Exception {
        //确定此请求的控制器
        Object handler = getHandler(request);

        if (handler == null) {
```

```
        //如果没有找到控制器，返回 404
        return;
    }
    //获取处理器适配器
    HandlerAdapter ha = getHandlerAdapter(handler);
    //调用拦截器链的 preHandle()方法
    if (!applyPreHandle(request, response, handler)) {
        return;
    }
    //实际调用控制器
    ModelAndView mv = ha.handle(request, response, handler);

    //调用拦截器链的 postHandle()方法
    applyPostHandle(request, response, mv, handler);
    //渲染视图等后续操作
    //调用拦截器链的 afterCompletion()方法
    triggerAfterCompletion(request, response, handler, null);
}
```

在这个过程中，每个拦截器可以决定是否中断请求处理流程，或是添加额外的处理。这种方式使得请求处理变得非常灵活，并且可以轻松地添加或移除处理步骤。

12.2.7　SSM 框架整合

本小节中我们将学习如何将 MyBatis、Spring 和 Spring MVC 框架整合在一起，即实现 SSM 整合。这种整合利用 Spring 框架作为主容器，管理 MyBatis 的 SqlSessionFactory 和 Spring MVC 的控制器，充分发挥各框架的优势，构建高效、易维护的 Web 应用程序。整合过程通常先独立搭建 3 个框架，再通过 Spring 框架进行整合。下面将通过实例演示整合全过程，具体代码位于“代码\第 12 章　深入使用 Spring MVC\代码\05 SSM 整合”。

SSM 框架整合

1．数据准备

（1）创建 ssm 数据库，并建立 account 表，该表包括以下 3 个字段，即 id（账号）、name（用户名）和 money（金额）。具体创建数据库的 SQL 语句如代码清单 12-25 所示。

代码清单 12-25　创建数据库和表

```
create database ssm;
use ssm;
create table account(
    id int primary key auto_increment,
    name VARCHAR(20),
    money DOUBLE
);
```

（2）向 account 表中添加两条数据，如图 12-16 所示。

id	name	money
1	Tom	1000.0
2	Jerry	500.0

图 12-16　添加测试数据

2．创建项目并导入依赖包

创建 Maven 项目 ssm，在 pom.xml 中添加项目所需要的依赖包。因篇幅限制，读者可以从本章提供的源代码在“代码\第12章　深入使用 Spring MVC\05 SSM 整合”中查看 pom.xml 文件的具体内容。

3. 创建实体类

创建实体类 Account.java，如代码清单 12-26 所示。

代码清单 12-26　Account.java

```
package com.demo.domain;
public class Account {
    private Integer id;
    private String name;
    private Double money;
    /*省略 setter/getter 方法*/
}
```

4. 创建 DAO 层接口

创建 DAO 层接口 AccountDao.java，添加查询所有账户信息的 findAll()方法，如代码清单 12-27 所示。

代码清单 12-27　AccountDao.java

```
package com.demo.dao;
@Repository
public interface AccountDao {
    //查询所有账户信息
    @Select("select * from account")
    public List<Account> findAll();
}
```

5. 创建服务层接口及其实现类

创建服务层接口 AccountService.java 及其实现类 AccountServiceImpl.java。在接口中添加查询所有账户的 findAll()方法，如代码清单 12-28 和代码清单 12-29 所示。

代码清单 12-28　AccountService.java

```
package com.demo.service;
public interface AccountService {
    //查询所有账户信息
    public List<Account> findAll();
}
```

代码清单 12-29　AccountServiceImpl.java

```
package com.demo.service.impl;
@Service("accountService")
public class AccountServiceImpl implements AccountService {
    @Autowired
    private AccountDao accountDao;
    public List<Account> findAll() {
        System.out.println("服务层，查询所有账户信息……");
        return accountDao.findAll();
    }
}
```

6. 创建控制层类

创建控制层类 AccountController.java 类，如代码清单 12-30 所示。

代码清单 12-30　AccountController.java

```
package com.demo.controller;
@Controller
@RequestMapping("/account")
public class AccountController {
    @Autowired
    private AccountService accountService;
    @RequestMapping("/findAll")
    public String findAll(Model model){
        System.out.println("查询所有的账户信息……");
        List<Account> list = accountService.findAll();
        model.addAttribute("list",list);
        return "listAccount";
    }
}
```

7. 配置数据源

配置连接数据库的相关信息，如代码清单 12-31 所示。

代码清单 12-31　dp.properties

```
jdbc.driver=com.mysql.cj.jdbc.Driver
jdbc.url=jdbc:mysql://localhost:3306/ssm?useUnicode=true&characterEncoding=utf-8&
serverTimezone=GMT%2B8
jdbc.username=root
jdbc.password=root
```

8. 创建 Spring 的核心配置文件

创建 Spring 的核心配置文件 applicationContext.xml，如代码清单 12-32 所示。

代码清单 12-32　applicationContext.xml

```
<!-- 开启注解扫描，要扫描的是 Service 和 DAO 层的注解，要忽略控制层注解，因为控制层让 Spring MVC
框架来管理 -->
    <context:component-scan base-package="com.demo">
        <!-- 配置要忽略的注解 -->
        <context:exclude-filter type="annotation" expression="org.springframework.
         stereotype.Controller"/>
    </context:component-scan>

    <context:property-placeholder location="classpath:db.properties"/>
    <!-- 配置 C3P0 的数据库连接池对象 -->
    <bean id="dataSource" class="com.mchange.v2.c3p0.ComboPooledDataSource">
        <property name="driverClass" value="${jdbc.driver}"/>
        <property name="jdbcUrl" value="${jdbc.url}"/>
        <property name="user" value="${jdbc.username}"/>
        <property name="password" value="${jdbc.password}"/>
    </bean>
    <!-- 配置 SqlSession 的工厂 -->
    <bean id="sqlSessionFactory" class="org.mybatis.spring.SqlSessionFactoryBean">
        <property name="dataSource" ref="dataSource"/>
    </bean>
    <!-- 配置 DAO 层的包扫描路径 -->
    <bean id="mapperScanner" class="org.mybatis.spring.mapper .MapperScannerConfigurer">
```

```
        <property name="basePackage" value="com.demo.dao"/>
    </bean>
    <!-- 配置事务管理器 -->
    <bean id="transactionManager" class="org.springframework.jdbc.datasource.DataSource-
      TransactionManager">
        <property name="dataSource" ref="dataSource"></property>
</bean>
<!-- 配置事务的通知 -->
    <tx:advice id="txAdvice" transaction-manager="transactionManager">
        <tx:attributes>
            <tx:method name="*" propagation="REQUIRED" read-only="false"/>
            <tx:method name="find*" propagation="SUPPORTS" read-only="true"/>
        </tx:attributes>
</tx:advice>
 <!-- 配置 Spring AOP -->
<aop:config>
 <!-- 配置切入点表达式 -->
        <aop:pointcut expression="execution(* com.demo.service.impl.*.*(..))" id="pt1"/>
 <!-- 建立通知和切入点表达式的关系 -->
        <aop:advisor advice-ref="txAdvice" pointcut-ref="pt1"/>
    </aop:config>
```

9. 测试 Spring 整合

创建测试类 Test.java，通过测试是否可以获取 AccountService 对象来检测 Spring 整合是否成功，如代码清单 12-33 所示。

代码清单 12-33　Test.java

```
package com.demo.test;
public class Test {
    @org.junit.Test
    public void test1(){
        ApplicationContext ac = new
                ClassPathXmlApplicationContext("classpath:applicationContext.xml");
        AccountService as = (AccountService) ac.getBean("accountService");
        as.findAll();
    }
}
```

可以看到在控制台输出了执行的SQL语句，并返回了查询到的账号数量，如图12-17所示。

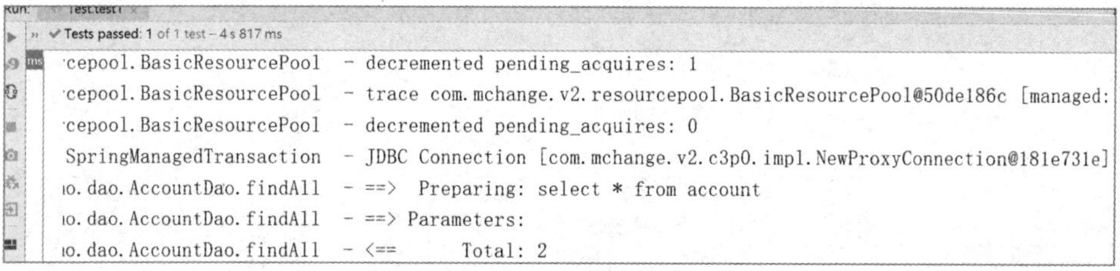

```
Run:   Test.test1
✓ Tests passed: 1 of 1 test – 4 s 817 ms
cepool.BasicResourcePool   - decremented pending_acquires: 1
cepool.BasicResourcePool   - trace com.mchange.v2.resourcepool.BasicResourcePool@50de186c [managed:
cepool.BasicResourcePool   - decremented pending_acquires: 0
SpringManagedTransaction   - JDBC Connection [com.mchange.v2.c3p0.impl.NewProxyConnection@181e731e]
io.dao.AccountDao.findAll  - ==>  Preparing: select * from account
io.dao.AccountDao.findAll  - ==> Parameters:
io.dao.AccountDao.findAll  - <==      Total: 2
```

图 12-17　测试整合 Spring

10. 整合 Spring MVC

（1）配置web.xml文件，加入Spring MVC的前端控制器和编码过滤器，如代码清单12-34所示。

代码清单 12-34　web.xml

```
<!DOCTYPE web-app PUBLIC
 "-//Sun Microsystems, Inc.//DTD Web Application 2.3//EN"
 "http://java.sun.com/dtd/web-app_2_3.dtd" >
<web-app>
  <display-name>Archetype Created Web Application</display-name>
    <!-- 配置 Spring 的侦听器 -->
    <listener>
      <listener-class>org.springframework.web.context.ContextLoaderListener</listener-class>
    </listener>
    <context-param>
        <param-name>contextConfigLocation</param-name>
        <param-value>classpath:applicationContext.xml</param-value>
    </context-param>
    <!-- 配置 Spring MVC 编码过滤器 -->
    <filter>
        <filter-name>characterEncodingFilter</filter-name>
        <filter-class>org.springframework.web.filter.CharacterEncodingFilter</filter-class>
        <!-- 设置过滤器中的属性值 -->
        <init-param>
            <param-name>encoding</param-name>
            <param-value>UTF-8</param-value>
        </init-param>
        <!-- 启动过滤器 -->
        <init-param>
            <param-name>forceEncoding</param-name>
            <param-value>true</param-value>
        </init-param>
    </filter>
    <!-- 过滤所有请求 -->
    <filter-mapping>
        <filter-name>characterEncodingFilter</filter-name>
        <url-pattern>/*</url-pattern>
    </filter-mapping>
    <!--配置 Spring MVC 的前端控制器 -->
    <servlet>
        <servlet-name>dispatcherServlet</servlet-name>
        <servlet-class>org.springframework.web.servlet.DispatcherServlet</servlet-class>
        <!-- 配置 Servlet 的初始化参数，读取 Spring MVC 的配置文件，创建 Spring 容器 -->
        <init-param>
            <param-name>contextConfigLocation</param-name>
            <param-value>classpath:springmvc.xml</param-value>
        </init-param>
        <!-- 配置 Servlet 启动时加载对象 -->
        <load-on-startup>1</load-on-startup>
    </servlet>
    <servlet-mapping>
        <servlet-name>dispatcherServlet</servlet-name>
        <url-pattern>/</url-pattern>
    </servlet-mapping>
</web-app>
```

（2）创建 Spring MVC 框架的核心配置文件 springmvc.xml 文件，如代码清单 12-35 所示。

代码清单 12-35　springmvc.xml

```
<!--配置@Controller注解的包扫描路径-->
    <context:component-scan base-package="com.demo">
        <context:include-filter type="annotation"
             expression="org.springframework.stereotype.Controller"/>
    </context:component-scan>
    <!-- 配置视图解析器 -->
    <bean id="viewResolver" class="org.springframework.web.servlet.view.InternalResource-
ViewResolver">
        <!--配置 JSP 文件所在的目录 -->
        <property name="prefix" value="/WEB-INF/pages/"/>
        <!--配置文件的后缀名 -->
        <property name="suffix" value=".jsp"/>
    </bean>
    <!--放行静态资源 -->
    <mvc:resources location="/css/" mapping="/css/**"/>
    <mvc:resources location="/images/" mapping="/images/**"/>
    <mvc:resources location="/js/" mapping="/js/**"/>
    <!-- 开启对 Spring MVC 注解的支持 -->
    <mvc:annotation-driven/>
```

11. 编写前端页面

创建 index.jsp，添加访问 AccountController 类中 findAll()方法的超链接，如代码清单 12-36 所示。

代码清单 12-36　index.jsp

```
<body>
  <a href="account/findAll">查询账户信息</a>
</body>
```

在 WEB-INF/pages 下创建 listAccount.jsp 用来展示账户信息，如代码清单 12-37 所示。

代码清单 12-37　listAccount.jsp

```
<body>
  <h2>展示所有账户信息</h2>
    <c:forEach items="${list}" var="account">
        ${account.name}-${account.money}<br/>
    </c:forEach>
</body>
```

在 index.jsp 页面中单击“查询账户信息”链接，如图 12-18 所示。

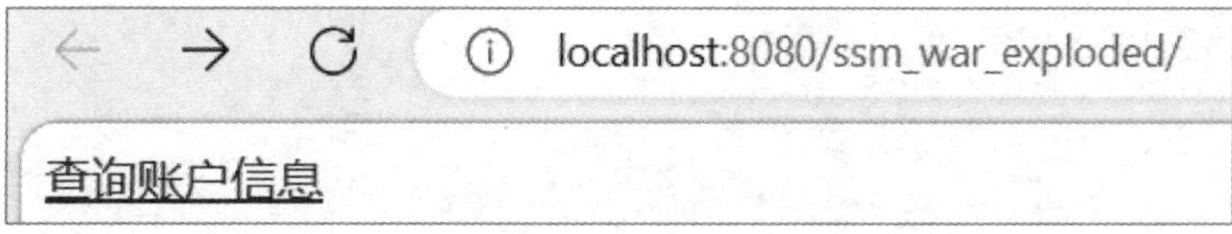

图 12-18　index.jsp 页面

在 listAccount.jsp 页面中可以看到所有账户信息，如图 12-19 所示。

图 12-19　listAccount.jsp 页面

12.3　项目实现

12.3.1　业务场景

项目经理老王：小王，现在你已经掌握了 SSM 框架的使用及整合，产品管理模块交给你来实现，没有问题吧？

程序员小王：是的，通过之前的努力学习和不断的项目实践，我已经有信心完成这个任务了。对SSM框架的各方面我都相当熟悉，无论是Spring的依赖注入、Spring MVC的工作原理还是MyBatis与数据库的交互，我都能够熟练应用。

项目经理老王：那太好了！看到你从一个初学者成长为现在可以熟练运用 SSM 框架的程序员，我感到非常欣慰。

程序员小王：感谢您的鼓励和支持，我会尽快开始工作，以确保产品管理模块在开发周期内高质量实现。

12.3.2　实现产品管理

1. 创建产品实体类

首先需要创建描述产品的实体类 Product.java，如代码清单 12-38 所示。

代码清单 12-38　Product.java

```
public class Product {
    private String id;                //主键
    private String productNum;        //产品编号（唯一）
    private String productName;       //产品名称
    private String cityName;          //生产城市
    @DateTimeFormat(pattern="yyyy-MM-dd HH:mm")
    private String departureTime;     //生产时间
    private String departureTimeStr;
    private double productPrice;      //产品价格
    private String productDesc;       //产品描述
    private Integer productStatus;    //（产品）状态：0 表示关闭，1 表示开启
    private String productStatusStr;
    private String imgPath;
    private MultipartFile pictureFile;
    /* 省略 setter/getter 代码 */
}
```

2. 创建产品管理的数据访问对象层接口

下面来创建产品管理的数据访问对象层接口 IProductDao，其包含对产品的增加、删除、修改、查询操作。为了便于开发，这里通过注解的方式进行 MyBatis 操作。IProductDao.java 的内容如代码清单 12-39 所示。

代码清单 12-39 IProductDao.java

```
public interface IProductDao {
    @Select("select * from product where id=#{id}")
    Product findById(String id) throws Exception;
    @Select("select * from product where productName like concat('%',#{fuzzyName},'%')")
    List<Product> findAll(String fuzzyName) throws Exception;
    @Insert("insert into product(productNum,productName,cityName,departureTime,product
     Price,productDesc,productStatus,imgPath)
     values(#{productNum},#{productName},#{cityName},#{departureTime},#{productPrice},
     #{productDesc},#{productStatus},#{imgPath})")
    void save(Product product);
    @Delete("delete from product where id=#{id}")
    void deleteById(String id);
    @Update("update product set productNum=#{productNum},productName=#{productName},
     cityName=#{cityName},departureTime=#{departureTime},productPrice=#{productPrice},
     productDesc=#{productDesc},productStatus=#{productStatus} where id=#{id}")
    void update(Product product);
}
```

3. 创建产品管理的服务层接口

创建产品管理的服务层接口（IProductService.java）及其实现类（ProductServiceImpl.java），里面包含对数据访问对象层接口的调用方法，如代码清单 12-40 和代码清单 12-41 所示。

代码清单 12-40 IProductService.java

```
package com.lindaifeng.ssm.service;
public interface IProductService {
    List<Product> findAll(Integer page,Integer size,String fuzzyName) throws Exception;
    void save(Product product) throws Exception;
    void deleteById(String id) throws Exception;
    Product findById(String id) throws Exception;
    void update(Product product);
}
```

产品管理接口实现类 ProductServiceImpl.java，如代码清单 12-41 所示。

代码清单 12-41 ProductServiceImpl.java

```
package com.lindaifeng.ssm.service.impl;
@Service
@Transactional
public class ProductServiceImpl implements IProductService {
    @Autowired
    private IProductDao productDao;
    @Override
    public List<Product> findAll(Integer page,Integer size,String fuzzyName) throws Exception {
        PageHelper.startPage(page,size);
        return productDao.findAll(fuzzyName);
```

```
    }

    @Override
    public void save(Product product) {
        productDao.save(product);
    }

    @Override
    public void deleteById(String id) {
        productDao.deleteById(id);
    }

    @Override
    public Product findById(String id) throws Exception {
        return productDao.findById(id);
    }

    @Override
    public void update(Product product) {
        productDao.update(product);
    }
}
```

4. 创建产品管理的控制器类

创建产品管理的控制器类 ProductController.java，用于接收前端请求，如代码清单 12-42 所示。

代码清单 12-42　ProductController.java

```
@Controller
@RequestMapping("/product")
public class ProductController {
    @Autowired
    private IProductService productService;

    //查询产品信息
    @RequestMapping("/findAll.do")
    @Secured({"ROLE_USER","ROLE_ADMIN","ROLE_King"})
    Public ModelAndViewfindAll(@RequestParam(name="page",required = true,defaultValue
      = "1")Integer page,@RequestParam(name = "size",required = true,defaultValue =
      "4")Integer size,@RequestParam(name = "fuzzyName",required = false,defaultValue
      = "")String fuzzyName) throws Exception{
        ModelAndView mv = new ModelAndView();
        //判断是否含有中文乱码
        if (!(Charset.forName("GBK").newEncoder().canEncode(fuzzyName))) {
            //转码 UTF8
            fuzzyName = new String(fuzzyName.getBytes("ISO-8859-1"), "utf-8");
        }
        System.out.println(fuzzyName);
        List<Product> productList = productService.findAll(page,size,fuzzyName);
        PageInfo pageInfo = new PageInfo(productList);
        mv.addObject("productList",productList);
        mv.addObject("fuzzyName",fuzzyName);
        mv.addObject("pageInfo",pageInfo);
```

```
        mv.setViewName("product-list");
        return mv;

    }

    //添加产品信息
    @RequestMapping("/save.do")
    public String save(Product product, MultipartFile pictureFile, HttpServletRequest
      request) throws Exception {
        String sqlPath = null;
        //定义图片文件保存的本地路径
        String localPath = request.getSession().getServletContext().getRealPath("upload/")+"/";
        //定义文件名
        String filename=null;
        if(!product.getPictureFile().isEmpty()){
            //生成 uuid 作为文件名称
            String uuid = UUID.randomUUID().toString().replaceAll("-","");
            //获得文件类型（可以判断如果不是图片，禁止上传）
            String contentType=product.getPictureFile().getContentType();
            //获得文件后缀名
            String suffixName=contentType.substring(contentType.indexOf("/")+1);
            //得到文件名
            filename=uuid+"."+suffixName;
            //保存图片文件
            product.getPictureFile().transferTo(new File(localPath+filename));
        }
        //把图片的相对路径保存至数据库
        //需要使用虚拟目录来替换/upload/
        sqlPath = "/upload/"+filename;
        System.out.println(sqlPath);
        product.setImgPath(sqlPath);

        productService.save(product);
        return "redirect:findAll.do";
    }

    //编辑产品信息
    @RequestMapping("/findById.do")
    public ModelAndView findById(@RequestParam(name = "id",required = true) String
      id)throws Exception{
        ModelAndView mv = new ModelAndView();
        Product product = productService.findById(id);
        mv.addObject("product",product);
        mv.setViewName("product-update");
        return mv;
    }

    @RequestMapping("/productUpdate.do")
    public String update(Product product)throws Exception{
        productService.update(product);
        return "redirect:findAll.do";
    }
```

```
//删除产品信息
@RequestMapping("/deleteById.do")
public String deleteById(String id) throws Exception{
    System.out.println(id);
    productService.deleteById(id);
    return "redirect:findAll.do";
}
//批量删除产品信息
@RequestMapping("/deleteByIdStr.do")
public String deleteByIdStr(@RequestParam(value = "idStr",defaultValue = "",
  required = false) String idStr) throws Exception {
    if (idStr != null && idStr != "" && idStr.length()>0){
        String[] ids = idStr.split(",");
        for (String id : ids) {
            productService.deleteById(id);
        }
    }
    return "redirect:findAll.do";
}
```

5. 产品列表页面

在产品管理模块后端代码完成后，就可以进行前端功能开发。由于篇幅所限，这里仅列出产品列表页面部分核心代码，如代码清单 12-43 所示。产品新增和产品修改页面请读者自行查看源代码。

代码清单 12-43　product-list.jsp

```
<!--数据列表-->
<table id="dataList"
    class="table table-bordered table-striped table-hover dataTable">
        <thead>
            <tr>
                <th class="" style="padding-right: 0px;">
                <input id="selall" type="checkbox" class="icheckbox_square-blue">
                </th>
                <th class="sorting_desc">编号</th>
                <th class="sorting_asc sorting_asc_disabled">产品名称</th>
                <th class="sorting_desc sorting_desc_disabled">生产城市</th>
                <th class="sorting">生产时间</th>
                <th class="text-center sorting">产品价格</th>
                <th class="sorting">产品图片</th>
                <th class="text-center sorting">状态</th>
                <th class="text-center">操作</th>
            </tr>
        </thead>
        <tbody>
            <c:forEach items="${pageInfo.list}" var="product">
                <tr>
                    <td><input value="${product.id}" name="ids" type="checkbox"></td>
                    <td>${product.productNum}</td>
                    <td>${product.productName}</td>
                    <td>${product.cityName}</td>
```

```
            <td>${product.departureTimeStr}</td>
            <td class="text-center">${product.productPrice}</td>
            <td><img src="${basePath}${product.imgPath}"height="100"width="100"></td>
    <td class="text-center">${product.productStatusStr}</td>
    <td class="text-center">
    <a href="${pageContext.request.contextPath}/product/findById.do?id=${product.
    id}"class="btn bg-olive btn-xs">编辑</a>
        <a onclick="delById(${product.id})" class="btn bg-olive btn-xs">删除</a>
            </td>
     </tr>
    </c:forEach>
  </tbody>
```

登录系统后访问产品管理模块，可以查看产品列表页面，并可以通过“新建”“编辑”“删除”按钮完成对产品的增加、修改、删除操作，如图 12-20 所示。

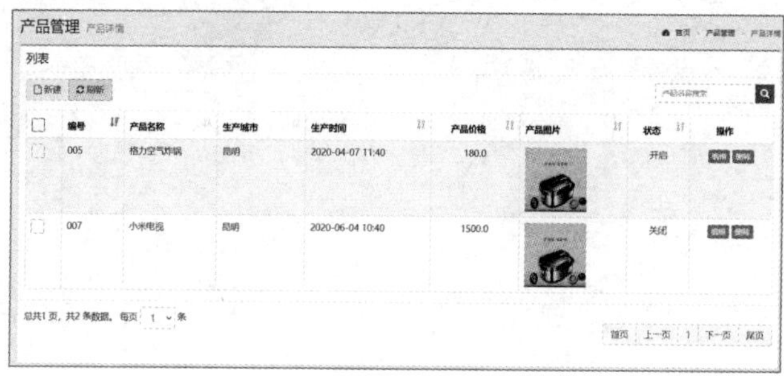

图 12-20　产品列表展示

12.4　经典问题强化

问题 1：简述拦截器与过滤器的区别。

答：

（1）拦截器是 Spring MVC 框架提供的一种组件，过滤器是 Servlet 规范中定义的一种组件。

（2）拦截器只能对 Spring MVC 的请求进行拦截，过滤器可以对所有的请求进行拦截。

（3）拦截器只能对请求进行拦截和处理，不能修改请求和响应的内容，而过滤器可以修改请求和响应的内容。

（4）拦截器可以获取 Spring Bean，并可以使用依赖注入的功能，而过滤器不能使用这些功能。

问题 2：Spring MVC 拦截器在权限校验的作用有哪些？

答：拦截器在权限校验方面的应用主要在请求到达 Controller 处理前对用户的访问权限进行校验。通过自定义拦截器，可以检查用户是否已经登录，以及他们是否有权限访问特定的资源或执行某些操作，如果用户没有相应的权限，拦截器可以阻止请求，并重定向到登录页面或显示错误消息。

问题 3：Spring MVC 如何进行异常处理？

答：在 Spring MVC 中，异常处理通常通过@ExceptionHandler 注解来实现，它可以对控制器中特定类型的异常进行处理。如果需要对跨控制器的全局异常进行处理，则可以使用@Controller

Advice 注解来创建全局异常处理器。

12.5 本章小结

本章小结

本章深入讲解了 Spring MVC 框架的高级特性，包括文件的上传下载、拦截器的使用、异常处理机制，以及 SSM 框架整合等内容。此外，还介绍了责任链模式在 Spring MVC 框架中的应用，进一步丰富了读者的技术视野。最后通过完成 CRM 系统的产品管理模块，加强了读者使用 SSM 框架处理复杂业务场景的能力。

第 13 章 综合实践：企业办公自动化管理系统

本章目标：

- 了解项目背景和系统架构；
- 掌握开发环境搭建的步骤；
- 掌握员工登录模块和员工管理模块的代码编写方法。

本章将使用前面介绍的 SSM 框架知识实现一个简易的企业办公自动化（Office Automation，OA）管理系统，通过对 Spring、MyBatis、Spring MVC 这 3 大框架进行整合，使读者可以熟练地将 SSM 技术应用于实际开发中。由于篇幅所限，本章仅实现员工登录模块和员工管理模块，读者在学完本章内容后，可参考书籍所附源代码自行完成其他模块的开发。

13.1 项目需求

项目需求

13.1.1 项目背景

企业办公自动化管理系统是一套帮助企业提高办公效率和管理效能的软件系统。它涵盖了企业内部信息化管理的各方面，包括但不限于部门管理、员工管理、报销单管理、通讯录管理、会议安排、项目管理、财务管理等功能。

企业 OA 管理系统的主要目的是通过整合企业的资源和信息流，实现信息的快速流通、有效管理和决策支持，从而提升企业的运营效率和竞争力。随着信息技术的不断进步和企业运营需求的日益复杂，企业办公管理系统已经从最初的文档处理和数据存储，发展到现在的跨平台、多功能和高度集成的管理工具。

13.1.2 功能描述

本章待实现的企业 OA 管理系统包括登录、部门管理、员工管理、报销单管理等模块，如图 13-1 所示。

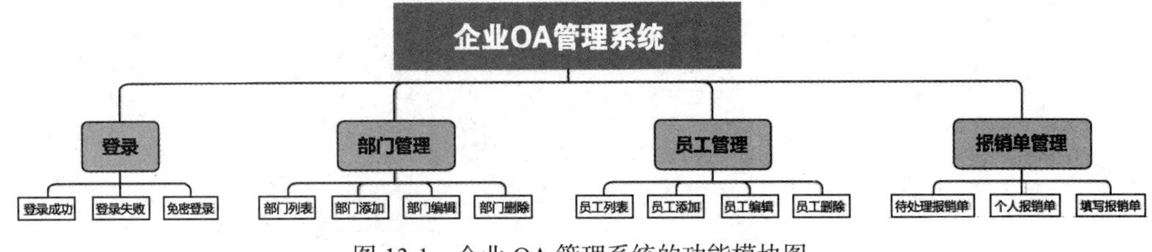

图 13-1　企业 OA 管理系统的功能模块图

13.2　项目结构及数据库设计

13.2.1　项目结构

项目源代码位于“代码\第13章 综合实践：企业办公自动化管理系统\代码\oa-master”，项目结构如图13-2所示。

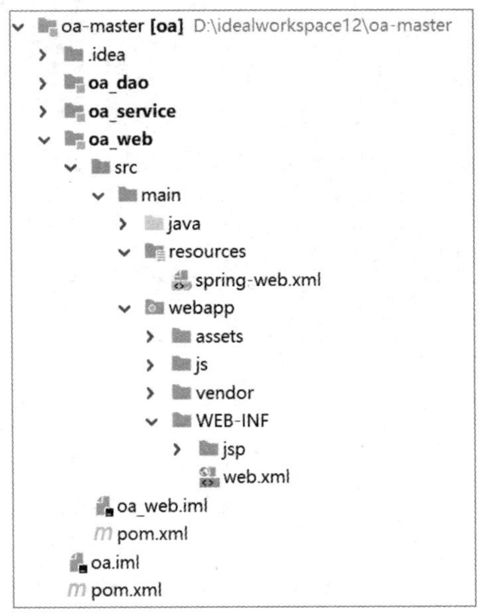

图 13-2　项目结构

项目结构说明如下。

- oa_dao（数据访问对象层）：负责系统与数据库的直接交互，包括数据持久化操作、为服务层提供数据服务等功能。
- oa_service（服务层）：负责实现系统的业务逻辑，包括处理数据访问对象层提供的数据、执行业务逻辑、将处理结果返回给控制层等功能。
- oa-web（Web层）：Web层包括控制层和视图层，其中控制层包含接收用户输入、调用对应的业务逻辑层、通过视图展示处理结果给用户等功能；视图层包含直接展示给用户的JSP页面。

13.2.2　数据库设计

由于篇幅所限，本小节仅给出员工登录和管理模块需要用到的 employee 表结构（字段名和数据类型见表 13-1），其余数据表结构和初始化数据请参考“代码\第 13 章 综合实践：企业办公自动化管理系统\代码\oa.sql”。

表 13-1　　employee 表结构

字段名	数据类型	说明
sn	VARCHAR(255)	员工唯一编号
password	VARCHAR(255)	员工密码
name	VARCHAR(255)	员工姓名
department_sn	VARCHAR(255)	所属部门编号
post	VARCHAR(255)	员工岗位

建表后 employee 表的初始化数据脚本如代码清单 13-1 所示。

代码清单 13-1　employee 表的初始化数据脚本

```
INSERT INTO `employee` VALUES('E001', '123', '张三', 'D001', '经理');
INSERT INTO `employee` VALUES('E002', '123', '李四', 'D002', '工程师');
INSERT INTO `employee` VALUES('E003', '123', '刘备', 'D002', '总经理');
```

13.3　环境搭建

导入项目依赖包

13.3.1　导入项目依赖包

分别导入 oa、oa_dao、oa_service、oa_web 项目所需的依赖包，如表 13-2 ~ 表 13-5 所示，具体代码请参考源代码中的 pom.xml 文件。

表 13-2　　oa 父项目依赖包

包名	说明
spring.version 5.0.2.RELEASE	用于指定整个 Maven 项目中 Spring 框架的版本号

表 13-3　　oa_dao 子项目依赖包

包名	说明
c3p0:c3p0	提供 JDBC 连接池服务，用于提高数据库操作效率，降低连接开销
mysql:mysql-connector-java	MySQL 的 JDBC 驱动程序，使 Java 应用程序能够连接到 MySQL 数据库
org.mybatis:mybatis	ORMapping 框架，用于将 Java 对象映射到数据库中的记录
org.springframework:spring-beans	Spring框架的一部分，负责管理Spring Beans，包括Bean的实例化、配置及其他管理功能
org.springframework:spring-context	Spring 框架的一部分，提供了访问定义和维护 Bean 的方式
org.springframework:spring-jdbc	是 Spring 用于操作关系型数据库的组件

表 13-4　　oa_ service 子项目依赖包

包名	说明
com.wk:oa_dao	该模块依赖于子项目 oa_dao，用于访问被操作数据库和实现数据持久化
org.springframework:spring-tx	提供 Spring 的事务管理功能，支持编程和声明式事务管理，用于增强服务层的数据一致性和容错能力
org.springframework:spring-aop	Spring 提供的面向切面编程模块，允许用户自定义方法拦截器和切点，以实现如声明式事务或安全性等的功能
org.aspectj:aspectjweaver	提供强大的面向切面编程功能，可以与 Spring AOP 一起使用，以用于处理复杂的切面场景

表 13-5　　oa_web 子项目依赖包

包名	说明
com.wk:oa_service	该模块依赖于子项目 oa_service，用于提供服务层的业务逻辑处理功能
javax.servlet:javax.servlet-api	提供 Servlet API，用于 Java Web 开发，是构建 Web 应用程序的核心组件
javax.servlet:jstl	提供 JSP 标准标签库（JSP Standarded Tag Library，JSTL），用于简化 JSP 页面的开发
org.springframework:spring-web	Spring 框架的一部分，提供基本的 Web 支持，包括多种视图技术的集成和基于 Web 的应用上下文
org.springframework:spring-webmvc	Spring MVC框架，用于构建基于MVC模式的Web应用程序和RESTful服务

13.3.2　编写配置文件

分别在 oa_dao、oa_service、oa_web 等项目中对应编写配置文件 spring-dao.xml、spring-service.xml 和 spring-web.xml。这些配置文件的内容与前述章节的配置文件基本相同（注意修改数据库连接信息和依赖包名），这里为避免重复，对具体配置细节就不再赘述了。如有需要，请读者参考本章附带源代码。

13.4　员工登录模块实现

员工登录模块实现

13.4.1　实体 POJO 类

创建员工实体 POJO 类，包括员工编号（sn）、员工密码（password）等字段，如代码清单 13-2 所示。

代码清单 13-2　Employee.java

```
package com.wk.oa.entity;
public class Employee {
    private String sn;              //员工编号，唯一标识一个员工
    private String password;        //员工登录系统的密码
    private String name;            //员工的姓名
    private String departmentSn;    //员工所属部门的编号
```

```
    private String post;              //员工在公司中的职务

    /* 省略 setter/getter 方法 */
}
```

13.4.2　数据持久层

创建数据持久层接口 EmployeeDao.java 和映射文件 EmployeeDao.xml，实现用户登录验证时的数据库操作，如代码清单 13-3 和代码清单 13-4 所示。

代码清单 13-3　EmployeeDao.java

```
package com.wk.oa.dao;
import org.springframework.stereotype.Repository;
@Repository("employeeDao")
public interface EmployeeDao {
    /**
     * 根据员工编号查询员工信息
     * @param sn:员工的编号
     * @return:返回对应的员工对象，如果没有找到返回 null
     */
    Employee select(String sn);
}
```

代码清单 13-4　EmployeeDao.xml

```
<select id="select" parameterType="String" resultMap="employee">
    select e.*,d.sn dsn,d.name dname from employee e left join department d on
    d.sn=e.department_sn where e.sn=#{sn}
</select>
```

13.4.3　服务层

创建服务层接口 UserService.java 和其实现类 UserServiceImpl.java，用于完成用户登录功能，如代码清单 13-5 和代码清单 13-6 所示。

代码清单 13-5　UserService.java

```
package com.wk.oa.service;
public interface UserService {
    /**
     * 根据员工编号和密码进行登录验证
     * @param sn:员工编号
     * @param password:员工密码
     * @return:如果验证成功，返回员工对象；如果验证失败，则返回 null
     */
    Employee login(String sn, String password);
}
```

代码清单 13-6　UserServiceImpl.java

```
package com.wk.oa.service.impl;
import org.springframework.stereotype.Service;
import javax.annotation.Resource;
@Service("userService")
public class UserServiceImpl implements UserService {
```

```
    @Resource
    private EmployeeDao employeeDao;  //注入员工数据访问对象
    /**
     * 根据员工编号和密码执行登录操作
     * 此方法首先根据员工编号查询员工，然后验证密码是否匹配
     * @param sn:员工编号
     * @param password:用户输入的密码
     * @return:如果员工存在且密码正确，则返回该员工对象，否则返回 null
     */
    public Employee login(String sn, String password) {
        Employee employee = employeeDao.select(sn);
        if (employee != null && employee.getPassword().equals(password)) {
              return employee; //登录成功，返回员工对象
        }
        return null; //登录失败，则返回 null
    }
}
```

13.4.4 控制层

在控制类 UserController.java 中添加两种方法用于处理用户登录的流程，其中，toLogin()方法负责重定向用户请求到登录页面，login()方法用于处理登录逻辑。首先，它接收前端页面提交的用户名和密码，并通过 UserService 的 login()方法进行验证，如果用户身份验证失败，则会返回登录页面；如果验证成功，则将用户信息存入会话（session），并重定向到用户主页。UserController.java 的内容如代码清单 13-7 所示。

代码清单 13-7 UserController.java

```
package com.wk.oa.controller;
import org.springframework.stereotype.Controller;
import org.springframework.web.bind.annotation.RequestMapping;
import org.springframework.web.bind.annotation.RequestMethod;
import org.springframework.web.bind.annotation.RequestParam;
import org.springframework.ui.Model;
import javax.annotation.Resource;
import javax.servlet.http.HttpSession;
@Controller("userController")
public class UserController {
    @Resource
    private UserService userService; //注入用户服务类对象
    /**
     * 跳转至登录页面
     * @return:返回登录页面视图名称
     */
    @RequestMapping("/to_login")
    public String toLogin() {
        return "login";
    }

    /**
     * 处理用户登录请求
     * @param session:用于保存用户登录状态
```

```
     * @param sn:用户输入的员工编号
     * @param password:用户输入的密码
     * @param model:用于向视图传递信息
     * @return:如果登录成功，重定向到用户主页；如果失败，则返回登录页面并显示错误信息
     */
    @RequestMapping(value = "/login", method = RequestMethod.POST)
    public String login(HttpSession session, @RequestParam String sn, @RequestParam
      String password, Model model) {
       String msg;
       Employee employee = userService.login(sn, password);
       if (employee == null) {
          msg = "用户名或密码错误";
          model.addAttribute("msg", msg);  //添加错误信息到模型对象
          return "login";  //登录失败，返回到登录页面
       }
       session.setAttribute("employee", employee);  //登录成功，设置 session 对象的值
       return "redirect:user";  //重定向到用户主页
    }
}
```

13.4.5 Web 页面

登录页面的完整代码请参考oa_web/webapp/WEB-INF/jsp/login.jsp，此处只展示部分核心代码，如代码清单 13-8 所示。

代码清单 13-8　login.jsp

```
<form method="post" action="login" id="contact">
   <div class="panel-body bg-light p25 pb15">
      <div class="section">
         <label for="sn" class="field-label text-muted fs18 mb10">员工编号</label>
         <label for="sn" class="field prepend-icon">
            <input type="text" name="sn" id="sn" class="gui-input" placeholder="请输入员
工编号……">
            <label for="sn" class="field-icon">
               <i class="fa fa-user"></i>
            </label>
         </label>
      </div>
      <div class="section">
         <label for="password" class="field-label text-muted fs18 mb10">密码</label>
         <label for="password" class="field prepend-icon">
            <input type="password" name="password" id="password" class="gui-input"
              placeholder="请输入密码……">
            <label for="password" class="field-icon">
               <i class="fa fa-lock"></i>
            </label>
         </label>
      </div>
   </div>
   <div class="panel-footer clearfix">
      <button type="submit" class="button btn-primary mr10 pull-right">登录</button>
```

```
        <label class="switch ib switch-primary mt10">
            <input type="checkbox" name="remember" id="remember" checked="true">
            <label for="remember" data-on="是" data-off="否"></label>
            <span>记住我</span>
        </label>
    </div>
</form>
```

13.4.6 功能测试

项目部署成功后输入访问地址“http://localhost:8080/to_login”，在输入数据库中已存在的员工编号与密码后可完成测试。运行后的登录页面如图 13-3 所示。

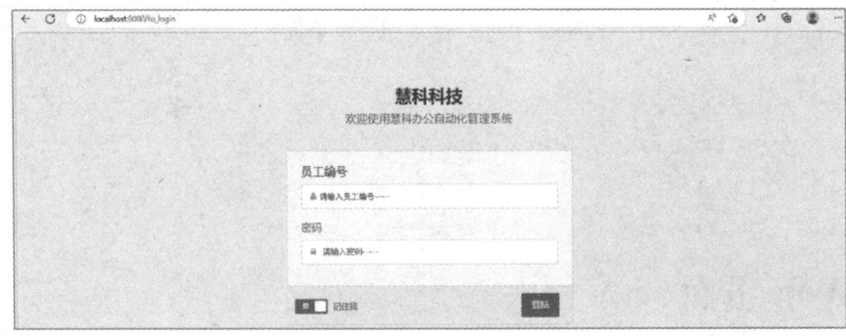

图 13-3 登录页面

13.5 员工管理模块实现

员工管理模块实现

13.5.1 实体类

本模块的实体类与登录模块的实体类一致，都是 Employee.java。

13.5.2 数据持久层

创建数据持久层接口 EmployeeDao.java 和映射文件 EmployeeDao.xml，实现员工管理的增、删、改、查操作，如代码清单 13-9 和代码清单 13-10 所示。

代码清单 13-9 EmployeeDao.java

```
package com.wk.oa.dao;
import com.wk.oa.entity.Employee;
import org.springframework.stereotype.Repository;
import java.util.List;
@Repository("employeeDao")
public interface EmployeeDao {
    /**
     * 向数据库中插入一个新员工的记录
     * @param employee:要插入的员工对象
     */
    void insert(Employee employee);
```

```
    /**
     * 更新数据库中现有员工的信息
     * @param employee:带有更新信息的员工对象
     */
    void update(Employee employee);

    /**
     * 根据员工编号从数据库中删除一个员工的记录
     * @param sn:要删除的员工的编号
     */
    void delete(String sn);

    /**
     * 根据员工编号查询并返回一个员工的记录
     * @param sn:员工编号
     * @return:返回查询到的员工对象
     */
    Employee select(String sn);

    /**
     * 查询并返回数据库中所有员工的列表
     * @return:返回所有员工的列表
     */
    List<Employee> selectAll();
}
```

代码清单 13-10　EmployeeDao.xml

```
<?xml version="1.0" encoding="utf-8" ?>
<!DOCTYPE mapper
PUBLIC"-//mybatis.org//DTDMapper3.4//EN""http://mybatis.org/dtd/mybatis-3-mapper.dtd">
<mapper namespace="com.wk.oa.dao.EmployeeDao">
    <resultMap id="employee" type="Employee">
        <id property="sn" column="sn" javaType="String"/>
        <result property="password" column="password" javaType="String"/>
        <result property="name" column="name" javaType="String"/>
        <result property="departmentSn" column="department_sn" javaType="String"/>
        <result property="post" column="post" javaType="String"/>
        <association property="department" column="department_sn" javaType="Department" >
            <id property="sn" column="dsn" javaType="String"/>
            <result property="name" column="dname" javaType="String"/>
        </association>
    </resultMap>

    <insert id="insert" parameterType="Employee">
        Insert into employee values(#{sn},#{password},#{name},#{departmentSn},#{post})
    </insert>

    <update id="update" parameterType="Employee">
        update employee
        set name=#{name},password=#{password},department_sn=#{departmentSn},post=
        #{post} where sn=#{sn}
    </update>
```

```
    <delete id="delete" parameterType="String">
        delete from employee where sn=#{sn}
    </delete>

    <select id="select" parameterType="String" resultMap="employee">
        select e.*,d.sn dsn,d.name dname from employee e left join department d on d.sn=e.
        department_sn where e.sn=#{sn}
    </select>

    <select id="selectAll" resultMap="employee">
        select e.*,d.sn dsn,d.name dname from employee e left join department d on d.sn=e.
        department_sn </select>
</mapper>
```

13.5.3 服务层

创建服务层接口 EmployeeService.java 及其实现类 EmployeeServiceImpl.java，实现员工的增、删、改、查功能，如代码清单 13-11 和代码清单 13-12 所示。

代码清单 13-11　EmployeeService.java

```
package com.wk.oa.service;
import java.util.List;
public interface EmployeeService {
    /**
     * 添加一个新员工到系统中
     * @param employee:新员工的对象
     */
    void add(Employee employee);

    /**
     * 编辑更新现有员工的信息
     * @param employee:更新后的员工对象
     */
    void edit(Employee employee);

    /**
     * 根据员工编号删除一个员工
     * @param sn:要删除的员工的编号
     */
    void remove(String sn);

    /**
     * 根据员工编号获取一个员工的详细信息
     * @param sn:员工编号
     * @return:返回找到的员工对象
     */
    Employee get(String sn);

    /**
     * 获取所有员工的列表
```

```
     * @return:返回所有员工组成的列表
     */
    List<Employee> getAll();
}
```

代码清单 13-12　EmployeeServiceImpl.java

```
package com.wk.oa.service.impl;
import org.springframework.beans.factory.annotation.Autowired;
import org.springframework.stereotype.Service;
import java.util.List;
@Service("employeeService")
public class EmployeeServiceImpl implements EmployeeService {
    @Autowired
    private EmployeeDao employeeDao;  //员工数据访问对象
    /**
     * 添加员工，并设置初始密码为“123456”
     * @param employee:员工对象
     */
    public void add(Employee employee) {
        employee.setPassword("123456");  //设置初始密码
        employeeDao.insert(employee);  //调用 DAO 层方法插入员工数据
    }

    /**
     * 更新员工信息
     * @param employee:员工对象
     */
    public void edit(Employee employee) {
        employeeDao.update(employee);  //调用 DAO 层方法更新员工数据
    }

    /**
     * 根据员工编号删除员工
     * @param sn:员工编号
     */
    public void remove(String sn) {
        employeeDao.delete(sn);  //调用 DAO 层方法删除员工数据
    }

    /**
     * 根据员工编号查询员工信息
     * @param sn:员工编号
     * @return:返回查询到的员工对象
     */
    public Employee get(String sn) {
        return employeeDao.select(sn);  // 调用 DAO 层方法查询员工数据
    }

    /**
     * 获取所有员工的列表
     * @return:返回所有员工数据的列表
     */
```

```
    public List<Employee> getAll() {
        return employeeDao.selectAll();  //调用 DAO 层方法查询所有员工数据
    }
}
```

13.5.4 控制层

在控制器类 EmployeeController.java 中，各种方法负责不同的功能，其中 list()方法用于显示所有员工的列表，toadd()方法为添加员工页面提供必要的数据（部门列表、职位列表等），add()方法用于处理员工的添加请求并重定向到员工列表页面，toUpdate()方法用于获取单个员工的详细信息以便更新，update()方法用于处理员工信息的更新请求，而 remove()方法负责删除指定员工，并将页面重定向到员工列表页面。EmployeeController.java 的内容如代码清单 13-13 所示。

代码清单 13-13　EmployeeController.java

```
package com.wk.oa.controller;
import org.springframework.stereotype.Controller;
import org.springframework.web.bind.annotation.RequestMapping;
import java.util.Map;
@Controller("employeeController")
@RequestMapping("/employee")
public class EmployeeController {
    @Resource
    private EmployeeService employeeService;  //员工服务对象
    @Resource
    private DepartmentService departmentService;  //部门服务对象
    /**
     * 显示所有员工的列表
     * @param map:用来存放返回给视图的数据
     * @return:返回员工列表视图页面
     */
    @RequestMapping("/list")
    public String list(Map<String, Object> map) {
        map.put("list", employeeService.getAll());
        return "employee_list";
    }

    /**
     * 跳转至添加新员工的表单页面
     * @param map:存放返回给视图的数据，包括新的员工对象、部门列表和职位列表等
     * @return:返回添加员工的表单视图页面
     */
    @RequestMapping("/to_add")
    public String toadd(Map<String, Object> map) {
        map.put("employee", new Employee());
        map.put("dlist", departmentService.getAll());
        map.put("plist", Contant.getPosts());
        return "employee_add";
    }

    /**
     * 添加一个新员工，并重定向到员工列表页面
```

```
     * @param employee:新添加的员工对象
     * @return:重定向到员工列表页面
     */
    @RequestMapping("/add")
    public String add(Employee employee) {
        employeeService.add(employee);
        return "redirect:list";
    }

    /**
     * 跳转至更新员工信息的表单页面
     * @param sn:员工编号
     * @param map:存放返回给视图的数据，包括待更新的员工对象、部门列表和职位列表等
     * @return:返回更新员工的表单视图页面
     */
    @RequestMapping(value = "/to_update", params = "sn")
    public String toUpdate(String sn, Map<String, Object> map) {
        map.put("employee", employeeService.get(sn));
        map.put("dlist", departmentService.getAll());
        map.put("plist", Contant.getPosts());
        return "employee_update";
    }

    /**
     * 更新员工信息，并重定向到员工列表页面
     * @param employee:待更新的员工对象
     * @return:重定向到员工列表页面
     */
    @RequestMapping("/update")
    public String update(Employee employee) {
        employeeService.edit(employee);
        return "redirect:list";
    }

    /**
     * 删除指定编号的员工，并重定向到员工列表页面
     * @param sn:员工编号
     * @return:重定向到员工列表页面
     */
    @RequestMapping(value = "/remove", params = "sn")
    public String remove(String sn) {
        employeeService.remove(sn);
        return "redirect:list";
    }
}
```

13.5.5　Web 页面

员工管理页面的完整代码请参考 oa_web/webapp/WEB-INF/jsp/employee_list.jsp，此处只展示部分核心代码，如代码清单 13-14 所示。

代码清单 13-14　employee_list.jsp

```
<div class="panel-body pn">
    <table id="message-table" class="table admin-form theme-warning tc-checkbox-1">
        <thead>
            <tr class="">
                <th class="text-center hidden-xs">Select</th>
                <th class="hidden-xs">员工编号</th>
                <th class="hidden-xs">姓名</th>
                <th class="hidden-xs">所属部门</th>
                <th class="hidden-xs">职务</th>
                <th>操作</th>
            </tr>
        </thead>
        <tbody>
            <c:forEach items="${list}" var="emp">
                <tr class="message-unread">
                    <td class="hidden-xs">
                        <label class="option block mn">
                            <input type="checkbox" name="mobileos" value="FR">
                            <span class="checkbox mn"></span>
                        </label>
                    </td>
                    <td>${emp.sn}</td>
                    <td>${emp.name}</td>
                    <td class="text-center fw600">${emp.department.name}</td>
                    <td class="hidden-xs">
                    <span class="badge badge-warning mr10 fs11">${emp.post}</span>
                    </td>
                    <td>
                        <c:if test="${sessionScope.employee.post==Contant.POST_GM}">
                            <a href="/employee/to_update?sn=${emp.sn}">编辑</a>
                            <a href="/employee/remove?sn=${emp.sn}">删除</a>
                        </c:if>
                    </td>
                </tr>
            </c:forEach>
        </tbody>
    </table>
</div>
```

13.5.6　功能测试

在登录页面中使用总经理账号（E003）可进入员工管理员工列表页面，在该页面中可以对员工进行增、删、改、查等操作，如图 13-4 所示。

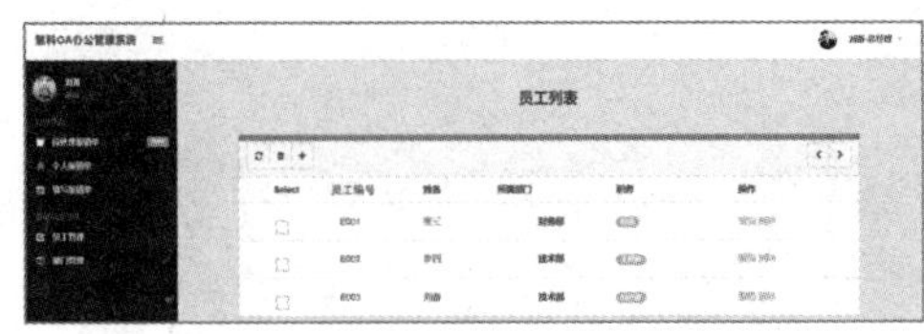

图 13-4　员工管理员工列表页面

13.6　本章小结

本章以一个综合性较强的 Java EE 项目——企业 OA 管理系统为例，重点介绍了 SSM 框架的整合与综合应用，这样读者不仅回顾和巩固了先前所学的内容、体验了软件项目开发的完整流程，同时还提升了读者理论联系实际的能力。

本章小结